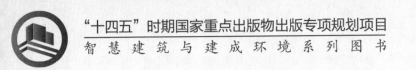

"十四五"时期国家重点出版物出版专项规划项目

智慧建筑与建成环境系列图书

TERRITORIAL SPACE PLANNING: CONCEPT·PRINCIPLE·METHOD

国土空间规划：概念·原理·方法

吴松涛　周小新　苏万庆　等编著

哈尔滨工业大学出版社
HARBIN INSTITUTE OF TECHNOLOGY PRESS

内 容 简 介

本书基于新工科的概念,以"多规合一"为目标对国土空间相关概念理论和有关规划原理进行梳理,形成聚焦性的国土空间规划原理的核心内容,并以人居环境科学与国土空间规划理论与方法互动互融为前提,梳理城乡规划空间理论,解析国土空间规划体系的构成及"双评价、一张图"等技术内容,以期为国土空间规划研究实践和教学提供参考与借鉴。

本书适合从事国土空间规划相关领域的研究、实践,以及国土自然资源管理、生态环境保护部门等的技术管理人员阅读和参考,也可作为高等院校相关专业本科生与研究生的参考用书。

图书在版编目(CIP)数据

国土空间规划:概念·原理·方法/吴松涛等编著.
—哈尔滨:哈尔滨工业大学出版社,2023.5
　（智慧建筑与建成环境系列图书）
　ISBN 978-7-5767-0208-8

　Ⅰ.①国… Ⅱ.①吴… Ⅲ.①国土规划-研究 Ⅳ.
①TU98

中国版本图书馆 CIP 数据核字(2022)第 222616 号

策划编辑　王桂芝
责任编辑　马　媛　苗金英
出版发行　哈尔滨工业大学出版社
社　　址　哈尔滨市南岗区复华四道街 10 号　邮编 150006
传　　真　0451-86414749
网　　址　http://hitpress.hit.edu.cn
印　　刷　黑龙江艺德印刷有限责任公司
开　　本　787 mm×1 092 mm　1/16　印张 13.25　字数 320 千字
版　　次　2023 年 5 月第 1 版　2023 年 5 月第 1 次印刷
书　　号　ISBN 978-7-5767-0208-8
定　　价　68.00 元

前　言

　　我国作为历史悠久的文明古国，从聚落现象开始到封建社会的发展，从近代开端到中西方文化交流，空间规划经历了长期的实践探索，积累了丰富的文化遗产和营造理念。中华人民共和国成立以来，特别是改革开放以后，随着发展环境以及行政体制的改革，我国的空间规划逐渐趋于多元，除传统的城乡规划外，逐步出现了土地利用规划、主体功能区规划、生态环境保护规划等法定或"主流类型"的空间规划，这些规划的发展为社会主义建设起到了积极的推动作用，取得了良好的实施效果，并且基本形成了三个共识：各种类型、各个系列的空间规划是国家发展的重要公共政策，也是服务于国家经济社会发展的重要技术性工具，更是国家治理体系的重要组成部分，但是，由于各种原因，以上各类规划形成了一定的相互掣肘的关系，迫切需要以"多规合一"的思想，统一到生态文明视角下国土空间资源体系一盘棋的主要方向上来。

　　2019 年 5 月，《中共中央 国务院关于建立国土空间规划体系并监督实施的若干意见》提出："以习近平新时代中国特色社会主义思想为指导，全面贯彻党的十九大和十九届二中、三中全会精神，紧紧围绕统筹推进'五位一体'总体布局和协调推进'四个全面'战略布局，坚持新发展理念，坚持以人民为中心，坚持一切从实际出发，按照高质量发展要求，做好国土空间规划顶层设计，发挥国土空间规划在国家规划体系中的基础性作用，为国家发展规划落地实施提供空间保障。"自然资源部将我国国土空间规划体系概括为"五级三类四体系"，标志着我国国土空间规划体系顶层设计"四梁八柱"的基本形成。

　　国土空间规划是落实治国理政、推进生态文明建设、提升国土空间治理效能、实现生态产品价值、服务人居环境发展的重要政策工具。国土空间规划是政府调控和引导空间资源配置的基础，编制国土空间规划是生态文明建设、自然资源保护的历史必然选择，是国家国土空间治理体系和治理能力现代化的重要表现，是"人民城市"理念与中国式现代化的重要抓手。

　　按国土空间规划发展安排，原计划到 2020 年，基本建立国土空间规划体系，逐步建立"多规合一"的规划编制审批体系、实施监督体系、法规政策体系和技术标准体系；基本完成市县以上各级国土空间总体规划编制，初步形成全国国土空间开发保护"一张图"（目前此项工作还在不断完善之中）。到 2025 年，健全国土空间规划法规政策和技术标准体系；全面实施国土空间监测预警和绩效考核机制；形成以国土空间规划为基础、以统一用途管制为手段的国土空间开发保护制度。到 2035 年，全面提升国土空间治理体系和治理能力现代化水平，基本形成生产空间集约高效、生活空间宜居适度、生态空间山清水秀，安全和谐、富有竞争力和可持续发展的国土空间格局。

　　国土空间规划全面拉开帷幕，其指导思想、技术标准、法规体系成为学科教学的基本依据；其规划体系、评价方法、用地分类、基本编制原则与内容等构成了国土空间规划的基本原理与方法；未来的国土空间规划仍然需要多个学科共同支撑，必将通过深刻的整合和体系的重构，实现国土空间规划与人居环境科学的相互支撑、相互融合发展。本书参考已出版的相关指导资料，结合国土空间规划领域的人才培养需求，构建了从生态文明到人居环境认知的内容体系，以期为人居环境科学向国土空间规划学科转型提供基本教学参考。

本书在教育部新工科研究与实践项目"国土空间规划领域关于通专融合课程及教材体系建设"（E-ZYJG20200215）、基于可持续发展的绿色校园及周边空间规划研究（XNAUEA5750000120）、黑龙江省教育科学"十四五"规划2022年度重点课题"基于国土空间规划体系变革的城乡规划专业应用型人才培养模式研究"（GJB1422508）3个课题基础上，由哈尔滨工业大学建筑学院吴松涛教授组织团队完成撰写，吴松涛负责拟定大纲并与周小新、苏万庆共同完成了本书主要内容的撰写与统稿工作，董珂、吴远翔、许大明、吴冰、杜立柱、王永德、张远景、曹传新协助组织全书内容并贡献了相应的科研成果。全书分为5章，具体分工如下：第1章由董珂、周小新、荣婧宏共同撰写；第2章由吴松涛、王永德、徐慧博共同撰写；第3章由苏万庆、吴冰、王婧媛共同撰写；第4章由吴松涛、周小新、杜立柱、张远景、曹传新共同撰写；第5章由吴远翔、吴冰、许大明共同撰写。

国土空间是我国面向新时代需求而架构的全新的空间规划体系，其内容的成熟稳定必须要经过长久的探索和积累才能完成，由于作者能力、水平有限，书中难免存在不足之处，甚至可能有引用专家观点标注不全面等问题，请各位专家、读者不吝指正，我们将在未来的教学和研究中不断校正、丰富和完善。

作　者

2023年3月

目　　录

第1章 生态文明下的人居环境和国土空间

"生态兴则文明兴,生态衰则文明衰。"生态环境是人类生存和发展的根基,生态环境的变化直接影响到文明的兴衰演替,生态文明建设是关乎中华民族永续发展的根本大计,是我国持续发展最为重要的基础。国土资源是经济社会发展的重要物质基础,国土空间规划,就是要促进国土资源的合理利用和格局优化,满足社会发展与生态保护的要求,实现国土空间可持续发展。在人居环境科学理论的框架下,国土空间规划重点聚焦于"生态、资源、环境、安全"这些约束条件,是实现以人民为中心的"五位一体"发展目标的战略选择和重要路径。

1.1 我国人居环境发展历程

1.1.1 原始时期

人类最初主要依附于自然,以采集、狩猎、穴居、巢居为主要生活方式。随着人类的不断进化和发展,以及石器制作技术的提高和农业大发展,逐渐产生原始固定的居民点——村落。村落聚族而居,开始有了统一的规划并十分注重防御。由于生产与生活的需要,村落产生了简单的分区,形成了相对清晰的居住区、墓葬区和陶窑区等(表1.1)。

表1.1 原始时期人居环境发展情况

时期	物质生产方式	人居环境情况
旧石器时代	以采摘和狩猎为主	生活完全依附于自然,穴居或树居
中石器时代	农业出现,农业与畜牧业、狩猎业分开	以农业为主的固定居民点——原始的村落
新石器时代	农业为主,兼营渔猎	简单分区,聚族而居

1.1.2 古代时期

我国古代人居环境的发展,与我国奴隶社会及封建社会经济的发展和特点紧密结合,人居模式随着时代的变迁发生了巨大的变革(表1.2)。

表1.2 古代时期人居环境发展情况

时期	特征	人居环境情况	影响
先秦	源起与发轫	我国人居雏形初现;"聚—邑—都"的演化;人居环境整体营建体系已大致形成	先秦时期人居的演进,从聚落到国家,反映出"世界"的变迁以及"世界观"的形成与发展,在我国人居史上,先秦时期具有开篇的意义

1

续表

时期	特征	人居环境情况	影响
秦汉	统一与奠基	"天下人居"支撑体系构建形成;我国开始在世界人居体系中发挥影响和作用(丝绸之路与世界沟通),人居发展中文化的影响加大	秦汉时期在前所未有的大一统的局面下,在人居建设的多个方面进行了探索和创造,奠定了此后两千多年我国人居环境的大框架和基础
魏晋南北朝	交融与创新	重视自然之美、多元人文融合创新;都城人居模式继承秦汉,并进行新的探索(轴线在都城中的使用)	魏晋南北朝时期虽然社会动荡不安,但是南方与北方不同民族在分裂中进行人居文化的交融与创新,呈现出勃勃生机
隋唐	成熟与辉煌	我国人居走向成熟与辉煌,逐步形成"建筑—规划—园林"制度;"礼乐教法"营造秩序成熟	隋唐人居是在秦汉开创的基础上,继承了魏晋南北朝的遗产,广泛吸纳世界优秀文明的人居精华后,进行了新的融合;我国人居走向成熟与辉煌,走向世界,影响深远
宋元	变革与涌现	科技、经济快速发展,市民第一次作为城市的主导;人口增长影响城市格局	宋代是古代文化发展的黄金时代或"文艺复兴"时代,政治、经济、文化、科技等领域的多重变化共同激发人居环境建设发生变革,从都城到地方都涌现出新的格局,达到了新的高度,整体呈现出"分水岭"的局面
明清	博大与充实	农业社会人居环境成就达到巅峰。中心文化交流,激发原有人居活力	明清时期是统一的多民族国家形成和巩固的重要时期,我国人居按照汉唐奠定的框架,继承宋元人居成就,进一步充实和完善,伴随着社会文化的发展达到了极致,形成了完备的人居体系;适应统一多民族国家的天下人居空间秩序在这一时期定型

注:根据吴良镛的《中国人居史》绘制。

1.1.3 近代时期

近代以来,特别是鸦片战争之后,以租界出现、城墙拆毁为特征,开始出现城市,现代意义的城市化也从此启动。近代社会大转型进程中,我国人居建设步履艰难,险阻迭起,前路漫漫,但仍有难能可贵的艰难探索与独特创造,如"中国近代第一城"南通等。我国园林也进入了继承、蜕变时期,作为广大公共生活之必需品发挥着游憩作用,形成了租界园林、别墅园林、铁路园林等。我国民族形式在建筑现代化进程中成功运用,如南京中山陵、广州中山纪念堂等。

城市是社会经济的重要产物,社会的发展变革使城市发生了不同内容和形式的变化

（表1.3）。近代以来我国农村经济社会在内忧外患中发展,传统的田园诗般的古朴生活状态被打破,农村出现了严重衰落。人们开始"救济乡村""复兴乡村",20世纪20年代末30年代初,华东、华北和华中自下而上地广泛开展乡村社会学习和社会改良运动,通过兴办教育、改良农业、流通金融、提倡合作、办理地方自治与自卫,建立公共保障制度,实现"民族再造"和"民族自救"。

表1.3　近代城市发展类型

城市类型	影响因素	城市
因帝国主义侵略、外国资本输入、本国资本的发展而产生较大变化或新兴起的城市	长期受某个帝国主义国家的控制	青岛、广州湾(现湛江市)、哈尔滨、旅大(现大连市)等
	处在几个帝国主义国家占据下的特殊的租界地	上海、天津、汉口等
	受官僚资本或民族资本开办的新的工矿企业的影响	唐山、焦作、锡矿山、大冶、玉门等
	现代化交通的影响	郑州、徐州、石家庄、蚌埠、浦口等
受到帝国主义入侵、本国资本主义发展影响的原来的封建城市	长期作为封建统治中心	北京、西安、成都、太原、南昌、长沙、兰州等
	受资本主义工商业发展的影响	南通、无锡、内江、自贡等
	辟为商埠或处于设有租界的沿江沿海地区	南京、济南、沈阳、宁波、福州、芜湖、九江、重庆、万县、烟台等
	作为传统的手工业和商业中心或位于交通要道	临清、淮阴、淮安、扬州、浏河、嘉定等

1.1.4　现代时期

现代时期的人居环境建设,以工业发展和五年计划实施为中心,使我国城乡产生了巨大的变化,从城市规划工作视角进行总结,能够比较全面地了解这一发展阶段。

1. 城市建设起步和规划初创期(1949—1977年)

随着社会主义制度的建立,党中央提出了"必须用极大的努力去学会管理城市和建设城市"以及"城市建设为生产服务,为劳动人民生活服务"等论述,为制定城市建设方针奠定了思想基础。

1949年到20世纪60年代,取得了包括长春第一汽车厂在内的156项工业基地建设系列成就,我国人居取得了长足的进步,人居建设实践出现了人民公社、农业学大寨等模式。鉴于大庆油田建设的成功,城市的作用一度受到否定,这一时期我国面临的最根本的问题就是解决吃饭问题,实现农业快速发展并为工业化奠定基础和提供保障。我国采取了城乡"剪刀差"的做法,即在"工业导向、城市偏向"的整体发展战略和"挖乡补城、以农哺工"的资金积累模式下,发展农业的意义除了解决吃饭问题之外,更重要的是为工业化提供积累和降低成本,由此导致了农村经济体制和城乡关系的变迁,逐步建立起农业支持工业、农村支持城市、城乡二元经济结构,城镇化进程相当缓慢。20世纪后半叶,我国进入一个新的历史时期。中华人民共和国成立初期提出要"变消费城市为生产城市",为落实第二个五年计划中大规模工业建设项目,在区域范围内联合选厂,建设城市与工业镇、建立制度等,那段时间被称为"城市规划的春天"。

(1)城市建设的恢复(1949—1952年)。

大多数城市工业基础薄弱,布局不合理;市政设施及福利事业不足,居住条件恶劣;城市化程度很低,发展也不平衡,内地许多城镇根本没有现代工业与设施。在城市建设方面恢复、扩建和新建了一些工业;整治城市环境,初步改变了全国城市的环境面貌;维修、改建、新建住宅,改善劳动人民的居住条件;整修城市道路,增设公共交通,改善供水、供电等设施。由于经济能力所限,这一时期较为重点的城市建设主要是一些大城市内的棚户区改造与工人新村的规划建设,如上海的肇嘉浜、北京的龙须沟、天津的墙子河等,上海新建了第一个完整的工人居住区——曹杨新村,天津在中山门、西南楼、唐家口等地修建了工人新村。

随着城市建设的恢复与发展,1952年中央人民政府建筑工程部(简称建工部)组织召开了第一次城市建设座谈会,会议提出城市建设要根据国家的长期计划,针对不同城市有计划、有步骤地进行新建或改建,加强规划设计工作和统一领导,克服盲目性,以适应大规模经济建设的需要。会议决定从中央到地方建立健全管理机构;各城市都要开展城市规划;划定城市建设范围;对城市分类排队,开始重点工业的城市发展规划和城市建设。

经过3年的调整恢复与发展,至1952年设市城市为160个,比1949年增加了17.6%,城市人口及其分布都有了很大变化。我国的人居环境建设开始步入以工业城市为目标进行规划建设的新阶段。

(2)城市规划的引入与发展(1953—1957年)。

这一时期是我国发展国民经济的第一个五年计划时期,国家急需建立城市规划体系,该时期的城市规划与建设工作奠定了我国城市规划与建设事业的开创性基础。"城市规划"用语得以统一;确立了以工业化为理论基础、以建设工业城市和社会主义城市为目标的城市规划学科,并建立了与之相应的规划建设机构,设置了城市规划专业,积累和培养了一支城市规划专业队伍;随着大规模工业建设及手工业、工商业的社会主义改造,进行了我国历史上前所未有的城市建设。

该时期与经济体制相适应的一整套城市规划理论与方法,使我国现代的城市规划与建设,具有严格的计划经济体制特征,也带有一些"古典形式主义"的色彩。在城市规划中强调平面构图、立体轮廓,讲究轴线、对称、放射路、对景、双周边街坊街景等古典形式主义手法;城市建设一度出现"规模过大、占地过多、求新过急、标准过高"的所谓"四过"现象和忽视工程经济等问题。

1954年建工部组织召开了全国第一次城市建设会议,这次会议检查了过去城市建设工作中盲目、分散建设的缺点,明确了城市建设必须贯彻国家过渡时期的总路线和总任务,为国家社会主义工业化、为生产、为劳动人民服务,采取与工业建设相适应的重点建设的方针。这次会议提出,第一个五年计划期间,城市建设必须把力量集中在"141"项工程所在地的重点工业城市,确保这些重要工程的顺利完成。在重点工业城市,市政建设也应把力量集中在工业区以及配合工业建设的主要工程项目上。除应积极建设北京外,包头、太原、兰州、西安、武汉、洛阳、成都等也是"一五"计划的重点工业城市,必须采取积极步骤,使城市建设工作能赶上工业建设的需要。上海、鞍山、沈阳、广州等城市,过去有一定工业基础和一些近代化市政设施,今后还要建设一些新的工业,城市建设可以进行必要的改建和扩建。会议还建议中央人民政府成立城市建设委员会或城市建设部,负责领导全国的城市建设工作。

1953—1957 年,我国成功地执行了发展国民经济的第一个五年计划,其建设的突出特点有三:一是按照社会主义有可能把有限的资金尽最大可能集中起来使用的原则,由国家来统一安排建设计划;二是针对许多工业行业都处于空白状态的特点,计划优先安排这些空白工业产业的项目;三是把多数建设项目安排在内地,改变原有工业生产集中在沿海的布局。

(3)城市规划的动荡与中断(1958—1977 年)。

1958 年大批劳动力涌向城市,出现了一次城市化高峰。许多城市为适应工业发展的需要,迅速编制、修订城市规划。于是,城市人口骤增,城市数量迅速增多;城市和农村工业遍地开花,在天津、上海、南京、南昌等大城市中规划建设了大量卫星城。

有的城市不切实际地扩大城市规模,发展大城市,建设一条街,急于改变城市面貌,如盲目过早地改建旧城,不顾财力大建楼堂馆所等。

1960 年建工部党组就城市规划问题向中央提交报告,提出今后城市建设的基本方针应以发展中小城市为主,尽可能地把城市搞得好些、美些,努力实现城市园林化。

1960—1962 年是我国的三年困难时期,城市规划事业大为削弱,许多城市进入无规划的混乱自发建设状态。1961 年,国家提出"调整、巩固、充实、提高"的八字方针,做出了调整城市工业项目、压缩城市人口、撤销部分市镇建制等决策,认为城市规划"只考虑远景,不照顾现实,规模过大",又一次否定了城市规划。

1964 年内地建设实行"山、散、洞"的"三线"建设方针,在城市建设上采取的是一种"不要城市、不要规划的分散主义"做法。

1966 年城市规划及建设被迫处于停滞甚至中断状态,至 1968 年,全国许多城市的规划机构被撤销,城市规划基本停顿。1966—1971 年,"三线"建设进入高峰时期。这一时期建设的工厂,统统安排在山沟和山洞里,不但不建在城市,而且要求新厂建设要消除工厂的特征,实行厂社结合。要求城市向农村看齐,消灭城乡差别。

1971 年周恩来主持中央日常工作,城市规划与建设工作开始出现转机,这一年在北京召开了城市建设会议,决定恢复城市规划机构,重新编制规划。1973 年,《关于加强城市规划工作的意见》《关于编制与审批城市规划工作的暂行规定》《城市规划居住区用地控制指标》等发布征求意见稿,并于 1974 年试行。1975 年召开了小城镇规划建设座谈会,研究了建设小城镇的方针政策,推动了城市规划和城市建设工作。

2. 城市建设的全面恢复和发展期(1978—2000 年)

1978 年改革开放后,国家大规模恢复建设,经济社会发生了深刻的变化,实现了持续稳定的快速发展,城市规划也步入了崭新的阶段。

这一时期城市人口增长迅速。1953 年第一次人口普查时城市化水平为 13.26%,而 1982、1990、2000 年的第三、四、五次人口普查显示,城市化水平分别为 20.60%、26.23% 和 36.09%。1950 年 50 万人口以上的大城市为 13 个,1980、1990 和 2000 年分别增长为 45 个、59 个和 93 个;20 万至 50 万人口的中等城市则从 22 个分别增长为 70 个、117 个和 218 个。

20 世纪 80 年代改革开放初期,从农村改革到城市改革,在不断的探索和推进过程中,自下而上形成以乡镇企业和小城镇建设为基础的大规模城镇化进程;20 世纪 90 年代后,社会主义市场经济逐步确立,小城镇、大城市及开发区全面迅速发展,我国人居环境发展进入一个全新的历史时期。

(1)20 世纪 80 年代的改革和恢复。

随着经济体制改革从计划经济走向社会主义市场经济,城市与城市规划发展面临新的形势。

1978 年 3 月,国务院召开第三次全国城市工作会议,制定了《关于加强城市建设工作的意见》,确定了一系列城市规划及其建设的方针、政策,确立关键问题。强调城市在国民经济中的重要地位和作用,提出控制大城市规模,多搞小城镇,要求认真编制和修订城市总体规划、近期规划和详细规划等,城市规划工作重新走上正轨。这一时期是我国城市规划迅速发展阶段,可以称为开放式的规划时期,是我国内地城市规划的第二个春天。

1979 年全面开展了城市规划的准备工作,国家建委和国家城建总局起草了《中华人民共和国城市规划法草案》《关于发展小城镇的意见》《关于城镇建设用地综合开发的试行办法》《关于征收城镇土地使用费的意见》等文件。国务院批准兰州市和呼和浩特市的总体规划,这是自第一个五年计划以来,国家重新审批城市规划的第一批城市,是城市规划工作重新步入正轨的重要标志。

1980 年全国城市规划工作会议批判了不要城市规划和忽视城市建设的错误,提出了"控制大城市规模、合理发展中等城市、积极发展小城市"的城市建设方针。这次会议讨论通过了《中华人民共和国城市规划法(草案)》,在现代中国的城市规划事业的发展历程中,占有重要的地位。同年正式颁布了《城市规划编制审批暂行办法》和《城市规划定额指标暂行规定》,全国制订城市规划拥有了新的技术性法规。

1984 年国务院颁发《城市规划条例》,这是我国城市建设和城市规划方面的第一部基本法规,同年中国建筑学会召开主题为"居住区环境规划"的会议。

1985 年科学家钱学森在致《新建筑》编辑部的信中提出"构建园林城市"设想。1990 年他又明确指出:"城市规划立意要尊重生态环境,追求山环水绕的境界。"1992 年 10 月,他再次呼吁:"把整个城市建成一座大型园林,我称之为'山水城市、人造山水'。"

1986 年国务院在北京召开全国城市建设工作会议,这是继 1978 年第三次全国城市工作会议以来,国务院召开的专门研究城市建设问题的又一次重要会议。1986 年公布了 38 个第二批历史文化名城,城乡建设环境保护部和国家统计局发布了第一次全国城镇房屋普查结果,其统计数据表明,我国 28 个省、自治区、直辖市的城镇普查范围内共有房屋建筑面积 46.76 亿 m²,其中 323 个市(不含市属县)有房屋 28.33 亿 m²,占 60%,城市居民的居住水平略低于县镇。截至 1986 年年底,全国有 96% 的设市城市和 85% 的县镇编制完成了城市总体规划,以 2000 年为期的城市总体规划在全国范围内已基本完成,以此为标志,我国的城市规划工作进入了一个新的历史发展阶段。

1989 年 12 月第七届全国人大常委会通过了《中华人民共和国城市规划法》,这是我国在城市规划、城市建设和城市管理方面的第一部法律,是城市建设的龙头。

城市建设及城市经济得到全面规划,并稳步开启法制化的进程,这一时期城市规划的内容在深度、广度上都有重大变革,规划思想的进一步丰富完善为城市探索新的转折点做好了准备。

(2)20 世纪 90 年代的探索和发展。

20 世纪 90 年代邓小平发表了重要的南方谈话,党的十四大决定建立社会主义市场经济体制,之后城市规划开创了一个全面开放式的城市规划体系,城市建设进入一个更快的发展阶段。

1991 年第二次全国城市规划工作会议在北京举行。深圳被联合国授予"人居奖"。1993 年由中国城市规划学会理事长、清华大学教授吴良镛主持设计和建设的北京菊儿胡同四合院工程荣获 1992 年度"世界人居奖"。

1993 年中共中央召开的中央农村工作会议,提出了 20 世纪末我国小城镇建设发展的目标,随后经国务院同意颁发的《关于加强小城镇建设的若干意见》(1994 年 9 月)、《小城镇综合改革试点指导意见》(1995 年 4 月)、《小城镇户籍管理制度改革试点方案和关于完善农村户籍管理制度意见的通知》(1997 年 6 月)等,从政策上对小城镇户籍管理制度、农村人口在小城镇就业和居住进行了适当改革和调整。

1998 年党的十五届三中全会通过《中共中央关于农业和农村工作若干重大问题的决定》,指出:"发展小城镇,是带动农村经济和社会发展的一个大战略。"小城镇迅速发展,一些地方的小城镇已经成长为中小城市,成为农村生产、服务、文化、教育和信息中心,对带动农村发展发挥着重要作用,小城镇的格局基本形成。同年,我国第一份人类发展报告《中国:人类发展报告　人类发展与扶贫,1997》在北京发表;"第一届中国建筑史学国际研讨会"在北京举行,大会的主题为"人为环境与自然环境的融合",标志着我国建筑史学走向世界。

3.21 世纪城镇化高速发展期(2000—2016 年)

(1)城乡统筹发展(2000—2011 年)。

2000 年建设部(2008 年 3 月,组建中华人民共和国住房和城乡建设部,不再保留建设部)下发《关于设立"中国人居环境奖"的通知》(建城〔2000〕93 号),正式设立"中国人居环境奖"(含"中国人居环境范例奖")。该奖是全国人居环境建设领域的最高荣誉奖项,在推动我国城市建设和管理事业发展上发挥了重要作用。同年,建设部制定并印发《创建国家园林城市实施方案》和《国家园林城市标准》。

2003 年党的十七大报告中提出了"科学发展观"这一理论。科学发展观的核心是以人为本,人是自然界的一部分,生态环境是人类生存的基础,良好的生态环境是实现人的全面发展的必然追求。科学发展观的基本要求是全面协调可持续,坚持把社会主义经济建设、政治建设、文化建设、社会建设和生态文明建设,看成是一个相互联系、相互促进、不可分割的整体和过程。科学发展观的根本方法是统筹兼顾,要求在发展过程中必须统筹人与自然的关系,在利用自然的同时,保护好自然。只有生态文明建设和经济建设齐头并进,才能保障人类发展的科学可持续性。

2005年国家林业局(2018年3月,第十三届全国人民代表大会第一次会议批准国务院机构改革方案,不再保留国家林业局)推出"国家森林城市"评价指标。创建城市森林是改善城市生态环境的主要措施,是城市生态建设实现城乡一体化发展,全面推进我国城市走生产发展、生活富裕、生态良好发展道路的重要途径。

2008年《中华人民共和国城乡规划法》开始实施,它是一部关于城乡规划建设和管理的基本法律,它的颁布实施是全面贯彻落实科学发展观,协调城乡空间布局,改善人居环境,依法促进城乡经济社会全面协调可持续发展的客观要求,也是走中国特色城镇化道路的客观需要。

2000年以来,我国各级政府一再强调要积极推进乡村人居环境的建设,并付出了巨大的努力,从新农村建设到乡村环境整治、美丽乡村建设,再到党的十九大报告提出实施乡村振兴战略,标志着我国从过去以城市为中心的高速城镇化阶段,全面转向以城乡统筹为目标的高质量城镇化阶段。

(2)五个统筹整合(2012—2016年)。

2012年《中国人居环境发展报告——人居环境白皮书》由中国建筑工业出版社出版,分为调研篇、社区篇、引导篇、集萃篇、论文篇、资料篇六大部分内容,基本涵盖了从城市、住区、住宅单体建筑环境到城镇居民人居环境满意度调查等各个层面和领域,重点体现了4个方面的主旨:基于城市化,面向未来;突出社会性,关注民生;展示权威度,引领人居;拓宽覆盖面,持续创新。

2012年党的十八大正式将生态文明建设写入党章,体现了对新世纪快速发展阶段出现的一系列阶段性问题的科学判断和对人类社会发展规律的深刻把握,是对人居科学理论的丰富和完善、对人与自然和谐发展的深刻洞察,是实现我国全面建成小康社会宏伟目标的基本要求,也是对日益恶劣的全球环境问题主动承担大国责任的庄严承诺。

建设生态文明是关系人民福祉、关乎民族未来的长远大计,要把生态文明放在突出地位,融入经济建设、政治建设、文化建设、社会建设各方面和全过程,努力建设美丽中国,实现中华民族永续发展,"美丽中国"一词进入公众视野。

2014年首届"世界城市日"全球启动仪式在上海世博中心举行,主题为"城市,让生活更美好",年度主题为"城市转型与发展","世界城市日"是我国首次在联合国推动设立的国际日,获得了联合国全体会员国的支持。

2014年3月14日,习近平总书记主持召开中央财经领导小组第五次会议时指出:"在经济社会发展方面我们提出了'五个统筹',治水也要统筹自然生态的各要素,不能就水论水。要用系统论的思想方法看问题,生态系统是一个有机生命躯体,应该统筹治水和治山、治水和治林、治水和治田、治山和治林等。"

2015年住房和城乡建设部、上海市政府、联合国人居署在上海共同举办"2015世界城市日论坛",年度主题为"城市设计,共创宜居"。2015年中央城市工作会议提出,城市工作要把创造优良人居环境作为中心目标,努力把城市建设成为人与人、人与自然和谐共处的美丽家园。

2016 年为配合第三次联合国住房和城市可持续发展大会(简称"人居三"大会)的召开,根据联合国人居署有关要求,我国住房和城乡建设部组织力量编写了《"人居三"中国国家报告》,报告介绍了我国城乡住区发展 20 年来的工作及成效、我国政府对人类住区发展的基本主张、我国城乡住区发展的行动计划、我国政府支持"人居三"大会的工作及期望。"人居三"大会通过《新城市议程》以来第一次有关城市发展问题的全球性大规模活动,该次会议的主题是"城市 2030,人人共享的城市"。

4. 国土空间统筹发展新时代(2017 年至今)

2017 年党的十九大报告提出人与自然和谐共生的重大要求,将建设"美丽中国"作为全面建设社会主义现代化国家的重大目标,明确提出要统筹山水林田湖草生命共同体,坚持人与自然和谐共生,强调从自然资源的整体性与系统性角度合理统筹国土空间规划,达到人与自然之间的相互平衡。

党的十九大报告将生态文明视作"中华民族永续发展的千年大计"。党的十九大以来,国家更加关注生态文明建设,坚持以人为中心,满足人民对于美好生活的向往,追求"绿水青山就是金山银山"的现代化城乡宜居的人居环境。

2017 年中国住房和城乡建设部、广东省人民政府与联合国人居署共同在广州举办 2017"世界城市日"全球主场活动。同年,中共中央办公厅、国务院办公厅印发的《农村人居环境整治三年行动方案》提出:"到 2020 年,实现农村人居环境明显改善,村庄环境基本干净整洁有序,村民环境与健康意识普遍增强。"

2018 年 2 月,习近平总书记在四川成都天府新区考察时提出了"公园城市"理念,指出"天府新区是'一带一路'建设和长江经济带发展的重要节点,一定要规划好建设好,特别是要突出公园城市特点,把生态价值考虑进去,努力打造新的增长极,建设内陆开放经济高地。"

2018 年 3 月 11 日,第十三届全国人大第一次会议将"生态文明建设"写入《宪法》,标志着我国步入了生态文明建设和绿色发展的新阶段,建设公园城市是新形势下的必然要求。

习近平主席在 2019 年中国北京世界园艺博览会开幕式上的讲话明确指出:"纵观人类文明发展史,生态兴则文明兴,生态衰则文明衰。"生态文明建设已经纳入我国国家发展总体布局,建设"美丽中国"已经成为我国人民心向往之的奋斗目标。

2021 年中共中央办公厅、国务院办公厅印发《农村人居环境整治提升五年行动方案(2021—2025 年)》,明确"到 2025 年,农村人居环境显著改善,生态宜居美丽乡村建设取得新进步"的行动目标,"十四五"时期将深入实施农村人居环境整治提升五年行动,扎实推进农村厕所革命,加快推进农村生活污水治理,全面提升农村生活垃圾治理水平,推动村容村貌整体提升,建立健全长效管护机制。

2022 年国务院批复同意成都建设践行新发展理念的公园城市示范区,并提出示范区建设要打造山水人城和谐相融的公园城市。同年,《中国县域人居环境气象评估报告》正式发布,旨在助力政府科学评估县域人居环境的改善效果,提高县域人居环境改善和治理的现代化管理水平。

1.2 我国传统人居环境的理念与人居环境科学发展

1.2.1 人居环境的核心理念

我国传统生态智慧历经数千年中华文化传承和城市建设实践,其思想核心是建立人与自然和谐统一的关系。它统合在儒、道、释等思想流派中,以"天人合一""道法自然""众生平等"等为基本精神,诠释着最朴素的生态伦理和哲学。我国传统生态智慧秉持以"整体""共生""适应""永续"为特征的绿色发展理念,为中国特色理论体系在城乡建设领域的构建确立了思想内核。

1. 整体理念

在描绘人与自然的基本关系上,西方文化强调解析和还原,东方文化强调事物的整体性和综合性。我国哲学的思维特征是体验的、综合的,与伦理、社会、人生结合,善于从整体视角研究高度复杂的系统。"一阴一阳之谓道",表明事物和现象具有对立和统一的关系,它们相互依存,结成整体,因此不能孤立地看待任一部分。董仲舒的"以类合之,天人一也",表达了人与天地万物具有同类合一的性质。在东方整体观的认知下,人与自然统合为一个整体。对自然各个领域的认识首先强调关注其全貌及其展现的整体规律,其次才是各组成部分之间的相互关系,再次才是组成部分自身的特征。

吴良镛谈及我国人居环境的特点时曾说:"中国人居环境的营造,不是专注于一座建筑的设计或钟情于一片风景的塑造,而是强调整体,采用规划、建筑、园林'三位一体'的营造方略。"

2. 共生理念

我国传统哲学认为天地造化、万物同源。《庄子·秋水》中有"以道观之,物无贵贱",因为万物平等,中国人拥有善待万物的世界观。

《礼记·中庸》中有"万物并育而不相害,道并行而不相悖",表达了每一个生命体都拥有符合自然规律的生存权利,"上天有好生之德",人类不能强行剥夺其他生命的发展权,善待生命、热爱自然才符合世界运行的根本规律。习近平总书记提出的"山水林田湖草是生命共同体"思想重新诠释了这一传统认知,表达出生态环境各要素之间相互关联、相互影响、相互依存的特性,深刻阐明了万物共生共荣的自然规律,"人的命脉在田,田的命脉在水,水的命脉在山,山的命脉在土,土的命脉在树"。

3. 适应理念

我国长期的农业社会实践形成了遵循自然规律的认知,在自然面前采取"顺应自然"的行为,在"因就"中满足自身的发展诉求。二十四节气表达的就是应时务农的思想,《管子·乘马》中曰:"凡立国都,非于大山之下,必于广川之上,高毋近旱,而水用足;下毋近水,而沟防省;因天材,就地利,故城郭不必中规矩,道路不必中准绳。"这是因地制宜进行城市选址和建设的经验总结,有鲜明的"顺应自然"特色。

今天,人类科学技术虽已取得巨大进步,改造自然的能力空前提高,但城市发展仍然面临也将长期面临适应自然的课题,以及气候安全、生态安全、能源资源安全、防灾减灾等问题的交织。按照"复杂适应系统"理论,主体需要根据客体环境的变化主动寻求适应,使自身的演进趋向"绿色化",在与环境及其他主体持续不断的交互作用中,不断积累经验,调整自身结构和行为方式,顺应环境的发展。如果把城乡空间视为生命体,其宏观至微观层面系统的生长进化、推陈出新,都需要在这个适应的进程中逐步变化。

4. 永续理念

我国传统对自然的利用强调"从长计议",提倡有限度地开发、利用自然,约束过度开采行为,以维系自然的永续平衡。从《礼记·王制》中可以看到,我国古代推行"时禁""不夭其生,不绝其长",认为对山林川泽的索取要避开草木、鱼鳖刚开始生长发育的阶段,反对滥采,以确保百姓能够长期获得所需资源。《淮南子·主术训》也讲道:"畋不掩群,不取麛夭。不涸泽而渔,不焚林而猎。"认为人类渔猎动物应有不可逾越的底线,取之有度,用之有节,从而避免破坏大环境的生态平衡。永续理念建立了城乡人居环境发展的时间维度,这与可持续发展观所强调的"代际公平"思想不谋而合。

1.2.2　人居环境的科学发展

1. 道萨迪亚斯的"人类聚居学"

希腊建筑师道萨迪亚斯在 20 世纪 50 年代创立了研究人类聚居的理论,称为城市居住规划学、人类环境生态学。1965 年在希腊雅典成立了人类聚居学世界学会。在他的积极努力下,联合国于 1976 年在温哥华召开"世界人居大会",此后每隔 20 年召开一次,第三届"世界人居大会"于 2016 年在厄瓜多尔首都基多召开,通过了《新城市议程》,为城市可持续发展设定了新的全球标准。

道萨迪亚斯认为传统建筑学、地理学、社会学、人类学等学科,各自研究涉及人类聚居的某一侧面,而人类聚居学则吸收上述各学科的成果,在更高的层次上对人类聚居进行全面、综合的研究。一方面要建立一套科学的体系和方法,了解和掌握人类聚居的发展规律;另一方面要解决人类聚居中存在的具体问题,创造出良好的人类生活环境。

人类聚居主要是指包括乡村、集镇、城市等在内的人类生活环境,其由 5 个基本要素——自然界、人、社会、建筑物、联系网络组成,人类聚居学研究上述 5 个要素以及它们之间的相互关系。

道萨迪亚斯按规模大小把人类聚居分成 15 级层次单位:个人、居室、住宅、住宅组团、小型邻里、邻里、集镇、城市、大城市、大都会、城市组团、大城市群区、城市地区、城市洲、全球城市。这 15 级层次单位上、下互相联系构成人类聚居系统,要想解决各层次中的问题,必须对整个系统进行研究。

2. 吴良镛的"人居环境科学"

1993 年 8 月,吴良镛和周干峙、林志群在中国科学院技术科学部学部大会上,阐释了"人居环境学"的观念和系统。其后,吴良镛不断完善,于 2001 年出版《人居科学导论》,系统阐述了人居环境科学的框架。人居环境科学是一门以人类聚居为研究对象,着重探讨人与环境之间相互关系的科学,强调把人类聚居作为一个整体,而不像城市规划学、地理学、社会学那样,只涉及人类聚居的某一部分或是某个侧面。人居环境科学的目的是了解并掌握人类聚居发生、发展的客观规律,以更好地建设符合人类理想的聚居环境。

在借鉴人类聚居学的基础上,吴良镛院士提出人居环境的 5 个子系统,即自然系统、人类系统、居住系统、社会系统、支撑系统;根据我国实践将人居环境分为 5 个层次,即全球、区域、城市、社区和建筑;明确了我国发展人居环境科学的 5 大原则,即生态观、经济观、科技观、社会观和文化观,这些内容共同搭建起了人居环境科学的框架。吴良镛认为,每个学科都应该有自己的方法论,人居环境科学面对错综复杂的自然与社会问题,需要借助复杂性科学的方法论,通过多学科的交叉从整体上予以探索和解决。

1999 年 6 月 23 日,国际建筑师协会第 20 届世界建筑师大会在北京召开,大会一致通过了由吴良镛起草的《北京宪章》。《北京宪章》被公认为是指导 21 世纪人居环境发展的重要纲领性文献,标志着吴良镛的广义建筑学与人居环境学说已被全球普遍接受和推崇。

人居环境科学是研究人类聚居及其与环境的相互关系和发展规律的科学,其理论与实践从我国建设的实际出发,与世界人居运动形成了良好的呼应,是"中国改革开放 40 周年的标志性成果之一"。

3. 当今人居环境科学的侧重点

当前,我国内外部环境的巨大变化、社会经济发展动力的变化、人口结构和城镇化发展阶段的变化,都昭示了新发展阶段的到来。新阶段的城乡发展实践,需要新阶段的人居环境科学理论来支撑。

不同阶段的主要矛盾不同,决定了解决其方法的不同。目前我国社会主要矛盾已经转化为人民日益增长的美好生活需要和不平衡不充分的发展之间的矛盾,我国经济主要矛盾已经转化为生态资源环境安全紧约束和人均 GDP 倍增之间的矛盾,两者共同的解决途径是破解"生态、资源、环境、安全"投入和"经济、政治、社会、文化、生态"产出之间"此消彼长、难以两全"的矛盾关系,实现两个"脱钩":经济增长与资源环境消耗脱钩(经济增长快于资源环境消耗)、人民生活质量提升与经济增长脱钩(人民生活质量提升快于经济增长)。

因此,在人居环境科学理论的框架之下,新发展阶段应将重点聚焦于"生态、资源、环境、安全"这组紧约束条件,在此条件之下实现"以人民为中心"的"五位一体"发展目标,这归根结底是一个有关道路的问题。通过技术创新和制度创新,以最小的生态资源环境安全代价,最大限度地满足人民对美好生活的向往。

1.3　生态文明演进与我国国土空间的生态安全问题

人类经历了原始文明、农耕文明、工业文明等发展阶段,在深刻反思各类教训的基础上,基于可持续发展理念,生态文明思想逐渐被人类所接受。

1.3.1　生态文明的演进

原始文明时期人类是自然的产物,人与自然之间以自然为主宰,人敬畏自然、崇拜自然。从原始文明过渡到农业文明,是人类历史上的重大飞跃。农耕文明时期人类与自然之间保持着有序、协同、共生的关系,然而生产力相对落后、物质财富相对匮乏,农耕文明的活动主要是农业和畜牧业,人类不完全依赖自然,并努力寻找适合自身生存的生活地点。虽然农耕文明阶段生产力低下,人类对自然的破坏和损伤不大,但人与自然仍然存在大量矛盾。18 世纪中叶以后欧洲爆发工业革命,农耕文明迅速被工业文明替代。工业文明时期生产力得到空前解放和发展,人类在获得巨大的物质财富的同时也导致了一定的资源环境危机,影响到人类的生存质量。工业文明以大工业生产方式为主导,以物质财富的迅速积累为重要标志,并通过征服自然来积累财富,大量地掠夺式开发利用自然导致生态平衡被破坏,危害到人与自然的可持续发展。20 世纪70 年代以后,生态环境问题日益严重,被国际视为焦点话题。1972 年在瑞典斯德哥尔摩举行了联合国人居环境会议,会议通过的《人类环境宣言》指出,地球的能源和资源是有限的,为了支持人类的长远发展,必须遵循有机增长的路径。1973 年联合国成立环境规划署,20 世纪80 年代国际社会提出可持续发展理念,生态文明的思想开始广泛流传。生态文明时期在深刻反思工业文明教训的基础上,汲取农耕文明精粹,秉持协调"发展"和"保护"关系的新型发展理念。生态文明是对工业文明的深刻变革和扬弃,是人类文明的又一次提升和飞跃。

1.3.2　我国生态资源的基本情况

1. 自然资源总量大、类型多

我国陆地面积约 960 万 km^2,居世界第三位;目前耕地面积约 1.28 亿 hm^2,居世界第四位;森林面积约 2.8 亿 hm^2,居世界第五位;草地约 2.6 亿 hm^2,居世界第四位;水资源约 29 638.2 亿 m^3,居世界第六位;45 种主要矿产资源的潜在价值居世界第三位;水能、太阳能、煤炭资源分别居世界第一、第二、第四位。我国已发现矿产 173 种,矿产地(点)20 余万处,已探明储量的 157 种,其中有 20 余种矿产储量居世界前列。从总量看,我国是世界资源大国之一。

2. 人均自然资源量少、分布不均

我国主要自然资源的人均占有水平低。2019 年,我国耕地面积居世界第四位,但人均耕地面积不足 0.09 hm^2,不到世界平均水平的 1/2,人均森林面积仅为世界平均水平的 1/5;我国人均可再生淡水资源约为 2 200 m^3,仅为世界平均水平的 1/4,且时空分布极不平衡;全国建制市中缺水城市占 2/3 以上,其中 100 多个城市严重缺水;地下水资源超采严重,浅层地下水含量逐年持续下降。我国主要矿产资源的人均占有量较低,与世界平均水平比较,石油探测储量的人均占比仅为世界人均占有量的 7.9%,天然气的占比不足 18%,一次性能源(包括原煤、原油、天然气、水电、核电)消费量的占比为 26%。我国自然资源分布的东西部差异极其明显,南北方资源组合的差异也很大。耕地资源、森林资源、水资源的 90% 以上集中分布在东部,而能源、矿产等地下资源和天然草地相对集中于西部。我国大量淡水资源集中在南方,北方淡水资源只有南方淡水资源的 1/4,而耕地的分布却是南少北多。

3. 资源禀赋欠佳

我国耕地中一等到三等耕地仅占 31%,中低产田占比 2/3 以上;草地资源主要分布在半干旱、干旱地区与山区,资源质量较差;林地资源则较好,一等林地约占 65%。多数矿产资源贫矿多而富矿少,共、伴生矿多,单矿种矿少,利用难度大,成本较高。

1.3.3 我国生态资源环境挑战

过去40年，我国的工业化发展、城市化进程速度超越了工业化国家的任何一个历史时期，但同时也带来了生态资源、环境安全等方面的问题，具体体现在以下方面。

1. 生态系统脆弱，退化形势严峻

我国生态系统整体质量和稳定性状况不容乐观。自然生态系统总体较为脆弱，生态承载力和环境容量较低，优质生态产品的供给能力不足现象尚未得到根本扭转。"胡焕庸线"东南方43%的国土，居住着全国94%左右的人口，以平原、水网、低山丘陵和喀斯特地貌为主，生态环境压力巨大；该线西北方57%的国土，供养大约全国6%的人口，以草原、戈壁沙漠、绿洲和雪域高原为主，生态系统非常脆弱。资源过度开发导致生态系统退化形势依然严峻。根据2021年中国水土保持公告，全国水土流失面积为267.42万 km^2，占国土面积的27.86%；过度农垦、放牧导致草原生态系统失衡，2019年重点天然草原平均牲畜超载率达10.1%，2021年我国造林面积为680.196万 hm^2，超过森林总面积的30%，且不少位于干旱、半干旱地区；不少农业开发和建设占用、挤占或损毁生态空间，从历史来看，农牧交错带地区大量耕地是通过开垦优质草原、森林、湿地形成的。全国地理国情监测数据表明，2019年全国种植土地（含果树等经济作物）、建设用地（含设施农用地）均比2015年有所增加，全国草地面积有所减少，矿山开采占用、损毁土地问题比较严重。

2. 人均资源短缺，利用效率不高

2021年，原油、天然气、煤炭、铁矿石、铜精矿、铝土矿的进口额约占我国矿产品进口总额的85%以上。2019年，我国有2/3的战略性矿产存在较高的对外依存度，其中约有1/2的战略性矿产对外依存度超出了50%。

2019年，我国油气、铁、铜、铝、镍、钴、锆、铬等15种战略性矿产资源的储量占全球比重均低于20%。其中，石油储量仅占全球总量的1.5%；煤炭储量也仅占全球总量的13.2%；从数量对比来看，我国2/3以上的战略性矿产资源储量在全球处于劣势地位。

未来较长的一段时期内，我国仍然将保持国际制造业大国的地位，尤其是战略性新兴产业还将是国家重点扶持的产业，这会导致战略性矿产资源的消费量快速增长，加剧供需矛盾，资源粗放利用问题依然突出。城乡建设仍以外延扩张的发展模式为主，2021年全国人均城镇村及工矿建设用地为250 m^2。

3. 环境容量有限，防治任务艰巨

根据2021年水土流失动态监测成果，全国水土流失面积达267.42万 km^2，占陆地国土面积（不含港澳台）的27.96%；根据第五次全国荒漠化和沙化监测结果，全国荒漠化土地面积为261.16万 km^2，沙化土地面积为172.12万 km^2，占国土面积的18%；首次全国土壤污染状况调查显示全国土壤总的超标率为16.1%。2021年，全国339个地级及以上城市中121个城市环境空气质量超标，占35.7%；全国酸雨区面积约36.9万 km^2，占国土面积的3.8%。

4. 城市韧性不足，软、硬件建设待完善

伴随城镇化快速扩张的过程，水灾、气象灾害、环境污染、地震、火灾爆炸、危险化学品泄漏、交通事故,以及群体性事件等都会严重影响社会安全与稳定,并威胁人民的生命财产安全。与城市相关的灾害种类有 30 多种,可分为自然和人为灾害两大类。

(1)城市自然灾害。

我国 70% 以上的大城市集中在东部经济发达地区及沿海开放地带,其中不少地区是自然灾害的易发、多发区。

(2)城市人为灾害。

城市人为灾害包括人类管理不善或疏忽、错误造成的灾害,如火灾与爆炸、城市工业与高新技术致灾、公害致灾、交通事故等,以及人类的故意行为造成的灾害。从危险化学品事故看,危险化学品在产、运、储、销、用及废弃处理等环节都有可能由于管理不善或疏忽、错误引起事故,造成人员伤亡和财产的损失。各类城市公共安全事件表明,公共应急管理体系软件建设和公共安全设施硬件建设都需进一步推进。

1.4　生态文明建设的基本观念

2017 年,党的十九大报告提出了"2035 年基本实现社会主义现代化""2050 年建成富强民主文明和谐美丽的社会主义现代化强国"的宏伟目标。在"富强民主文明和谐"之后增加了"美丽",体现了我党对社会主义现代化内涵理解的不断全面和深化,体现了"环境就是民生,青山就是美丽,蓝天也是幸福"的生态价值理念。

在此目标之下,党中央提出"十四五"时期经济社会发展要以推动高质量发展为主题,这是根据我国发展阶段、发展环境、发展条件变化做出的科学判断。高质量发展就是从"有没有"到"好不好"的发展,就是要着力解决发展不平衡不充分问题,就是高质量供给加快成长、升级需求得到有效满足的过程。

推动高质量发展,必须坚定不移贯彻新发展理念,以满足人民对美好生活的需要为出发点,以深化供给侧结构性改革为主线,坚持质量第一、效益优先,切实转变发展方式,推动质量变革、效率变革、动力变革,实现发展质量、结构、规模、速度、效益、安全相统一。

高质量发展是体现五大新发展理念的发展,是创新成为第一动力、协调成为内生特点、绿色成为普遍形态、开放成为必由之路、共享成为根本目的的发展。完整、准确、全面贯彻新发展理念,必须坚持系统观念,统筹国内、国际两个大局,统筹"五位一体"总体布局和"四个全面"战略布局,加强前瞻性思考、全局性谋划、战略性布局、整体性推进。

2019 年全国两会期间,习近平总书记参加内蒙古代表团审议时明确指出:"党的十八大以来,我们党关于生态文明建设的思想不断丰富和完善,在'五位一体'总体布局中生态文明建设是其中一位,在新时代坚持和发展中国特色社会主义基本方略中坚持人与自然和谐共生是其中一条基本方略,在新发展理念中绿色是其中一大理念,在三大攻坚战中污染防治是其中一大攻坚战。这'四个一'体现了我们党对生态文明建设规律的把握,体现了生态文明建设在新时代党和国家事业发展中的地位,体现了党对建设生态文明的部署和要求。各地区各部门要认真贯彻落实,努力推动我国生态文明建设迈上新台阶。"

习近平生态文明思想是新时代中国特色社会主义思想的重要组成部分,是贯彻绿色发展理念、探索"生态优先、绿色发展"路径的指导思想和行动指南。全面准确地理解和认识习近平生态文明思想有助于从整体上把握新时代中国特色社会主义思想，更好地贯彻党的十九大精神，推进绿色发展，实现我国的绿色崛起。

1.4.1　历史思维：生态兴则文明兴，生态衰则文明衰

生态环境是人类生存和发展的根基，生态环境变化直接影响文明的兴衰演替。2013年5月24日，习近平总书记在主持中国共产党第十八届中央政治局第六次集体学习时指出："生态文明是人类社会进步的重大成果。人类经历了原始文明、农业文明、工业文明，生态文明是工业文明发展到一定阶段的产物，是实现人与自然和谐发展的新要求。历史地看，生态兴则文明兴，生态衰则文明衰。古今中外，这方面的事例众多。"古代埃及、古代巴比伦、古代印度、古代中国四大文明古国均发源于森林茂密、水量丰沛、田野肥沃的地区，而生态环境衰退特别是严重的土地荒漠化导致了古代埃及、古代巴比伦的衰落。我国古代一些地区，例如楼兰古国、河西走廊、黄土高原等，在生态衰退导致文明衰败方面，也有过惨痛教训。

生态文明建设是关系中华民族永续发展的根本大计。中华民族向来尊重自然、热爱自然，绵延5000多年的中华文明孕育着丰富的生态文化。奔腾不息的长江、黄河是中华民族的摇篮，哺育了灿烂的中华文明。2016年8月，习近平总书记在青海考察时强调："党的十八大以来，我反复强调生态环境保护和生态文明建设，就是因为生态环境是人类生存最为基础的条件，是我国持续发展最为重要的基础。'天育物有时，地生财有限。'生态环境没有替代品，用之不觉，失之难存。人类发展活动必须尊重自然、顺应自然、保护自然，否则就会遭到大自然的报复。这是规律，谁也无法抗拒。"

1.4.2　全球思维：共谋全球生态文明建设

生态文明建设关乎人类未来，建设绿色家园是各国人民的共同梦想。国际社会需要加强合作、共同努力，构建尊崇自然、绿色发展的生态体系，推动实现全球可持续发展。任何一国都无法置身事外、独善其身。

我国已成为全球生态文明建设的重要参与者、贡献者、引领者，主张加快构筑尊崇自然、绿色发展的生态体系，共建清洁美丽的世界。要深度参与全球环境治理，增强我国在全球环境治理体系中的话语权和影响力，积极引导国际秩序变革方向，形成世界环境保护和可持续发展的解决方案。要坚持环境友好，引导应对气候变化国际合作，要推进"一带一路"建设，让生态文明的理念和实践造福沿线各国人民。

2020年9月22日，习近平主席在第七十五届联合国大会一般性辩论上宣布："中国将提高国家自主贡献力度，采取更加有力的政策和措施，二氧化碳排放力争于2030年前达到峰值，努力争取2060年前实现碳中和。"2020年12月12日，习近平主席在气候雄心峰会上指出："到2030年，中国单位国内生产总值二氧化碳排放将比2005年下降65%以上，非化石能源占一次能源消费比重将达到25%左右，森林蓄积量将比2005年增加60亿m^3，风电、太阳能发电总装机容量将达到12亿千瓦以上。"2021年4月22日，习近平主席在领导人气候峰会上指出："气候变化带给人类的挑战是现实的、严峻的、长远的。但是，我坚信，只要心往一处想，劲往一处使，同舟共济、守望相助，人类必将能够应对好全球

气候环境挑战,把一个清洁美丽的世界留给子孙后代。"

1.4.3 底线思维:严守生态保护红线、环境质量底线、资源利用上线

2018年5月18日,习近平总书记在全国生态环境保护大会上指出:"我之所以反复强调要高度重视和正确处理生态文明建设问题,就是因为我国环境容量有限,生态系统脆弱,污染重、损失大、风险高的生态环境状况还没有根本扭转,并且独特的地理环境加剧了地区间的不平衡。"要加快形成节约资源和保护环境的空间格局、产业结构、生产方式、生活方式,把经济活动、人的行为限制在自然资源和生态环境能够承受的限度内,给自然生态留下休养生息的时间和空间。习近平总书记还指出:"要加快划定并严守生态保护红线、环境质量底线、资源利用上线三条红线。对突破三条红线、仍然沿用粗放增长模式、吃祖宗饭砸子孙碗的事,绝对不能再干,绝对不允许再干。在生态保护红线方面,要建立严格的管控体系,实现一条红线管控重要生态空间,确保生态功能不降低、面积不减少、性质不改变。在环境质量底线方面,将生态环境质量只能更好、不能变坏作为底线,并在此基础上不断改善,对生态破坏严重、环境质量恶化的区域必须严肃问责。在资源利用上线方面,不仅要考虑人类和当代的需要,也要考虑大自然和后人的需要,把握好自然资源开发利用的度,不要突破自然资源承载能力。"

1.4.4 民本思维:良好生态环境是最普惠的民生福祉

人民网评:"我国社会主要矛盾转化为人民日益增长的美好生活需要和不平衡不充分的发展之间的矛盾,人民群众对优美生态环境需要已经成为这一矛盾的重要方面。"

良好生态环境是最普惠,也是最基本的民生福祉。2013年4月,习近平总书记在海南考察时指出:"对人的生存来说,金山银山固然重要,但绿水青山是人民幸福生活的重要内容,是金钱不能代替的。你挣到了钱,但空气、饮用水都不合格,哪有什么幸福可言?"

2015年,习近平总书记参加江西代表团审议时指出:"环境就是民生,青山就是美丽,蓝天也是幸福。"要积极回应人民群众所想、所盼、所急,大力推进生态文明建设。要坚持生态惠民、生态利民、生态为民,重点解决损害群众健康的突出环境问题,加快改善生态环境质量,提供更多优质生态产品,努力实现社会公平正义,不断满足人民日益增长的优美生态环境需要。

每个人都是生态环境的保护者、建设者、受益者,要增强全民节约意识、环保意识、生态意识,培育生态道德和行为准则,开展全民绿色行动,动员全社会都以实际行动减少能源资源消耗和污染排放,为生态环境保护做出贡献。

1.4.5 整体思维:坚持人与自然和谐共生

2018年5月4日,习近平总书记在纪念马克思诞辰200周年大会上指出,学习马克思,就要学习和实践马克思主义关于人与自然关系的思想。"自然物构成人类生存的自然条件,人类在同自然的互动中生产、生活、发展,人类善待自然,自然也会馈赠人类,但'如果说人靠科学和创造性天才征服了自然力,那么自然力也对人进行报复'。自然是生

命之母,人与自然是生命共同体,人类必须敬畏自然、尊重自然、顺应自然、保护自然。"

"天地与我并生,而万物与我为一。"生态环境没有替代品,用之不觉,失之难存。《吕氏春秋》中说:"竭泽而渔,岂不获得? 而明年无鱼;焚薮而田,岂不获得? 而明年无兽。"这些关于对于自然要取之以时、取之有度的思想,有着十分重要的现实意义。"当人类合理利用、友好保护自然时,自然的回报常常是慷慨的;当人类无序开发、粗暴掠夺自然时,自然的惩罚必然是无情的。人类对大自然的伤害最终会伤及人类自身,这是无法抗拒的规律。"

2018 年 5 月 18 日,习近平总书记在全国生态环境保护大会上指出:"在整个发展过程中,都要坚持节约优先、保护优先、自然恢复为主的方针,不能只讲索取不讲投入,不能只讲发展不讲保护,不能只讲利用不讲修复,要像保护眼睛一样保护生态环境,像对待生命一样对待生态环境,多谋打基础、利长远的善事,多干保护自然、修复生态的实事,多做治山理水、显山露水的好事,让群众望得见山、看得见水、记得住乡愁,让自然生态美景永驻人间,还自然以宁静、和谐、美丽。"

1.4.6 系统思维:山水林田湖草是生命共同体

习近平总书记深刻指出:"生态是统一的自然系统,是相互依存、紧密联系的有机链条。人的命脉在田,田的命脉在水,水的命脉在山,山的命脉在土,土的命脉在林和草,这个生命共同体是人类生存发展的物质基础。一定要算大账、算长远账、算整体账、算综合账,如果因小失大、顾此失彼,最终必然对生态环境造成系统性、长期性破坏。"

2013 年 11 月 9 日,习近平总书记在《关于〈中共中央关于全面深化改革若干重大问题的决定〉的说明》中指出:"用途管制和生态修复必须遵循自然规律,如果种树的只管种树、治水的只管治水、护田的单纯护田,很容易顾此失彼,最终造成生态的系统性破坏。由一个部门负责领土范围内所有国土空间用途管制职责,对山水林田湖进行统一保护、统一修复是十分必要的。"

要统筹兼顾、整体施策、多措并举,全方位、全地域、全过程开展生态文明建设。2014 年 3 月 14 日,习近平总书记主持召开中央财经领导小组第五次会议时指出:"在经济社会发展方面我们提出了'五个统筹',治水也要统筹自然生态的各要素,不能就水论水。要用系统论的思想方法看问题,生态系统是一个有机生命躯体,应该统筹治水和治山、治水和治林、治水和治田、治山和治林等。"

2018 年 5 月 18 日,习近平总书记在全国生态环境保护大会上指出:"要从系统工程和全局角度寻求新的治理之道,不能再是头痛医头、脚痛医脚,各管一摊、相互掣肘,而必须统筹兼顾、整体施策、多措并举,全方位、全地域、全过程开展生态文明建设。比如,治理好水污染、保护好水环境,就需要全面统筹左右岸、上下游、陆上水上、地表地下、河流海洋、水生态水资源、污染防治与生态保护,达到系统治理的最佳效果。"

2019 年 9 月 18 日,习近平总书记在郑州主持召开黄河流域生态保护和高质量发展座谈会时指出:"治理黄河,重在保护,要在治理。要坚持山水林田湖草综合治理、系统治理、源头治理,统筹推进各项工作,加强协同配合,推动黄河流域高质量发展。"

1.4.7　辩证思维:绿水青山就是金山银山

回望 40 多年来改革开放取得的成就,我国提供农产品、工业品、服务产品的能力显著增强,但是,我国在生态产品的供应能力上是下降的,这成为当前要素供给中的突出短板。当自然资源成为稀缺性资源和产业资本投资获利的对象时,生态产品就具有了商品性质,成为高使用价值和高资产价值的统一体。以此为前提,"绿水青山"就有可能转化为"金山银山",人类也将就此步入生态文明新时代。

2020 年 4 月 21 日,习近平总书记在陕西省安康市平利县老县镇蒋家坪村考察时指出:"人不负青山,青山定不负人。绿水青山既是自然财富,又是经济财富。希望乡亲们坚定不移走生态优先、绿色发展之路,因茶致富、因茶兴业,脱贫奔小康。"

"两山理论"核心是保护与发展间良性互动、对立统一的辩证关系。经济发展不能超越资源环境的承载力底线,不应是对资源环境的"竭泽而渔";生态保护应当是顺应经济发展规律的积极、主动保护,而不是舍弃经济发展的"缘木求鱼"。"两山理论"揭示了保护生态环境就是保护生产力、改善生态环境就是发展生产力的道理,指明了实现发展和保护协同共生的新路径。保护生态环境就是保护自然价值和增值自然资本,就是保护经济社会发展潜力和后劲,使绿水青山持续发挥生态效益和经济社会效益。

要以体制机制改革、创新为核心,推进生态产业化和产业生态化,加快完善政府主导、企业和社会各界参与、市场化运作、可持续的生态产品价值实现路径,着力构建绿水青山转化为金山银山的政策制度体系,推动形成具有中国特色的生态文明建设新模式。

1.4.8　法制思维:用最严格制度最严密法治保护生态环境

2015 年,习近平总书记参加江西代表团审议时指出:"要像保护眼睛一样保护生态环境,像对待生命一样对待生态环境。对破坏生态环境的行为,不能手软,不能下不为例。"

保护生态环境必须依靠制度、依靠法治。习近平总书记指出:"要加快制度创新,增加制度供给,完善制度配套,强化制度执行,让制度成为刚性的约束和不可触碰的高压线。要严格用制度管权治吏、护蓝增绿,有权必有责、有责必担当、失责必追究,保证党中央关于生态文明建设决策部署落地生根见效。"

2016 年 11 月 28 日,习近平总书记就做好生态文明建设工作做出重要批示指出:"要深化生态文明体制改革,尽快把生态文明制度的'四梁八柱'建立起来,把生态文明建设纳入制度化、法治化轨道。要加大环境督查工作力度,严肃查处违纪违法行为,着力解决生态环境方面突出问题,让人民群众不断感受到生态环境的改善。"

制度的生命力在于执行,对于已出台的一系列改革举措和相关制度,要像抓中央生态环境保护督察一样抓好落实。要落实领导干部生态文明建设责任制,严格考核问责。对于那些不顾生态环境盲目决策、造成严重后果的人,必须追究其责任,而且应该终身追责。

1.5　生态文明建设的总体路径

迈入新发展阶段,意味着高水平保护、高质量发展、高品质生活、高效能治理的协同并进，社会、经济、生态、治理的方方面面也将实现由量到质、由大到强的一次大跨越。

1.5.1 高水平保护：框定生态资源环境安全底线

生态文明建设是关系中华民族永续发展的根本大计，是实现人与自然和谐发展的新要求。

要尊重自然规律，树立底线思维，全面贯彻落实生态文明思想，坚持总体国家安全观，筑牢国家生态安全屏障。

要建立以国家公园为主体的自然保护地体系，推进自然保护地整合优化、统一设置、分级管理、分区管控，系统保护陆地和海洋重要自然生态系统，保护生物多样性；严格划定生态保护红线，将整合优化后的自然保护地、生态极度重要和极度脆弱区域以及国家一级公益林、重要湿地、饮用水源地一级保护区、冰川及永久积雪、红树林、珊瑚礁等重要生态系统等划入生态红线。

要按照山水林田湖草整体保护、系统修复、综合治理的要求，抓住重点区域、重点流域、重点海域的突出生态问题，统筹山水林田湖草系统保护修复、大规模国土绿化、海洋生态修复、荒漠化治理等重大工程。立足我国国情，探索基于自然的生态保护、修复解决方案，提高生态修复的科学性和有效性。

耕地是国家粮食安全的根本保障，要严守耕地保护红线，实行严格的耕地用途管制，将中国人的饭碗牢牢端在自己手上。要强化耕地数量、质量、生态"三位一体"保护理念，实行严格的耕地占补平衡制度，促进形成保护更加有力、执行更加顺畅、管理更加高效的耕地保护新格局。

要立足本地自然资源条件，在建设过程中保护、传承历史文化和特色风貌，持续改善人居环境，协同推进经济高质量发展和生态环境高水平保护，切实增强人民群众生态环境获得感、幸福感和安全感。

1.5.2 高质量发展：促进要素向优势地区集聚

实现高质量发展要完整、准确、全面贯彻新发展理念，以创新发展解决发展动力问题，以协调发展解决发展不平衡问题，以绿色发展解决人与自然和谐问题，以开放发展解决发展内外联动问题，以共享发展解决社会公平正义问题。

要尊重经济规律，促进产业和人口向优势区域集中，形成以城市群为主要形态的增长动力源，进而带动经济总体效率提升；破除资源流动障碍，使市场在资源配置中起决定性作用，促进各类生产要素自由流动并向优势地区集中，提高资源配置效率。

同时，高质量发展不仅是对经济发达地区的要求，而且是所有地区无论处于何种发展阶段都需要践行的要求。我国国内各地区的资源禀赋、区位条件、经济基础、发展阶段各不相同，要发挥比较优势，推动生态和文化产品转化，探索差异化、特色化发展道路，加快动力转换、效率提升、结构优化。

总体上看，要加快构建高质量发展的动力系统，增强中心城市和城市群等经济发展优势地区的经济和人口承载能力，增强其他地区在保障粮食安全、生态安全、边疆安全，弘扬地域特征、民族文化、时代风貌等方面的功能，形成优势互补、高质量发展的国土空间格局。

1.5.3　高品质生活:满足人民美好生活需要

我国社会主要矛盾已经转化为人民日益增长的美好生活需要和不平衡不充分的发展之间的矛盾,以前我们要解决的是有没有的问题,现在则是要解决好不好的问题。

要尊重社会规律,紧扣人民对美好生活向往呈现出的多元化、多层次、多方面的特点,推动城市空间的供给侧改革,从关注量的多少转向重视质的提升。

要顺应人口结构变化趋势,建设全龄友好型城市。推进义务教育和学龄前教育设施均衡发展,促进儿童友好型社会建设;增加养老、医疗服务设施有效供给,提升老年人的幸福感和安全感;完善面向新市民、青年人的生活、工作服务设施。以完善社区基本治理单元为重点,打造"15 分钟社区生活圈",以"共同缔造"为核心,创新完善社区治理机制,构建"纵向到底、横向到边、协商共治"的社会治理体系。

要坚持城乡一体、区域协同发展,推进全体人民共同富裕,通过完善住房保障体系、推进城镇基本公共服务均等化等方式,实现幼有所育、学有所教、劳有所得、病有所医、老有所养、住有所居、弱有所扶,保证全体人民在共建共享发展中有更多获得感。

1.5.4　高效能治理:推进空间治理体系和治理能力现代化

要破解规划类型过多、内容重叠冲突,审批流程复杂、周期过长等问题,建立全国统一、责权清晰、科学高效的国土空间规划体系,整体谋划国土空间开发保护格局。

要坚持事权对应原则,对应中国特色社会主义市场经济下的有为政府,确定规划内容;对应各级政府行政事权,区分各级规划内容清单。以行政主体事权"清单"确定规划内容"清单",明确规划的实施、管理、监督的责任主体。

要坚持有效行政原则,建立各级规划内容之间的刚性传递关系,避免任何一个环节的"断链"导致整体约束性的丧失;同时,区分定性、定则、定量、定构、定界等不同精度的刚性内容,以对应不同层级政府事权,在确保规划管控"基因"延续的前提下为下位规划预留深化、细化空间。

要坚持层次最简原则,在有效行政的前提下实现规划层次的最简化,从而最大化地降低行政成本,并降低"刚性断链、整体失效"的概率。

要通过完善法规政策体系、完善技术标准体系、完善基础信息平台等方式强化规划法规政策与技术保障;通过强化规划的法律地位、改进规划审批、健全用途管制制度、监督规划实施、推进"放管服"改革等方式强化规划实施与监管;通过加强组织领导、落实工作责任保障规划实施。

1.6　生态文明下的人居环境与国土空间和谐共存

成立自然资源部和推动国土空间规划都是源自生态文明建设这个最关键、最重要的时代背景,自然资源部贯彻落实党中央关于自然资源工作的方针政策和决策部署,在履行职责过程中坚持和加强党对自然资源工作的集中统一领导。国土空间规划是国家空间发展的指南、可持续发展的空间蓝图，是各类开发保护建设活动的基本依据。

习近平总书记关于生态文明建设的"绿水青山就是金山银山""人与自然和谐共生""良好生态环境是最公平的公共产品，是最普惠的民生福祉""山水林田湖草是生命共同体""生态文明建设是关系中华民族永续发展的根本大计"等系列科学论断深刻地回答了为什么建设生态文明、建设什么样的生态文明、怎样建设生态文明等重大理论和实践问题，其是习近平新时代中国特色社会主义思想的重要组成部分，也是我国生态文明建设的根本指导思想，为自然资源部的职能定位、国土空间规划编制实施提供了重要的理论支撑和实践依据。

1.6.1 探索以人居环境绿色发展为导向的新路子

坚持"生态优先、人居环境绿色发展"，是我国为积极应对全球气候变化、共建人类命运共同体而向世界做出的庄严承诺。

坚持"生态优先、人居环境绿色发展"，是在资源环境紧约束条件下，秉持立足自身的资源安全观，实现"两个一百年"奋斗目标的必由之路。通过资源、能源的集约高效循环利用，实现单位消耗的产出提升，并逐步实现资源环境消耗与经济社会发展脱钩。

坚持"生态优先、人居环境绿色发展"，是满足人民对美好生活需要、建设美丽中国的前提和基础。"良好生态环境是最公平的公共产品，是最普惠的民生福祉"，既要创造更多物质财富和精神财富以满足人民日益增长的美好生活需要，也要提供更多优质生态产品以满足人民日益增长的优美生态环境需要。城市发展的逻辑从过去"人跟着产业走"，转变为"人才跟着环境走，产业跟着人才走"，山清水秀的诗意栖居之地成为容纳新人才、孕育新经济的载体，成为城市的核心竞争力。

1.6.2 生态文明下的国土空间导向

1."山水林田湖草是生命共同体"

习近平总书记指出："生态是统一的自然系统，是相互依存、紧密联系的有机链条。"必须从系统工程和全局角度寻求新的治理之道，更加注重综合治理、系统治理、源头治理，实施好生态保护修复工程，加大生态系统保护力度，提升生态系统的稳定性和可持续性。统筹山水林田湖草沙系统治理，深刻揭示了生态系统的整体性、系统性及其内在发展规律，为全方位、全地域、全过程开展生态文明建设提供了方法论指导。

国土空间是以自然生态环境为基底、承载人类多样化经济社会活动的综合性空间载体。从自然资源的整体性与系统性角度合理统筹国土空间规划，达到人与自然之间的相互平衡关系，要求我们统筹好局部与整体、开发与保护、近期与远期的关系，实现人与资源之间和谐共生、经济社会可持续发展。

2.生态文明建设是国土空间规划的依据

生态文明建设是关系人民福祉、关乎民族未来的长远大计，是建设美丽中国、实现中华民族永续发展的根本保障，也是各级人民政府以及全社会的思想指南和根本标杆。生态文明建设是中国特色社会主义事业的重要内容，关系人民福祉，关乎民族未来，事关"两个一百年"奋斗目标和中华民族伟大复兴的中国梦的实现。同时，生态文明建设也构成了国土空间规划最重要的时代背景,为国土空间规划注入了基于"绿水青山就是金山银山"的生态文明观和"山水林田湖草是生命共同体"的自然资源观,这两个科学观点在理论上构成了国土空间规划的基石,在实践上则为国土空间规划编制实施提供了可操作、可应用的工作支点。可以预见,生态文明建设不仅能实现"既要金山银山,又要青山绿水"的战略目标,又必然能为中华民族永享集约高效的生产空间、优美宜居的生活空间、山清水秀的生态空间提供科学的世界观和方法论,其必将促进生产方法和生活方式的根本改变,进而促进我国经济和社会发展、自然生态环境保护的全新转型,从而为实现真正的可持续发展夯实基础。

在资源环境紧约束的条件下,我国统筹山水林田湖草沙系统治理,加强生物多样性保护,提升生态系统的质量和稳定性,着力建设健康美丽的人居环境。唯有完整、准确、全面贯彻习近平生态文明思想,牢牢把握全面推动高质量发展的根本遵循,探索以生态优先、国土空间与人居环境和谐发展为导向的高质量发展新路子,方能实现中华民族伟大复兴,也方能成为全球生态文明建设的重要参与者、贡献者、引领者。

3. 双碳目标与生态产品价值实现

2020 年 9 月,习近平总书记在第 75 届联合国大会上提出,中国力争于 2030 年前实现碳达峰,努力争取 2060 年前实现碳中和。2021 年 3 月,习近平总书记在中央财经委员会第九次会议上提出,要把碳达峰、碳中和纳入生态文明建设整体布局,如期实现目标。"双碳"目标的实现,需要在能源、土地、基础设施、交通、建筑、工业等方面进行快速而深远的转型。习近平总书记在深入推动长江经济带发展座谈会上强调指出,要积极探索推广绿水青山转化为金山银山的路径,选择具备条件的地区开展生态产品价值实现机制试点,探索政府主导、企业和社会各界参与、市场化运作、可持续的生态产品价值实现路径。推动生态产品价值实现是贯彻落实习近平生态文明思想和大力践行"绿水青山就是金山银山"理念的重要内容。

国土空间规划在推进生态文明建设,引导城市低碳绿色发展上具有重要意义。生态空间规划的统筹和高效基础设施的布局能有效避险城市高碳排模式,生态空间规划格局将直接影响城市格局、城市结构、土地利用、生态资源等,影响未来国土空间结构与形态。自上而下编制和实施国土空间规划,优化国土生态格局,实现生态产品价值,具有多层面协调应对气候变化的机制优势,是有效及必要的控制温室气体排放的有力手段,也是统筹碳源和碳汇的系统性政策工具之一。在当前背景下,为了实现可持续发展目标,保护生态环境,生态文明建设成为实现全面建设社会主义现代化国家的必要条件,"两山"理论强调了生态文明建设的重要性,生态产品价值的实现成为实现"两山"理论和"双碳"目标的关键途径之一。

第2章　自然资源与土地利用

2.1　自然资源的概念、类型与特性

2.1.1　自然资源的概念

资源与自然资源是相互包含又有一定区别的一对概念,1972 年联合国环境规划署(UNEP)认为:"资源,特别是自然资源,是一定时间、一定空间条件下能产生经济价值以提高人类当前及将来福利的自然环境的因素和条件。"20 世纪 90 年代学术界认为,资源的内涵应当包括现存的各种自然要素及由其组合而生成的自然环境,也包括人类利用自然要素加工、改造、生产出的各种经济物品及由其组成的各种经济环境,同时,在上述基础上形成并不断增长的人口、知识、技术、文化、管理体制等均可称为资源。一般认为,自然资源是指存在于自然界中,在现有生产力发展水平和研究条件下,为了满足人类的生产和生活需要而被利用的自然物质和能量。

以上对自然资源的诠释互有区别,但都包含了以下 3 个方面的含义:一是自然资源不是脱离生产应用的抽象对象,而是在不同时空组合范围内有可能为人类提供福利的物质和能量;二是自然资源的概念、范畴不是一成不变的,随着社会的发展和科学技术的进步,人类对自然资源的理解不断加深,对自然资源开发利用的广度和深度不断提高;三是自然资源不同于自然环境,自然环境指人类周围所有的外界客观存在物,自然资源则是从人类的需要角度来理解这些因素存在的价值。

综合以上各种阐述,我们可以对自然资源做如下的定义:自然资源是指在一定的社会经济发展条件下,自然界中一切能够为人类所利用并产生使用价值的、能够提高人类当前或可预见未来生存质量的自然诸要素的总和。

2.1.2　自然资源的类型

由于自然资源的广泛性和多宜性,以及对自然资源理解的深度和广度的差异,学界目前缺乏统一的自然资源分类系统。按照不同的目的和要求,自然资源有许多不同的分类方法和分类系统,下面列举几种常见的分类方法。

1. 按自然资源的地理特性分类

根据自然资源的形成条件、组合状况、分布规律及其与地理环境各圈层的关系等地理特性,通常把自然资源划分为矿产资源(岩石圈)、土地资源(地球表层)、水资源(水圈)、生物资源(生物圈)和气候资源(大气圈)五大类。随着海洋地位的日益突出,海洋资源已开始作为第六类资源进入资源科学的研究领域。

2. 按自然资源的赋存条件及其特征分类

按照自然资源的赋存条件及其特征分类的方法将自然资源分为两大类:地下资源和地表资源。地下资源赋存于地壳中,也可称为地壳资源,主要包括矿物原料和矿物质能源等矿产资源。地表资源赋存于生物圈中,也可称为生物圈资源,主要包括由地貌、土壤和植被等因素构成的土地资源,由地表水、地下水构成的水资源,由各种植物和动物构成的生物资源,以及由光、热、水等因素构成的气候资源等。

3. 按自然资源的特征分类

按照自然资源的再生性特征进行分类的方法最为通用。按照自然资源的再生性,可将其分为耗竭性资源、非耗竭性资源两大类。耗竭性资源又可细分为可更新资源、不可更新资源两类。可更新资源主要是指由各种生物和非生物要素组成的生态系统,如土地资源、森林资源、水产资源等,在正确的管理和维护下,该类资源可以不断地被更新和利用;反之,则会遭到破坏乃至消耗殆尽。不可更新资源主要是指各种矿物和化石燃料。非耗竭性资源是指在目前的生产条件和技术水平下,自然界中的一些资源不会在利用过程中导致明显的消耗。非耗竭性资源又可细分为恒定性资源、易误用性资源两类,前者如风能、原子能、潮汐能、降水等,它们不会因人类活动而发生明显变异,故称为恒定性资源;后者如大气、水能、广义的景观等各种资源,当人们对它们利用不当时会发生较大变异并污染环境,因此称为易误用性资源。

在上述3种分类体系中,对于自然资源研究和规划利用而言,更多地会采用自然资源的地理特性分类和自然资源的特征分类两种方法。

2.1.3 自然资源的特性

自然资源具有自然属性与社会属性。自然资源均具有一定的使用价值,这是自然资源的天然属性,是人类开发利用自然资源的前提条件,因此具备自然属性,从而形成明显的自然特征与社会特征相互依存的状态,通过人类的加工并使其成为商品进入流通领域,从而产生一定的经济价值,具有社会属性。

1. 自然特征

(1)有限性。

自然资源具有一定的有限性,又称为稀缺性,也就是自然资源的数量供给与人类不断增长的需求存在着持续的矛盾。从这个意义上讲,世界上任何一种自然资源都存在相对有限性。不可再生的自然资源的有限性是绝对的;可再生的自然资源虽然可随时间的推移不断地再生或更新,但在一定的时间和空间内也是有限的,如一个地方单位面积年平均太阳辐射量是一定的,一条河流的水力资源是一定的,每亩地的粮食产量在一定时间及空间内是一定的,过度开发和利用会带来一定的问题,因此,从可持续发展的角度出发,合理利用和保护自然资源就显得尤为重要。

(2)系统性。

各种自然资源在自然界中互相依存、互相制约,构成了完整的资源生态循环系统。首先,系统中每个要素都具有特定的作用,是系统不可或缺的组成部分。其次,系统各要素之间互相联系,任何一种资源的改变都会影响到其他资源,子系统的变化不可避免地引起大系统的动态变化。对自然资源的开发利用要充分认识自然资源系统的系统性和整体性特点,不能只考虑某一要素或局部地区,要从区域资源的整体出发,树立系统论的思想,使系统结构比较稳定、均衡地朝着有利于人类生活和生产的方向发展。

（3）地域性。

地域性是自然资源具有的空间属性。地球生态环境中的各自然资源在空间分布上都是不均匀的,在数量或质量上有显著的地域差异。各种自然资源有其自身的地域分布规律,既受地带性因素影响,又受非地带性因素影响,有的同时受地带性、非地带性两种因素影响,如气候、水文、土壤和生物的地域分布主要受地带性因素的影响,但同时也受非地带性因素的制约;地质条件、矿产、地形与地貌等主要受非地带性因素的影响。在历史因素影响下,自然资源开发利用的社会经济条件和技术工艺水平也具有地域性差异。因此,自然资源系统的开发与利用要从资源的区域特点出发,因地制宜,发挥优势,形成具有区域特色的资源可持续开发利用系统。

（4）多元性。

自然资源都具有多种文化和使用功能,用途很广。以森林资源为例,森林具有保护环境的功能,可以提供多种原料,产生多种不同的货币效益和土地利用效益,也具有文化旅游价值,还是重要的物种基因库,在自然界物质和能量的循环交换中具有重要的生态作用。同时,也要认识到,并非自然资源所有的功能及用途都具有同等重要的地位。在开发、利用自然资源时要全面权衡,必须按经济效益、社会效益和生态效益相统一的原则,通过科学的优化方式选择最佳的综合利用方案,做到物有所值、地尽其利。

2.社会特征

（1）动态性。

自然资源系统的动态性,一方面表现为自然资源在大自然各种因素影响下的数量、空间、组成、时间的动态变化;另一方面表现为人类开发利用过程中产生的动态变化。为此,在对自然资源系统开发的过程中要随时掌握其动态变化情况,适当地评价并采取相应的干预措施维护自然系统的正常运转。

（2）社会性。

自然资源与人居环境相互融合促进是人类持续利用自然、改造自然的结晶,是自然资源中的社会因素。人类通过生产活动,把自然资源加工成有价值的物质财富,从而使自然资源具有广泛的社会属性。自然资源是与一定的社会经济、技术水平相联系的,人类对自然资源的认识、评价和开发利用,都受特定时间、特定空间制约,这使自然资源的社会属性愈加突出。

2.2 土地的定义与土地管理制度

2.2.1 土地的定义

1.土地的定义

土地是一个使用范围广、外延广泛的概念,自然科学（如地理学、农学等）认为广义的土地概念泛指整个自然界的自然资源,狭义的土地概念指地球表层陆地上、下一定幅度内的三维空间;经济学认为未经人类加工过的自然土地资源以及人类在开发、改造、利用土地过程中形成的土地固定资产都是土地资产。

土地通常包括土地及其上生长的树木和多年生植物,也包括建造于土地之上并长久定着于土地上的人工构筑物(包括桥梁、涵洞、隧道、道路等)和各种建筑物。

综上所述土地的概念,认识土地的角度不同,对土地的定义和认识差别很大,到目前为止,关于土地的概念比较流行的有以下4种观点。

(1)认为土地是一切自然生成的及其生成源泉的环境因素,其中,自然生成的包括土壤、岩石、地貌、气候、水文和动植物等。

(2)认为土地是地球表层上、下幅度内的三维空间,即土地是由土壤、岩石、地貌、气候、水文及其动植物组成的自然综合体。

(3)认为土地是指地球的陆域表层,即除海水以外的地表,包括淡水资源(江、河、湖泊、沼泽等)。

(4)认为土地和土壤是同义词,其自然特性包括客观存在性、数量有限性、位置固定性、永续利用性;其经济特性包括土地所有制的重要性、土地的广阔性、农业生产的分散性、土地利用方向变更的困难性、供应的稀缺性。

2. 土地的经济特性与城乡土地使用

土地在使用过程中积淀了丰富的城市活动内涵,是各类城乡活动的基础,社会、经济、政治、技术和环境要素等都会具体制约城乡土地使用的运行。对于城乡土地的使用,我们不能仅仅看到其各种物质空间的构成,更应看到在土地上人们所从事的丰富而复杂的活动,并透过这些活动看到其中的经济社会关系。

(1)城乡土地使用最显著的特征是区位性。

城乡土地使用的区位性揭示了城乡活动在空间地域上的相互关系,影响城乡土地使用的区位因素见表2.1。

表2.1　影响城乡土地使用的区位因素

序号	特征	构成
1	空间环境	每一项土地使用都会对城乡及特定位置的自然条件和人文环境提出特殊的要求
2	空间可达性	不同的活动会选取特定的交通方式,对空间可达性的具体要求不一样
3	费用	从事一项土地使用活动所需花费的成本,包括区域配套的基础设施的投入以及资金的时间成本

(2)与土地使用密切相关的是土地使用强度。

土地使用强度是单位面积的土地承载城乡设施及各类活动数量的多少。土地使用强度不仅反映了城乡土地的环境质量,也显示了土地的可利用程度。不同的活动内容其要求的空间质量和开发程度有所不同,如办公、工业、住宅、商业、休憩等场所对城乡土地的使用强度都有其自身的不同要求,城乡土地使用及其区位和强度的分布,在城乡范围内形成了特定的空间关系,当其与交通路线和有关设施等结合后,即构成了城乡的具体空间结构与形态。

2.2.2 土地制度

1. 土地制度及其模式

我国传统文化认为:"人脉在田、田脉在水、水脉在山、山脉在土、土脉在水、水脉在林草。"土是自然之本,土地制度是国家政治、经济、文化、社会等制度的组成部分,也是国家各类政治经济制度中最为基础的制度。纵观世界,土地制度及其模式在内容上因各国历史沿革、土地所有制的性质和国情发展的不同而有所区别,并无固定的模式。一般土地制度有广义和狭义之分,广义的土地制度指与土地所有判定、使用、管理等有关的一切制度;狭义的土地制度则指由土地所有判定、使用和管理的土地经济相关制度,以及相应法权制度所构成的土地产权管理制度。

概括而言,世界各国的土地使用制度一般有如下 3 种模式。

(1)完全市场模式。

土地主要为私人所有,可以在市场上自由买卖,其价值取决于市场的供与求的关系。这种模式以一些欧洲国家和美国、日本等国家为代表,例如美国约 60% 的土地为私人所有,而日本则约有 70% 为私人所有。这种土地的完全市场模式,较为准确地体现出土地的经济价值,对活跃土地市场有利,但也给各类国土空间规划的编制管理与实施带来了困难。因此,采用完全市场模式的国家对土地一般都有规定:在某些特定原因下,依照有关程序,国家或城市政府可以依法征用私人土地。

(2)非市场模式。

这种模式主要沿革于以近代苏联为代表的社会主义国家,包括计划经济时期我国施行的土地制度。非市场模式下土地所有权归国家或集体所有,国家或集体可对土地使用进行统一调配,不允许私自转让或对土地买卖。

(3)国家主导下的市场模式。

按照相应国家法律的规定,土地的最终所有权全部归国家或国家的象征(如皇室)所有,市场主体或私人通过土地批租获得土地的占有权和使用权,国家从总体上主导控制土地市场,当然控制的方式和程度各有不同。这种模式主要是在英国及其英联邦成员国(地区)中使用,我国目前的土地制度经过系列的改革,整体上也属于国家主导下的市场经济模式。

2. 我国的城乡二元土地制度

回顾我国上下 5 000 多年历史,土地制度的变迁与朝代兴亡密切相关。从古至今,我国的土地制度大致经历了氏族共有制、国家所有制、私人所有制、公有制等所有制形态的变迁。中华人民共和国成立后,施行城市土地无偿使用的行政划拨制度。

改革开放后我国启动推行农村与城市土地使用制度的全面改革,核心改革方向就是将土地所有权与使用权相分离,实行土地的有偿使用。《中华人民共和国宪法修正案》(1988 年)明确指出:"土地的使用权可以依照法律的规定转让。"除一些因特殊需要国家实行行政划拨的土地以外,大部分实行有偿、有限期出让的办法。经过长期的探索,改革开放至今已逐步形成以公有制为基础,以保护耕地和节约用地为主线,以产权保护、用途管制和市场配置为主要内容的具有中国特色的土地使用制度。

(1)土地所有制。

我国现行的土地所有制是社会主义制度下的土地公有制,即全民所有制和广大劳动群众集体所有制,土地的全民所有制采取国家所有制的形式,简称土地国有制,大部分存在于城市区域内,这种所有制的土地称为国有土地,由国务院代表国家行使土地所有权。

土地的劳动群众集体所有制采取的是农民集体所有的形式,简称土地集体所有制,大部分位于乡村地区,这种所有制的土地称为农民集体所有的土地,简称集体土地,由农民集体行使土地所有权。农民集体是指有一定范围的农民集体,具体分为村农民集体、村内两个以上农民集体、乡镇农民集体 3 种形式。农民集体所有的土地依法属于村农民集体所有的,由村集体经济组织或者村民委员会代表集体行使土地所有权;分别属于村内两个以上农民集体所有的,由村内各集体经济组织或者村民小组代表集体行使土地所有权;属于乡镇农民集体所有的,由乡镇集体经济组织代表集体行使土地所有权。

(2)土地使用制。

首先是城市土地使用制度。目前我国城乡国有土地实行有偿、有期限使用制度,把城乡国有土地使用权从所有权中分离出来,全面开放国有土地使用权市场。

国有土地使用权流转包括以下两种方式:

方式一,土地使用权出让,即土地一级市场,可采取协议、挂牌、招标、拍卖、划拨等方式。其中,经营性建设用地、工业用地必须采用招标、拍卖、挂牌方式出让。

方式二,土地使用权转让、出租、抵押、授权经营、作价出资等。土地有偿使用制度的健全与完善,推动了土地市场的发展和经济发展方式的转变。

其次是农村土地使用制度。1982 年发布的“中央一号文件”《全国农村工作会议纪要》以及 1988 年修正的《中华人民共和国土地管理法》,逐步确立了家庭联产承包责任制,农村土地实行集体所有、家庭承包的统分结合双层经营体制,这一制度有力促进了农村经济的发展,为改革开放初期的城镇化、工业化快速发展奠定了经济与社会基础。然而,随着市场经济的不断发展,农村土地制度开始面临新的问题,包括农业规模化、现代化发展产生新需要,农村劳动力大量转移进入城镇,农村土地荒废等问题。为此,2008 年党的十七届三中全会确立了农村土地承包权长久不变的基调,同时农地三权分置(落实集体所有权、稳定农户承包权、放活土地经营权)的趋势加强。2019 年 1 月 1 日起施行的《中华人民共和国农村土地承包法》,使三权分置制度实现了从政策层面到法律层面的推进,同年通过的《中华人民共和国土地管理法》破除了农村集体经营性建设用地进入市场的法律障碍,进一步明确了土地征收的公共利益范围,确定了征收补偿的基本原则,改革了土地征收程序,强化了农村宅基地权益保障。2013 年党的十八届三中全会要求加快建立城乡统一的建设用地市场和完善的现代市场体系。2019 年中央全面深化改革委员会第八次会议审议通过《关于完善建设用地使用权转让、出租、抵押二级市场的指导意见》,对促进土地市场协调发展、加快建立城乡统一的建设用地市场具有重要意义。这些农村土地制度改革方面的重大突破,有力地促进了乡村振兴和美丽乡村战略的实施,但是破除城乡二元土地制度是一个长期、复杂的过程,需要谨慎、务实、切合国情的探索。

3. 土地产权的特性

土地产权是指存在于土地之中的排他性权利，是以土地所有权为核心的土地财产权利的总和。土地产权问题是土地制度的核心问题，土地产权主要包括土地所有权、土地使用权、土地发展权、土地租赁权、土地抵押权、土地继承权、地役权等多项权利，具有如下特性。

（1）土地产权具有排他性。

土地产权既可以为个体独立拥有，也可以由某些人共同享有而排斥所有其他人对该项财产的权利。因此，土地的产权界定十分必要。

（2）土地产权的客体必须具有可占用性和价值性。

土地产权的客体是指能被占用且可以带来经济利益的土地。在全球陆地上有近50%的土地面积是永久冰盖物、干旱沙漠地、岩石、沼泽、高寒地等难以利用或无法利用的土地，这些土地的财产界定问题就是价值性的问题。

（3）土地产权的合法性。

土地产权必须经过登记、得到法律的承认，才能受到法律的保护。例如，市场上土地产权合法流转时，必须依照法律规定程序到土地产权管理部门办理产权变更登记手续。

（4）土地产权具有相对性。

土地产权具有排他性，但并不代表是绝对的权利，还要受到来自国家层面、社会层面的控制和制约。由于社会经济、政治制度的差异与法律体系的不同，每个国家都各自具有不同的财产权权利体系，但即使在土地私有制国家，土地所有者的权利也必须受到政府一定的规制和约束，如国家重大发展规划的要求。

2.2.3　土地利用规划与管理

1. 土地利用规划与管理概念

作为一种资源，土地是以空间形态存在的。土地面积的有限性和土地需求的增长性是土地资源管理中永恒的主题，对土地利用实施科学的规划、管理有其客观的必要性。土地利用规划与管理是为了合理利用和保护土地资源，维护土地利用的社会整体利益，组织编制和审批土地空间规划，并依据规划对城乡各项土地利用进行控制、引导和监督的行政管理活动。土地利用管理贯穿于国土空间规划编制、审批和实施的全过程，规划是管理的前提和依据，管理是规划依法科学制订和有效实施的保证。由此可见，土地利用规划与管理也是面向社会的一种公共管理活动。

2. 土地用途管制

土地用途管制是指国家为保证土地资源的合理利用，促进经济、社会和环境的协调发展，通过编制与土地相关的空间规划，划定土地的不同功能用途分区并确定相应土地使用限制条件，土地所有者、使用者都必须严格遵守规划确定的用途来使用土地的制度体系。

土地用途管制是政府为了保障全社会的整体利益和长远利益，消除土地利用中的各种非理性现象，处理好土地利用中的各种矛盾，保证土地资源的可持续利用而采取的一种公共干预措施。从规划管理角度来分析，土地用途管制的目标应包括以下3个方面。

（1）土地利用整体效益最大化。

不同利益相关者的土地利用的价值取向是有较大差异的,土地所有者追求的是全社会土地利用整体效益最大化,政府一般从大的行政区域统筹生态效益、经济效益与社会效益,实质就是要达到区域土地利用结构的最优化,即实现土地在各种不同用途之间的合理布局和有效配置。土地用途管制就是要解决在各种竞争性用途之间合理分配土地资源并提高土地的利用效益问题,既要考虑具体土地使用者的切身利益,也要从宏观层面全盘考虑社会整体效益,通过规划谋求两者之间的平衡。

（2）协调"粮食安全"与"城乡建设"的矛盾。

我国是一个人多地少、人均土地资源相对短缺的国家,特别是随着人口不断增加、经济的高速发展和城镇化程度的不断提高,农业与非农业各类建设之间争地的矛盾十分突出。必须通过土地用途管制,强制性地控制建设用地的数量与区位,对耕地实行特殊保护,如守住土地粮食生产面积红线等以保障国家的粮食安全。当然,土地利用的根本目的是满足人们的各种合理需要、对美好生活的向往,土地用途管制的目的就是要对有限的土地资源在数量上、时间上和空间上进行合理的分配,以统筹保障城乡各种用途的土地的供给需求。

（3）保护生态环境,实现土地的可持续利用。

土地在空间上互相连接在一起,不能移动和分割,但人为因素导致土地明显受到外部冲击。对于土地利用产生的积极外部性应该充分加以利用,对于不利的外部性影响则必须加以避免和限制。因此,必须通过土地用途管制,来达到保护和改善生态环境、实现广大土地资源可持续利用的目标。

2.3　国土空间用途管制

2.3.1　空间用途管制的源起与发展

党的十九大以后,国家提出了建立国土空间规划体系并监督实施的要求,相应也就出现了国土空间用途管制。国土空间用途管制是土地用途管制的延展,从发展过程分析,可划分为土地用途管制(耕地)、生态要素用途管制、自然生态空间用途管制、国土空间全用途管制 4 个递进式、逐步全要素管制的发展阶段。

1. 土地用途管制阶段

1980 年之前,国土空间用途管制主要是土地用途管制,是对生产性耕地进行管制。

2. 生态要素用途管制阶段

20 世纪 80 年代开始,在国家强化土地用途管制特别是耕地用途管制后,地方政府为实现耕地总体占补平衡,开始占用重要的生态用地和低丘缓坡地进行城乡建设,挤占了大量的绿色生态空间,危及了区域的生态环境。为解决林地、耕地、草原、湿地等生态和生产用地减少等问题,国家逐步加大了对部分生态用地按要素分门别类开展用途管制的力度,建立生态要素用途管制制度。

3. 自然生态空间用途管制阶段

2013 年党的十八届三中全会首次提出"建立空间规划体系，划定生产、生活、生态空间开发管制界限，落实用途管制"，以及"完善自然资源监管体制，统一行使所有国土空间用途管制职责"的总体要求。2017 年国土资源部印发《自然生态空间用途管制办法（试行）》，提出建立覆盖全部自然生态空间的用途管制制度，加强"山水林田湖草"整体保护、系统修复、综合治理，标志着空间用途管制进入自然生态空间用途管制的阶段。

4. 国土空间全用途管制阶段

2017 年党的十九大报告首次明确要求对全部国土空间均实行用途管制。为了解决生态要素管制的部门分割问题，提高国土空间用途管制的效能，中央决定设立国有自然资源资产管理和自然生态监管机构，统一行使所有国土空间用途管制和生态保护修复职责。2018 年将国土资源部的主要职责、住房和城乡建设部的城乡规划管理职责、国家发展和改革委员会的主体功能区规划职责、水利部的水资源调查和确权登记管理职责、农业部的草原资源调查和确权登记管理职责、国家林业局的森林和湿地等资源调查和确权登记管理职责、国家海洋局的职责、国家测绘地理信息局的职责等进行整合，新组建自然资源部，统一对自然资源开发利用和保护进行监管，建立空间规划体系并监督实施。国土空间规划以空间治理和空间结构优化为主要内容，是实施国土空间用途管制和生态保护修复的重要依据。2019 年 5 月，《中共中央 国务院关于建立国土空间规划体系并监督实施的若干意见》进一步指出，要"以国土空间规划为基础，以统一用途管制为手段""全面提升国土空间治理体系和治理能力现代化水平"，"多规合一"使国土空间用途管制的机构、依据、权责等内容基本明确。

2.3.2 国土空间用途管制的方法

针对不同利益群体之间国土空间开发与保护目标取向的多重性，政府使用行政权力介入国土开发利用各环节，保证国土空间规划意图和管控要求的传导，实现保护资源环境、保障经济发展的目标。国土空间用途管制，是指在国土空间规划确定的空间用途、开发利用限制条件等的基础上，在国土空间准入许可、用途转用许可、开发利用监管等环节对各类国土空间用途或功能进行监管。用途管制是实施国土空间规划的核心机制和手段。国土空间用途管制是在摸清国土空间范围内自然资源现状的基础上，划定"三区三线"管控要求，实施差别化的区域准入制度，明确城乡全域各种土地用途转换规则，最终建立起从国土空间资源现状到规划蓝图的管理机制，国土空间用途管制要用规则规范各主体的行为和约束利益，主要包括以下 3 个方面。

1. 设置空间准入条件

不同类型国土空间的自然与经济属性是有较大差别的，要根据保护目标和开发利用特点，制定不同的空间准入和用途转用规定。上级政府通过制定符合未来发展要求的开发利用与保护条件（如土地用途、建设性质、强度、布局、生态环境保护等），并要求各级政府、职责部门严格依法进行项目预审和审批，确保使用者具有依据管制规则开发利用国土空间的能力和意识。

2. 限制国土空间用途转用

统筹各类国土空间保护与合理利用,实现"耕地保有总量、森林覆盖率、自然岸线保有率、环境品质质量"等同步提升。通过严格限制国土空间用途转用,维护国土空间规划的严肃性,保证各类开发利用活动符合资源环境承载力和国土空间开发适宜性等基本评价要求。增强刚性约束力和弹性调节的灵活性,总量严格管控与年度规模动态调整相结合,以保障国家需要的项目落地;建立严格用途转用下的弹性调节方法。对基本农田、自然资源岸线、生态红线内区域要强化其管制刚性,原则上禁止改变用途;对其他一般性农用地、生态空间等,允许各地根据所在地区社会经济发展需求进行合理调整,但必须有严格的调整规定。同时,对土地要探索以"盘活存量"取代"占补平衡"的调节方式,鼓励以"盘活存量"的方式来满足城乡新发展空间的需求。

3. 强化土地利用监督

从实现国土空间开发与保护的核心目标出发,必须加强对国土开发利用的严格监管,对开发利用者各种偏离国家利益的倾向形成威慑,约束开发利用行为,使国土空间开发利用符合国土空间规划预期的目标,从区域、功能区、地块 3 个层次加强监管(表 2.2)。

表 2.2　土地利用监管内容

序号	层面	内容
1	区域	加强对各级行政区域范围内城镇建设、农业生产、生态保护 3 类国土空间的综合监管,侧重对约束性指标数量和质量的双重考核
2	功能区	加强对各类功能区内开发与保护现状的监管,尤其是对城镇空间、农业空间、生态空间的实际开发与保护绩效进行评价和监管
3	地块	重视对项目落地实施情况的监管,完善建设项目用地或用海控制指标,加强对使用者的空间准入前置条件的考核(包括建设项目容积率、投资强度、绿地率等具体指标,以及各类生态修复项目的实施成效等)

2.3.3　国土空间用途管制的内容

1. 城镇开发边界内外的管控

城镇开发边界是一条有形的界限,边界内属于城镇空间,是实施城市规划、建设和管理的主要区域;边界外属于生态空间和农业空间,是我国实施乡村振兴战略、落实生态保护与国家耕地保护政策的主要区域。城镇开发边界概念源于 20 世纪 70 年代美国提出的"城市增长边界",是为了抑制城市无序蔓延、实现精明增长而采取的一种"增长管理"手段,可被视为一种城市土地管理和空间治理的政策集成工具,划定和实施城镇开发边界的目的在于控制城市发展的规模和引导其空间发展方向,保护自然资源和生态环境,进而实现城镇与整个国土空间的可持续发展。划定城镇开发边界是实施新型城镇化战略的有效举措,是推动生态文明建设、落实最严格耕地保护制度和节约集约用地制度的重要保障,亦是国土空间用途管制的重要内容。

(1)管控要求。

城镇开发边界内的空间管控应以"严控增量、盘活存量、集约复合、弹性适应"为原则,建设用地管理应符合城镇规划的土地用途管制要求。城镇开发边界外,除因规划需要确需建设的线性工程用地(交通、水利)、能源等基础设施用地、特殊用地,原则上不能组织开展城市市政基础设施和公共服务设施建设,不得颁发城镇建设用地规划许可,不可安排土地征转、提供建设用地指标。另外,城镇开发边界外的农村建设活动,应符合村庄规划和农民建房的相关规定。

城镇开发边界内、外建设用地的差异化政策。对于城镇开发边界内的建设用地管控,实施刚性约束和弹性管控相结合。对边界内城镇空间规模的刚性约束是管控的重点内容;同时,城镇规划建设用地规模边界作为弹性控制线被引入,即允许城镇规划用地的布局在规模不变的前提下根据实际发展情况进行一定的微调,以提高城镇规划建设用地的弹性;建设项目在有条件建设用地内的选址,应符合一定的程序和条件,确保选址的合理性。

对城镇开发边界外的建设用地实施分类管控:一方面,对于现状建设用地原则上应逐步迁出、不再新建;另一方面,对于新的建设需求严格管控。由于未来发展具有不确定性,有些项目如物流建设等有可能需要在城镇开发边界外进行,对于这类项目应制定差别化的管控措施,依据其开发建设需要对规模、功能、程序等进行规定,一定规模以下的特定功能区的建设,经法定程序批准即可建设;而超过一定规模的建设活动,则需先修改城镇开发边界才能进行。

(2)管控机制。

城镇开发边界内应建立对用地使用主体的发展引导机制。根据土地的自然条件、区位条件、经济社会条件和城市各类发展规划,将城镇开发边界内的可开发建设区域按主要功能区划分为优先发展区、允许发展区、限制发展区等;不同的发展区域在用地指标供给、建设条件控制、转让交易限制、管理税费等方面实施差异化政策,以促进开发边界内的可利用土地空间更为有序、有效利用。而在城镇开发边界外,依据生态保护、耕地保护优先原则,积极构建生态补偿机制。一方面,通过分区管控,将城镇开发边界外的区域划分为核心生态保护区、一般农林资源区、其他用地区、城市发展备用区等,既体现了生态保育的底线思维,也为城镇开发边界机动有序地调整做好了准备;另一方面,城镇开发边界以外的地区应在保护之外更强调生态保护补偿奖励政策,如通过生态保护补偿奖励跨地区的转移支付等政策措施,平衡一些地区因生态保护、耕地保护而导致的发展权损失,激发地方生态保育、保护耕地、优化格局的积极性。

2. 永久基本农田管控

耕地即专门种植农作物并能够正常收获的土地,广义上是指维持人类生存及农业可持续发展的基本资源,我国《土地利用现状分类》(GB/T 21010—2017)中,将耕地划分为熟地,新开发、复垦、整理地,休闲地等不同类型。土地管理中一般将农田分为永久基本农田与一般农田。永久基本农田指能保障一定时期人口及经济社会稳定发展的农产品需求,在国土空间规划中所确定的不得占用的耕地,相应地,除永久基本农田以外的其他农田则为一般农田。永久基本农田是优质、连片、稳定、永久的耕地,一旦划定就要实施永久性保护,是保障国家粮食安全、促进绿色农业和精品农业发展,以及实施乡村振兴战略的重要载体。我国的永久基本农田与许多国家的优质农地、重要保护农地等概念相似,皆在农业生产保护中发挥重要作用。

划定永久基本农田并实行高标准保护,是我国贯彻落实最严格的耕地保护制度的基本要求,是维护国家层面粮食安全和社会稳定的关键举措。加强永久基本农田控制线管控,对生态文明建设的实施、乡村振兴战略的落实和优化城镇空间布局等都具有重要意义,对于永久基本农田的保护与管制,主要包括统筹管控性保护、建设性保护、激励约束性保护等方面。

(1)管控性保护。

管控性保护即要求严格落实保护永久基本农田要求,从严管控非农建设活动占用永久基本农田。永久基本农田一经划定,任何单位和个人不得擅自占用或者擅自改变用途,禁止破坏和闲置荒芜永久基本农田。

坚决防止永久基本农田"非农化",除法律规定的国家重点能源、交通、水利、军事设施等建设项目选址无法避让的之外,其他任何建设都不得占用。加强永久基本农田保护红线管控,在开展城镇建设活动和基础设施布局等相关规划过程中,不得突破永久基本农田保护红线;确有重大工程、特殊项目无法避让永久基本农田的,必须经过充分的可行性论证和依法审批,按照"保护优先、布局优化、优进劣出、提升质量"的原则和永久基本农田保护调整程序进行。

(2)建设性保护。

建设性保护即加大永久基本农田及其配套设施的建设力度,开展高标准永久基本农田建设,改良土壤质量,提高永久基本农田的质量和品质等级,完善耕地质量监测体系,开展相关的耕地质量评定与评价工作。因地制宜地划定永久基本农田整备区,将土地整治补充的优质耕地、新建成的高标准农田优先纳入永久基本农田补划储备库,为永久基本农田补划和布局微调整创造条件。

(3)激励约束性保护。

激励约束性保护即要求完善永久基本农田保护激励约束机制,落实永久基本农田保护责任。重点是落实政府考核评价机制和耕地保护激励机制,严格考核审计,严肃执法监督。建立和完善耕地保护激励机制,充分调动农村集体经济组织、农民管护和建设永久基本农田的积极性,建立健全永久基本农田社会共管体系。

2.3.4　城乡建设用地的统筹管控

城乡建设用地涉及内容、类型十分广泛,其规模、分布与地区经济社会发展状况密切相关,同时也受到规划用途管制,并存在总量和增量的约束性限制。城乡建设用地是区域发展以及城镇与乡村人口、经济社会发展的重要载体,其总量和增量规模既受到人口规模和经济发展水平的影响,又会反向促进或制约人口规模和经济发展。目前,虽然我国总体上已度过城镇规模扩张阶段,进入城镇更新阶段,处于城乡扩展与存量土地低效并存的阶段,但城乡建设用地节约集约利用仍然是我国建设用地用途管制的重点。

当城乡建设用地总规模接近甚至突破土地利用规划限定的"天花板"时,城乡发展必须由"外延式扩张"转向"内部更新式发展",通过"存量"用地挖潜和盘活机制(诸如城乡建设用地增减挂钩、农村建设用地整治、城市更新等)等措施,以控制建设用地"总量"、减少建设用地"增量"、盘活城乡建设用地"存量"并用好城乡建设用地"流量"、提升用地"质量"，即通过"五量"协同，多途径共同实施对城乡建设用地的有效管控，以实现建设用地节约集约利用的目标。

实施城乡建设用地的用途管制，对城市建设用地"总量""增量""存量""流量"和"质量"这"五量"协同管控（表2.3）。

表2.3　城市建设用地的管控原则和措施

序号	原则	措施	备注
1	总量控制	在不突破土地利用规划总量的前提下，可适度增加区域建设用地规模并用于城乡基础设施建设、区域产业发展和生态环境保护等	在发展过程中，应合理确定各区域土地开发强度控制的目标，严格落实建设用地空间管制制度，科学划定城镇开发边界，优化空间结构转变，有效控制建设用地总量
2	增量递减	利用差别化与市场化方式配置新增建设用地，优先支持重大基础设施建设、保障性住房和战略性新兴产业发展	加大存量用地在供地中的比重，建立增量用地计划与存量用地盘活的指标配比机制，逐渐降低年度增量用地，稳定总量规模
3	存量优化	查清城镇低效用地范围，明确可盘活存量用地规模、空间分布、利用方向和开发时序；着力开展闲置土地专项清理，依法加大查处力度或予以收回，有效提高建设用地批后供地率和使用率	依法依规有序开展农村集体经营性建设用地的流转，逐步建立城乡统一的建设用地市场，通过存量用地盘活促进区域内涵式发展
4	流量增效	通过建设用地"减量瘦身"来倒逼城市功能提升，鼓励城镇空闲土地再开发，盘活农村建设用地，推进工矿废弃地复垦利用	规范有序开展城乡建设用地增减挂钩与城市更新工程，确保城乡建设用地总量不增加、结构更优化；探索农村宅基地退出条件和补偿机制，促进城乡协调发展
5	质量提升	健全城镇建设用地产业准入和建设项目用地节地评价制度，依据节地评价结果确定供地规模	探索土地使用权退出机制，以及工业用地长期租赁、先租后让、租让结合等供地方式；引导土地立体开发、功能复合利用，逐步实现区域供地零增量和空间高效发展

2.3.5　土地用途分区

1. 土地用途分区的内涵与原则

国土空间规划是实施土地用途管制的依据，土地用途管制是落实和实施国土空间规划的手段。土地用途分区是土地用途管制的重要内容和核心。土地用途分区是对土地利用类型的划分,一般分为地域分区、用地分区。地域分区是指依据规划区域的自然条件、资源的区域特征、土地利用现状、社会经济发展水平与发展前景等情况,确定不同区域土地利用的方向、结构与布局的宏观分区;用地分区则是指依据具体土地的适宜性特点,结合国民经济和社会发展的需求与条件,确定具体地块未来用途的微观分区(一般是在城镇开发边界内与村庄建设区进行)。进行土地用途分区时,应该考虑如下原则:

原则一:宏观分区应针对各地的具体情况,留有余地,使分区具有一定的战略性、灵活性。

原则二:微观分区应以主导用地类型为主,同时有条件、有限制地允许一些其他利用类型的存在,以保证实际操作中有一定的应变弹性。

原则三:应当体现空间层次性,用途类型的划分要在同一尺度、同一层次上进行。按土地主导用途的一致性进行一级分区,将同一主导用途下的差异性在二级分区中体现出来。

原则四:应当体现并满足政府对土地利用控制的需要,保证分区控制具有法律、制度的支撑。

针对不同用途的分区制定相应的管制规则是土地用途管制的重要内容。要依据分区管制规则,制订不同层面、不同类型的国土空间规划。城镇用地的分区管制规定,应包括土地用途的规定、地块规模限制、土地利用强度(容积率、建筑密度、建筑物高度、人口容量等)限制、环境条件(空地率、绿化率)限制、安全间距(防火间距、消防通道等)限制、相邻关系限制、红线(道路红线、建筑后退红线)限制等。乡村土地的分区管制规定,应包括土地用途的规定、用途变更的规定、非主导用途的使用规定、地块面积规模与设施水平限制、土地利用中的禁止行为(如农业用地分区内不得建窑、建坟、挖沙、采石、取土、堆放固体废弃物等)。

2. 土地用途管制的实施管理

所谓土地用途转变,是指土地利用从一种现状用途转变为另一种用途的过程。对于符合分区管制目标的用途应予以引导,对于不符合者应加以限制或否决,土地用途转变执行规划许可制度,也就是采取颁发规划许可证的办法以控制土地用途的改变。

农用地转移的管制可分为限制转移管制、许可转移管制两类。所谓限制转移管制,即依据国土空间规划,划定一定数量的农用地(主要是耕地)作为特殊保护区域严格加以管制,如划定永久基本农田保护区,对于这类特殊保护区域不得进行转用,或必须经过严格审批程序并满足占补平衡等要求后方可转用,以保持农用地保有量的平衡和稳定。所谓许可转移管制,即根据规划布局的要求,允许一部分农用地进行规定用途的转用。

非农用地用途管制主要包括增量非农业建设用地、存量非农业建设用地的用途管制,其中增量非农业建设用地的用途管制与农用地许可转移管制密不可分,存量非农业建设用地的用途管制是指存量建设用地土地利用结构调整和土地利用方向置换的管制。当前存量土地用途管制的对象主要有4个方面:一是土地使用用途因用地功能的改变而发生的调整,如旧城改造、污染企业搬迁、产业"退二进三"等;二是土地使用用途和方式因土地使用、经营方式的改变而发生的调整,如原地翻建等;三是土地资产处置方式发生变化的调整,如划拨土地入市、企业改制时土地资产的处置等;四是对低效使用或闲置土地的再利用。

除此之外,对生态用地也应该实行用途管制,以明确保护和适当使用的规则。需要指出的是,土地用途管制并不意味着规划的土地用途是绝对不可改变的。因为影响土地利用的经济社会条件及其他条件随着时间的推移在不断地发展变化,人们对未来发展的预见能力、认识能力是有限的,所以规划内容与实际发展之间的偏差不可避免,客观上对国土空间规划、土地用途管制提出了必要的动态调整要求。

第3章 城乡空间规划思想与理论发展

城乡空间作为人类文明发展与探索的物质空间载体,它的规划历史本质上是人类的思想成果在城乡建设与治理领域的投射,同样一种意识形态或发展倡议从朦胧到清晰的过程往往也需要通过城乡空间的组织逻辑来描绘。从西方历史上维特鲁威勾勒"理想城市"到霍华德提出"田园城市",从我国古代"九经九纬"的营城思想及至当前践行中国特色社会主义的"人民城市"目标理念,都是如此。

3.1 我国城乡规划思想与理论发展

长期以来,基于我国城市发展规划与各类建设管理的需要,各级各类部门及相关法律法规政策衍生了一系列自上而下的规划体系,其中最具有代表性的除城乡规划体系和土地利用规划体系外,尚有主体功能区规划和生态环境保护规划类型,从"多规合一"需求出发,有必要厘清各类规划核心理论的异同及核心目标。

3.1.1 我国古代城市规划思想与理论

1. 雏形城市时期

考古证实,我国最早的城市雏形产生于原始社会末期的龙山文化时代。这一时代出现了我国第一批古城邑——由夯土墙或石墙围起来的大型聚落,但是由于它并不具备城市的实际职能与文化形态,因此只是一种"带围墙的村庄"。直到公元前1500年左右,随着奴隶社会的较快发展,商代产生了第一批相对完整意义上的早期城市。

(1)居民点产生于第一次劳动大分工——农业、畜牧业的发展。

原始社会,人类主要依附于自然生活,过着穴居、树居等群居生活,然而这时并没有形成固定的居民点。在原始社会后期,随着社会生产力以及农业、畜牧业的发展,人类不再需要长期的迁徙奔波,可以定居生活,因此原始群落中就产生了从事农业与畜牧业的分工,也就是人类的第一次劳动大分工。到了新石器时代的后期,农业成为主要的生产方式,此时逐渐产生了固定的居民点。人们的生活与农业均离不开水,所以原始的居民点大都靠近河流、湖泊,大都处于"山之阳""水之阴"的台地上。为了防御野兽的侵袭和其他部落的袭击,往往在原始居民点外围挖筑壕沟,或用石、土、木等材料筑成墙及栅栏,这些沟、墙等是一种防御性构筑物,也是城池的雏形,我国的黄河中下游、埃及的尼罗河下游、西亚的两河流域都是农业发展较早的地区,这些地区的农业居民点以及在居民点的基础上发展起来的城市也出现得最早。

(2)城市形成于第二次劳动大分工——手工业、商业的发展。

金属工具的使用进一步提高了生产力,原始部落生产力水平的提高,促进了需求的多样化,使手工业从农业中分化出来,即产生了第二次劳动大分工,出现了一些专门的手工业者。与此同时,随着交换量的增加及交换次数的频繁逐渐出现了专门从事交易的商人以及物品交换的场所,也就是固定的市场。原来的居民点也逐渐融合,人口更加聚集,逐渐发展成为城市,居民的生活条件逐渐改善,从而有了剩余产品,有了剩余产品就产生了私有制,原始社会的生产关系也就逐渐解体,出现了阶级分化,人类开始进入奴隶社会。所以,也可以说,城市是伴随着私有制和阶级分化在原始社会向奴隶制社会过渡的时期出现的。

2. 古典城市时期

我国古代文明中有关城镇修建和房屋建造的论述,总结了大量生活实践的经验,其经常以阴阳五行和堪舆学的方式出现。虽然至今尚未发现有专门论述规划和建设城市的我国古代书籍,但有许多理论和学说散见于《周礼》《商君书》《管子》和《墨子》等关于政治、伦理的经史书中。

夏代(公元前21世纪起)就对"国土"进行了全面的勘测,国民开始迁居到安全处定居,居民点开始集聚,向城镇方向发展。夏代留下的一些城市遗迹表明,当时已经具有了一定的工程技术水平,如陶质的排水管的使用及夯打土坯筑台技术的采用等,但总体上居民点的布局结构都尚属原始状态,夏代的天文学、水利学和居民点建设技术为以后我国的城市建设规划思想的形成积累了物质基础。

在西周至战国时期(约公元前11世纪至公元前2世纪末),我国城市逐步形成了"城郭分野相依"的古典形态格局。春秋战国是我国历史上第一个"筑城运动时期",也是第一次城市建设的高潮。西周作为我国奴隶制社会发展的重要时代,形成了完整的社会等级制度和宗教法礼关系,关于城市形制也形成了相应的严格规则。《周礼·考工记》记载的"匠人营国,方九里,旁三门,国中九经九纬,经涂九轨,左祖右社,前朝后市,市朝一夫",成为影响我国几千年古代城市营建的基本范式,对我国传统城市的礼制风格产生了重大的影响。《周礼·考工记》中对于不同城市营建的等级也有严格的规定,如"建国立城邑,有定所,高下大小,存乎王制",《左传·郑伯克段于鄢》中有"大都,不过参国之一,中,五之一,小,九之一"等,这同样也是礼制规范的体现。

春秋战国时期是古代中国从奴隶制向封建制的过渡时期,群雄纷争,战乱频繁,也是各种社会变革思想蓬勃发展的"诸子百家"时代,也是我国古代城市规划思想的多元化时代,既有以《周礼·考工记》为代表的礼制营城规范,也有以《管子·乘马》为代表的山水有机营城思想,强调"因天材,就地利,故城郭不必中规矩,道路不必中准绳"的自然至上理念。例如,后来明代都城南京的规划就充分体现了管子的山水营城思想。在管子的论著《管子·乘马·第五》"立国"中有这样的描述:"凡立国都,非于大山之下,必于广川之上。高毋近旱而水用足,下毋近水而沟防省。"从中可知,当时已经非常重视城池规划选址,注意利用山川地利之便,让城市有险可依,除了根据具体的地理条件因地制宜,城池建设还讲究经济性。这些理论对后来城市规划有着重要的影响。

3. 中期传统城市时期

中期传统城市时期大约从公元前2世纪末的秦汉到唐代末期。汉武帝时代为巩固皇权统治,"废黜百家,独尊儒术",儒家的核心思想是社会等级、宗法关系,从此,《周礼·考工记》所代表的礼制思想开始对我国封建社会城市的规划建设产生主体性的影响。从曹魏邺城、唐长安城到元大都、明清北京城，《周礼·考工记》对城市形制尤其是都城的影响极其深远。这一时期城市规划建设的主要特征有3点：城市的整体性加强，组合成一个紧密的整体；受"尊儒崇礼"思想的影响，城市内部各功能要素在布局上呈现出尊卑有别的礼制秩序；具有严格的功能分区，确立了"里坊"制度。

4. 后期传统城市时期

后期传统城市时期大约从北宋到19世纪末的晚清。随着商品经济的发展，城市的功能日渐增多，尤其是经济、生活功能的强化，使得城市的世俗化特征日益明显，这一时期的城市规划，一方面表现为对传统城市主体礼制风格的继承和发展，另一方面也开始出现对严格的里坊结构、封闭的城垣形制的重大变革，这在一定程度上形成了适应商品经济发展而相对自由的城市风格。北宋时期，商品经济和世俗生活的发展开始冲破《周礼·考工记》的礼制约束，北宋都城汴梁城（开封）出现了如《清明上河图》所描绘的那样熙熙攘攘的商业大街，封闭的里坊制度开始解体。

总体而言，我国古代城市规划建设的思想、理论主要受到以下因素的影响。

（1）早期的耕作制度。

井田制奠定了我国早期城市方格网状的空间格局的基本形式，如《周礼·考工记》中所用的"夫"就是井田的丈量单位。

（2）传统的营建技法。

我国早期的城市大多出现在北方平原地区，受当时当地的气候与建筑材质的影响，出现了封闭的院墙体系及方正平直的格局。

（3）特有的文化观念。

例如天圆地方说、天人感应等思想，表现在城市象征性的构图和布局中；阴阳五行思想和易学说，表现在城市布局中对方位、数字、对偶等的应用中；相土、形胜说等，尤其表现在城市规划的选址与总体格局中。

（4）封建政治制度。

封建政治制度所形成的特有文化价值观念也左右着城市规划的思想，如《礼记·乐记》中讲道："礼者，天地之序也；乐者，天地之和也。和，故百物兼化；序，故群物兼别。"所以，我国古代城市规划尤其强调等级尊卑、序列感。

（5）社会经济的发展形态。

不同社会经济发展时期，城市功能的变化会导致城市形态、营建风格的相应变化。例如，北宋汴梁城出现里坊解体和沿街买卖的现象，就是市场经济和市民阶层发展壮大的结果。

3.1.2　我国近代城市规划思想与理论

近代我国受到西方社会经济与思想文化的强烈冲击，具有典型的半殖民地、半封建社会的特征，城市规划发展围绕两条基本脉络展开：一是西方外来资本主义社会经济形态及其相伴随的新的城市物质要素和结构形式的渗入，表现为由点及面、由渐及盛的扩展过程；二是本土传统的封建社会经济形态在外来资本主义社会经济形态的强大影响下逐步解体,被动地重构新型城市的艰难过程,表现为对西方模式的"中国化处理"。可以说,我国近代城市规划的发展演变始终围绕着我国传统城市规划的近代化及西方城市规划思想的本土化而展开。

这一时期我国城市规划开始受到西方城市规划思想的广泛影响。起初主要是向租界学习,洋务运动后开始直接派遣留学生学习西方城市建设技术与规划方法,诞生了第一批具有西方留学背景的市政、公共卫生、建筑与城市规划专业人才,极大地推动了我国城市规划向近代科学的转型。在半殖民地半封建社会的时代背景下,一部分我国城市的发展与建设始于帝国主义的殖民活动,殖民者在其长期占领的城市中围绕其掠夺和侵占目的展开规划建设,这一类型的典型城市包括青岛、哈尔滨、大连和长春等;近代交通的快速发展催生了一批因区位优势而得到发展建设的城市,以郑州、蚌埠、石家庄等为代表;此外,还有随着民族资本工商业的发展而进行城市规划与建设活动的城市,这类城市如南通、无锡、汕头等。

近代我国城市规划的理论与实践表现为两大类:一类完全套用当时西方所流行的规划思想和手法,甚至直接由西方人进行规划,例如大量的租界城市;另一类引入西方的学说并进行中西结合的应用,哈尔滨早期采纳的俄国人提出的"新城规划"代表了当时世界上最先进的规划理念,它融合了霍华德的规划思想和巴洛克风格,形成的方格网与放射状的路网格局、有轨交通、绿化系统以及独有的建筑特色使哈尔滨成为具有多元文化特色的国际性城市。

3.1.3 中华人民共和国成立后城市规划思想与理论

中华人民共和国成立后,社会体制的巨大变革影响到社会经济发展的方方面面,城市规划与建设也进入一个新的发展阶段。我国的城市规划根据国家和社会的需要在逐渐演进,以推进生产力发展为核心目标,城市规划思潮的演变可以划分为以下 5 个阶段。

1. 中华人民共和国成立初期的城市规划

1949 年至 20 世纪 60 年代初,中华人民共和国刚刚成立,百废待兴,这时城市规划的核心任务是落实生产力的布局。这一时期国家经济由于多年战争濒临崩溃,又同时受到西方资本主义阵营的孤立与排挤,内忧外患的发展环境迫使在政治、经济、社会等领域建立以自上而下计划为特征的运行体制,政府通过统一的计划对国民经济社会发展实行全面管理,并通过城市规划向地方政府分配建设资源。在城市规划的理论与实践中,停止引用西方规划理论,转而全面学习苏联的规划理论与模式。将城市作为主要用于工业生产的载体,强调"变消费型城市为生产型城市",生活空间被极度压缩,城市生活设施作为工业生产的配套按照最简单、最经济的原则进行建造,以尽可能地降低工业化、城市化的成本。这一时期的规划被作为在空间上落实国民经济建设计划和重大项目布局的工具,其主要职责是服务于工业生产和计划落地的需要,规划思维体现出强烈的自上而下性、计划性、指标性和工程技术性色彩。

在中华人民共和国成立初期的 10 年间,城市规划被纳入计划经济体系,成为国民经济和社会发展计划的延续与空间落实,作为指导生产项目布局和城市建设的技术工具,与国家经济社会发展需求紧密结合,在支撑短时间内建立社会主义工业体系方面做出了巨大贡献。

2. 1966—1976 年的城市规划

20 世纪 60 年代末至 1976 年这段时期,我国的经济社会事业多处于废弛停顿状态,曾经作为落实发展计划重要工具的城市规划走向低潮,只有在应对国家重大工业项目建设需求时,才有限地开展城市规划工作。这一时期的城市规划思想深受苏联模式的影响,计划经济色彩依旧较为明显。

3. 改革开放初期的城市规划

20 世纪 70 年代末至 20 世纪 90 年代初,我国的城市规划向科学理性主义回归。我国迎来改革开放浪潮,西方国家的规划思想与理论随同资本、技术等一并进入我国,科学主义思潮在当时蔚然成风,城市规划研究与实践也显著表现出对科学化的强烈追求。城市空间被抽象为点、线、面组合而成的系统,数学模型等计量方法被运用于对城市空间演化过程及规律的模拟中,在城市规划领域得到积极应用。这一时期的城市规划非常注重对城市空间演化规律的研究,引入了西方许多关于城市研究、城市规划的理论和方法。尤其是经济地理(城市地理)等理科的引入,将科学分析思维引入我国规划界,为城市规划提供了崭新的研究领域、研究视角和研究方法,开启了我国城市规划多元化发展的局面。

4. 全球化初期的城市规划

随着全球化的深度和广度不断拓展,20 世纪 90 年代初我国顺应时代浪潮进一步扩大对外开放,明确提出建立社会主义市场经济体制,推进了分税制、分权化、城乡土地使用制度、住房市场化等一系列重大的改革。这一时期的城市规划在相当程度上成为地方政府经营土地等城市各类资产、管控空间秩序和营造景观环境的重要工具,更承担了提高城市竞争力、促进城市发展的重要任务。

单一增长目标导向下的经济高速发展与快速的城镇化进程,迅速暴露出种种问题:城市空间无序扩张,城乡之间、区域之间发展不平衡加剧,经济增长与社会、文化、生态等多元发展目标之间极度失衡……有鉴于此,2003 年之后党中央提出了"科学发展观""五个统筹""和谐社会"等一系列思想,对以 GDP 为中心的经济发展方式进行修正,促进经济、社会、生态等各个方面的统筹,规划的工作领域也真正开始从"城市规划"拓展至"城乡规划"。在 2008 年实施的《中华人民共和国城乡规划法》中,城乡规划的属性明确实现了从"工程技术"向"公共政策"的转变。

这一时期的代表性纲领有 1999 年由吴良镛起草的《北京宪章》,其以人居环境科学理论为基础,在国际建筑师协会第 20 届世界建筑师大会上通过,标志着人居环境学说被世界建筑学界普遍接受和推崇,扭转了长期以来西方建筑理论占主导地位的局面。

《北京宪章》指出可持续发展是人类共同的选择,不仅对环境问题加以科学分析,更重要的是提出了可持续发展的城市规划原则,即将"规划建设,新建筑的设计,历史环境的保护,一般建筑的维修与改建,古旧建筑合理地重新使用,城市和地区的整治、更新与重建,以及地下空间的利用和地下基础设施的持续发展等,纳入一个动态的、生生不息的循环体系之中"。

《北京宪章》发挥了东方系统思想的优势,在深入了解未来的发展态势、广泛吸收现代科学理论的基础上,提出了"广义建筑学"的理论框架。它认为对建筑学有一个广义的、整合的定义是 21 世纪建筑学发展的关键;反对将建筑学这一"共同的问题"分割成单独论题的做法,它提倡"从局部走向整体,并在此基础上进行新的创造"的思维方式。它运用科学的认识论和方法论揭示了建筑的历史发展规律,建立了当代建筑科学的理论体系,发挥了重大的理论指导作用,提出用辩证系统思维作为基本方法论,既肯定了分析的作用,更强调了有机综合的科学价值。

《北京宪章》提出了符合生态原理的建筑设计原则,即用新陈代谢的客观规律和循环的观念,将建筑的生命周期的概念融入人居环境建设过程之中,不仅要融入建筑的生产与使用阶段,还要基于"最小的耗材、少量的'灰色能源'消费和污染排放,最大限度地循环使用和随时对环境加以运营、整治"。

5. 新型城镇化时期的城市规划

2010 年后,全球进入后金融危机时代,全球生产、贸易分工格局及金融体系发生深刻变化,我国的内外发展环境日益严峻,党的十八大、十九大做出我国经济步入新常态的判断,提出深化改革、美丽发展、创新发展等一系列新目标,以及"五大发展理念"、生态文明建设、高质量发展、国内国际双循环等新要求。国家发展的价值取向、模式与路径都发生了重大转变,国家发展纲领要在更高的目标征程中解决"美好生活需要和不平衡不充分的发展之间的矛盾",实现中华民族伟大复兴的中国梦。在此背景下,城乡规划的功能角色、社会认知及其思想方法均发生了显著的变化,并开始启动与国土空间规划相融合的工作。

(1)需要从治国理政的高度来认识、理解城乡规划。

城乡规划不仅从工程技术明确转向了公共政策,而且成为国家实现治理体系和治理能力现代化的重要组成部分,在国家多层级治理架构下发挥对国土空间的规范、协调等重要作用,同时也在"政府—市场—社会关系"调整中发挥更加突出的作用。

(2)城乡规划的价值取向发生重大转变。

从长期以来强调促进城市经济增长、城镇化水平提高等数字目标的增长,转变为关注以人为中心的新型城镇化,促进高质量发展、区域协调发展、城乡可持续发展、社会和谐共享等一系列"综合目标"的实现,国土空间规划要求中央、地方各级政府承担起更加综合有力的资源与空间管控职能,实现对资源的更好保护与更高效利用,促进形成更加均衡、美丽、永续的国土空间格局。

(3)城乡规划的内容重点发生重大调整。

从长期保障城市发展增长的需求,转变为生态优先、引导发展、刚性管控,不再"以需求定空间供给",而是首先要明确生态环境保护的基底、耕地保护的底线,以有限的空间供给来约束无限的空间增长需求。

(4)更加强调我国本土规划的理论与实践探索。

党的十八大以后,在"四个自信"的指引下,我国城乡规划的理论与实践发生了明显转向,强调构建我国本土规划的理论体系,增强民族自信、传承中国文化、总结中国经验,进而向世界贡献解决问题的"中国方案",其在雄安新区规划、北京通州新行政中心区规划等工作中得到了鲜明的体现。

(5)更加强调城乡规划的引领地位、科学性、严肃性与持续性。中央对城乡规划高度重视,提出要认识、尊重、顺应城市发展规律,科学决策、科学规划;明确了城乡规划要发挥"战略引领、刚性管控"的作用;提出要坚守规划要求,要坚持"一张蓝图干到底",要有"功成不必在我"的持之以恒的精神等。

6. 全面推进国土空间规划以来的城市规划

2019 年 5 月印发的《中共中央 国务院关于建立国土空间规划体系并监督实施的若干意见》,标志着我国开始全面推进并实施国土空间规划,也标志着国土空间规划体系顶层设计和"四梁八柱"基本形成。这是我国推进生态文明建设、实现高质量发展和高品质生活的关键举措,也是促进国家治理体系和治理能力现代化的必然要求。国土空间规划的实施不但要实现"多规合一",更提出了全域全要素的管控要求。国土空间规划与传统意义上以发展建设为主体导向的城乡规划有所差异,也不同于注重管控思维的土地利用规划,而是在生态文明理念下对空间规划的重构,将传统规划的内容从建成环境扩展到全域全要素,体现了国土空间规划的战略性、约束性、系统性和权威性等特征。

改革开放以来,我国工业化和城镇化取得了举世瞩目的成就,但也带来了一系列可持续发展的问题。在新型城镇化与城乡统筹发展的背景下,解决经济高速增长、社会快速转型中存在的国土开发秩序混乱和资源环境代价沉重等问题一直是可持续发展领域的重大科学命题。

2018 年 4 月,中华人民共和国自然资源部正式成立,城乡规划的相关职责也由建设部调整到自然资源部。机构合并为国土空间规划体系的构建奠定了基础,但体系的构建还需要思维方式的转变和过往经验的总结的有效结合,要做到水乳交融、知行合一,才能真正确保构建"全国统一、责权清晰、科学高效"的国土空间规划体系。

构建国土空间规划体系是我国推进生态文明建设的客观要求,是关系到国民经济与社会长期、持续、健康发展的重要工作,是国家推进生态文明建设、全面统筹经济社会发展、合理高效配置资源、协调发展与保护的重要手段,也是实现国家治理体系和治理能力现代化的重要路径。

3.2　西方城市规划思想与理论发展

人类经济社会发展的阶段性特征使得城乡规划思想与理论的发展也呈现出阶段性。一般将自古希腊到 18 世纪下半叶工业革命前称为"古代城市规划时期",其中又将古希腊、古罗马时期称为"古典城市规划时期",将中世纪及文艺复兴前后称为"中古城市规划时期";将工业革命以后至 20 世纪初称为"近代城市规划时期",这是城乡规划思想、理论层出不穷并逐步走向独立学科建设的重要时期;将 20 世纪初以后至今统称为"现代城市规划时期"。

3.2.1　西方古代城市规划思想与理论

从公元前 5 世纪到公元 17 世纪,欧洲先后经历了从以古希腊和古罗马为代表的奴隶制社会,到封建社会的中世纪、文艺复兴和绝对君权等几个重要的历史时期。随着经济社会和政治背景的变迁,不同的政治势力占据着社会主导地位,导致不同的思想、价值观占据着文化主导地位,不仅带来了不同城市的兴衰,而且也深刻地影响着城市规划的思想和实践。

1. 古希腊时期的城市规划思想

古希腊是欧洲古典文明的摇篮,也是西方文明的基础。在爱琴海边的希腊半岛及其周边地中海沿岸等地方,逐步形成了数十个相对稳定的奴隶制城邦国家,其中最繁荣的有雅典(Athens)、斯巴达(Sparta)、米利都(Miletus)、科林斯(Corinth)等。公元前 5 世纪古希腊建立了奴隶制的民主政体,形成一系列城邦国家,并确立了民主共和的思想,这一思想深刻影响着现代西方的社会与政治体系,也使得古希腊的城市规划思想体现出如下一些特征。

(1)城邦与公共空间精神。

古希腊人认为社区的规模和范围应当使其中的居民既有节制而又能自由自在地享受轻松的生活。古希腊人在城市的艺术、文化、体育等领域全面拓展,建设了卫城,成为希腊城邦精神的化身和有形体现。公元前 5 世纪,雅典卫城就已成为希腊人宗教与公共活动的中心,希波战争胜利以后其更被视为国家、民族的象征场所,强调给公民以平等的居住条件,包括雅典在内的许多希腊城市都以方格网划分街坊,贫富住户混居在同一街区,仅在用地大小与住宅质量上有所区别。古代希腊人基本的生活方式以公共生活为特征,这种生活方式塑造了古代希腊城市的基本特征,反映在空间格局上,是每个城邦的中心都是一个开放的中心广场。以雅典为例,它的中心广场位于卫城的北坡下面,城市中还有体育场、剧场等公共空间。各种公共场所一道构成了丰富多彩的城市公共空间体系,成为希腊人多姿多彩的户外生活的载体,进一步激发了古希腊人的公共意识与思辨精神。

(2)宗教与人本思想并存。

古希腊人在崇拜众神的同时,更承认人的伟大和崇高,笃信人的智能和力量,重视人的现实生活。城市中大量的公共活动促进了市民平等、自由和荣誉意识的增强。雅典卫城以及其他建筑也是市民公共活动的中心,是古希腊人本主义的象征。

代表性城市规划:希波丹姆斯模式。

在古希腊的城市规划中,随着古希腊美学观念的逐步确立和自然科学、理性思维发展的影响,产生了一种人工痕迹较重的城市规划模式——希波丹姆斯模式。

希腊哲学家毕达哥拉斯(前580—前500年)认为:"数为万物的本质,宇宙的组织在其规定中是数及其关系的和谐体现。"亚里士多德则说"美是由度量和秩序所组成的",建筑物各部分间的度量关系就是比例,他主张对城市的规模和范围应加以限制,使城市居民既有节制又能自由自在地享受轻松的生活。基于柏拉图、亚里士多德等人有关社会秩序的理想,公元前 5 世纪的法学家希波丹姆斯在希波战争后的城市规划建设中,提出了一种深刻影响后来西方 2 000 余年城市规划形态的重要模式——希波丹姆斯模式,他因而也被誉为"西方古典城市规划之父"。希波丹姆斯模式遵循古希腊哲理,探求几何与数的和谐,强调以棋盘式的路网为城市骨架并构筑明确、规整的城市公共中心,以求得城市整体的秩序和美。在历史上,希波丹姆斯模式被大规模地应用于希波战争后城市的重建、新建以及后来古罗马大量的营寨城,古希腊的海港城市米利都城、普南城等都是这一模式的典型代表,影响了近代西方许多殖民城市的规划形态。

2. 古罗马时期的城市规划思想

古罗马时期是西方奴隶制发展的繁荣阶段,古罗马先后经历了城邦时代、共和时代与帝国时代,在此过程中,古罗马是完全依靠强大的武力(以罗马军队为代表的国家行政机器)而存在的,其保障了一个强大的中央集权国家的建立,城市风格明显表现出君权化、军事化的特征。

罗马共和国后期和罗马帝国建立以后,城市更成为统治者、帝王宣扬功绩的工具,广场、铜像、凯旋门和纪功柱等成为城市空间秩序组织的核心和焦点。古希腊时期那种纯粹的市民公共活动,已经基本让位于有组织的种种歌颂"伟大罗马"的整体性纪念活动,诸多广场也由最初的集会场所演变成了纯粹的纪念性空间。罗马城是君权化特征最为集中体现的地方,重要公共建筑的布局、城市中心的广场群乃至整个城市的轴线体系,一起透射出王权至上的理性与绝对的等级、秩序感,象征着君权神圣不可侵犯。

古罗马城市规划、建筑设计的指导思想和重要任务之一就是体现罗马国家强大的政治力量和严密的社会组织性。彰显繁荣与力量的大比例模数建设思想,是为了使城市和建筑显现出一种具有征服力的崇高感和震撼感,因此,罗马人在实践中通常热衷于选择大比例模数,许多建筑的空间尺度与规模远超其功能需要。例如,古罗马的许多广场、斗兽场、公共浴室、宫殿等都达到了惊人的空间尺度和规模。古罗马在城市的总体空间创造方面重视空间的层次、形体和组合,并使之达到宏伟与富于纪念性的效果,高超的空间设计手法及对建筑群体秩序的把握,使古罗马建筑成为后世城市规划设计的典范。

代表性著作:《建筑十书》。

维特鲁威是古罗马杰出的规划师、建筑师,公元前 27 年其撰写的《建筑十书》力求依靠当时的唯物主义哲学和自然科学的成就,对古罗马城市建设的辉煌业绩、大量先进的规划建设理念和技术进行历史性总结。《建筑十书》分为 10 个篇章,总结了自古希腊以来的城市规划、建筑经验,对城址选择、城市形态、城市布局、建筑建造技术等方面提出了精辟的见解,是一部百科全书式的著作。《建筑十书》奠定了欧洲建筑科学的基本体系,在文艺复兴以后更是作为西方建筑学的基本教材达 300 余年之久。维特鲁威继承了古希腊的许多哲学思想和城市规划理论,提出了他的理想城市模式,在这个理想城市模式中,他把理性原则和主观感受结合起来,把理想的美和现实生活的美结合起来,把以数的和谐为基础的毕达哥拉斯学派的理性主义同以人体美为依据的希腊人文主义思想统一起来,强调建筑物整体、局部以及各个局部之间和整体之间的比例关系,充分考虑城市防御和方便使用的需要。

3. 中世纪的城市规划思想

西罗马帝国灭亡后,欧洲进入漫长的中世纪,欧洲分裂成许多小的封建领主王国,封建割据和战争不断,手工业和商业萧条,城市处于衰落状态,社会生活中心转向农村。这一时期,教会势力变得十分强大,教堂占据了城市的中心位置,教堂的庞大体量和高耸尖塔成为城市空间布局和天际轮廓的主导因素。

中世纪的城市发展缓慢,由于缺乏大规模的人工规划干预,因此形成了十分自然有机的城市形态、亲切的空间尺度、宜人的景观环境,具有独特的魅力。10 世纪以后,西欧的手工业和商业逐渐兴起,一些区位优越、工商业经济发达的城市逐渐摆脱封建领主的统治。在这些城市中,公共建筑(如市政厅、关税厅、行业会所等)开始占据城市空间的主导地位。中世纪后期,随着手工业和商业的持续繁荣,一些市民的思想与精神在逐步复苏。

4. 文艺复兴前后的城市规划思想

14 世纪初开始的文艺复兴是欧洲资本主义、人本主义的萌芽时期,艺术、技术和科学都得到飞速发展,其核心是宣扬人性解放,实质是为了建立资产阶级的价值观和秩序,但由于资产阶级此时还没有真正登上统治社会的舞台,因此,在城市规划建设中主要还是集中于对单个建筑或城市片区的小规模营建与改造。

17 世纪后半叶,新生的资本主义迫切需要强大的国家机器提供庇护,而君主政权也需要利用资产阶级强大的物质力量和积极的斗争精神来维护自身统治。资产阶级与国王结成联盟,在欧洲建立了一批统一而强大的中央集权、绝对君权国家,进行了大规模的城市改造和城市建设运动。随着君主政权的强大,古典主义与唯理主义在欧洲的文学、艺术等方面占据绝对统治地位,城市规划思想追求抽象的对称和协调,寻求纯粹几何结构和数理关系,强调轴线、放射和主从关系。

3.2.2 西方近代城市规划思想与理论

1. 近代城市规划产生的历史背景

16 世纪末至 17 世纪初,欧洲爆发的资产阶级革命将整个西欧推上了资本主义制度的发展轨道。资本主义制度带来 17 世纪后半叶至 18 世纪生产力的大飞跃,并最终引发了 18 世纪下半叶席卷欧洲的工业革命。到了 19 世纪,西方社会迎来了机器大生产的时代,人类文明与社会发展从此掀开了新的历史篇章。

由于工业生产方式的改进和交通技术的发展,传统的古典城市空间结构已经无法适应新的发展现实,农业生产劳动率的提高和资本主义制度的建立,导致大量破产农民向城市集中,各大城市面临着人口的爆发性增长,人口的快速增长使得城市原有的居住设施严重不足,旧的居住区不断沦为贫民窟,提供给工人的新建廉价住房更是粗制滥造,不仅设施严重缺乏,基本的通风、采光也不能满足,而且居住密度极高,服务配套设施不全,导致了传染疾病的大范围流行,这种城市环境卫生状况加剧了社会矛盾,引起了社会各阶层人士的关注。

2. 近代城市规划的探索实践

(1)空想社会主义的启蒙。

早在资本主义社会早期,面对资本家对农民、工人极端残酷的剥削,很多怀有社会良知的先驱开始思考和探索理想的国家、城市形态,他们认为,推翻、埋葬资本主义制度,建立以公有制为主体、消灭剥削的民主社会,是解决剥削问题的根本途径,这些思想家的各种理论与概念被统称为"空想社会主义"。

近代历史上的空想社会主义思想最初起源于英国人文主义者托马斯·莫尔(Thomas More,1478—1535 年)的"乌托邦"概念,随后又影响了圣西门(Saint-Simon,1760—1825 年)、查尔斯·傅立叶(Charles Fourier,1772—1837 年)、罗伯特·欧文(Robert Owen,1771—1858 年)等多位空想社会主义者。这些空想社会主义者不仅通过著书立说来宣传和阐述他们对理想社会的坚定信念,同时还通过一些实验来推广和实践自己的理想。虽然空想社会主义者的理论、实践在当时的西方世界几乎没有产生实际的影响,但是这种先进的思想和理念却对后来城市规划思想、理论(包括霍华德的"田园城市"理论)的发展产生了重要的作用。

(2)英国关于城市卫生和工人住房的立法。

1842 年英国政府提出了《关于英国工人阶级卫生条件的报告》,这一报告成为政府开始关注城市卫生状况和工人住房问题的转折点。1848 年英国通过《公共卫生法》,规定了地方当局对污水排放、垃圾堆积、供水、道路等方面应负的责任。由此开始,英国通过颁布一系列卫生法规建立起一整套对城市卫生问题的干预和控制措施。对工人住宅的重视促成了如 1868 年的《贫民窟清理法》、1890 年的《工人住房法》等一系列法规的出台。英国改善城市居住环境的行动对欧洲国家产生了巨大影响,19 世纪中叶以后"公司城"作为资本家就近解决工人的居住需求、提高工人的生产力而出资建设和管理的小型城镇,开始在西方各国大量出现。

(3)城市美化运动。

通常所说的城市美化运动,主要是指 19 世纪末至 20 世纪初欧美许多城市为缓解日益严峻的城市病、恢复城市的良好环境和吸引力而进行的一系列景观改造活动。城市美化运动开始于美国,其前奏是 19 世纪 50 年代末开始的"公园运动",在奥姆斯特德(Olmsted)的率领下,纽约在 1859 年首先建设了第一个现代意义的城市开敞空间——纽约中央公园。城市美化运动的目的是通过创造一种新的物质空间形象和秩序,恢复城市中由于工业的破坏性发展而失去的视觉美与和谐生活,从而改善人们的生存环境,后在芝加哥等地持续进行了大量实践,这种景观环境改造理念改善了城市运行机能,开创了促进城市中人与自然相融合的新纪元,并催生了后来景观建筑学、园林规划和城市绿地规划等学科的兴起与发展。

3.2.3　20 世纪以来西方现代城市规划思想与理论

1. 现代城市规划的奠基:田园城市理论

从 19 世纪中叶开始,西方国家出现了大量有关寻求解决城市问题方案的讨论,诸如霍华德的田园城市、玛塔的带形城市、戈涅的工业城市、西谛的城市形态研究等,成为现代城市规划思想和理论形成的重要基础。

在 19 世纪中期以后的种种社会改革思想和实践的影响下,英国人霍华德(Howard)于 1898 年出版了《明天:通往真正改革的平和之路》(*Tomorrow:A Peaceful Path to Real Reform*),提出了著名的田园城市(garden city)理论。田园城市的提出,既标志着近现代城市规划学科出现了比较完整的理论体系和实践框架,也标志着现代城市规划的诞生。

针对当时城市(尤其是像伦敦这样的大城市)所面对的城市问题,霍华德提出用一个兼有城市和乡村优点的理想城市——田园城市作为解决方案。田园城市是为健康、生活以及产业而设计的城市,它的规模足以提供丰富的社会生活;四周要有永久性的农业地带围绕;城市的土地归公众所有,由委员会受托管理。霍华德田园城市理论的大致形成过程见表 3.1。

表 3.1　田园城市理论的大致形成过程

序号	步骤	内容
1	调查	以伦敦为对象展开综合而深入的城市问题及原因调查
2	分析	利用城市和乡村两者的优点形成一种新的城市形态——田园城市
3	观念	当城市达到一定规模以后应该停止增长,成为更大体系中的一部分,过量部分由附近的另一城市来接纳,即形成多中心复合的城镇群
4	模式	包括城市和乡村两个部分:边缘地区设有工厂、企业,每个田园城市的人口限制在 3 万人,中心城市为 5 万~6 万人,一组城市的总人口规模为 25 万人左右。若干个田园城市围绕着中心城市呈圈状布置,之间借助铁路等往来,城市之间是永久性保留的绿色空间
5	措施	工商业要赋予私营经济发展的条件,不能由公营垄断;城市中的所有土地必须归全体居民集体所有,城市的收入全部来自租金,在土地上产生的增值仍归集体所有
6	实践	1899 年组织田园城市协会宣传他的主张;1903 年组建了田园城市有限公司,建立了第一座田园城市——莱彻沃斯

田园城市是一个综合的城市规划、发展、建设模式,不同于我们常说的以景观营建为主的花园城市。田园城市也不同于卫星城市,虽然田园城市是卫星城市的思想渊源,而且结构有类似之处,但本质区别在于:卫星城市中的中心城市与卫星城市的规模、功能相差极为悬殊,是对大城市、特大城市空间与功能进行疏解的一种手段;而田园城市是由中心城市与周边规模、功能相差不大的田园城市构成的组群,强调的是城乡统筹发展形态。

概要而言,霍华德的田园城市对近现代城市规划发展的重大贡献在于以下 4 个方面。

(1)在城市规划指导思想上,摆脱了传统规划用来显示统治者权威或张扬规划师个人审美情趣的旧模式,提出了关心人民利益的宗旨,这是城市规划思想立足点的根本转移。

(2)针对工业社会中所出现的严峻、复杂的城市问题,摆脱就城市论城市的狭隘观念,从城乡结合的角度将其作为一个体系来解决。

(3)设想了一种先驱性的模式,是一种比较完整的规划思想与实践体系,对现代城市规划思想及其实践的发展都起到了重要的启蒙作用。

(4)首开了在城市规划中进行社会研究的先河,以改良社会为城市规划的目标导向,将物质规划与社会规划紧密地结合在一起。

2. 西方现代城市规划思想与理论发展的总体分期

20 世纪以来,西方现代城市规划思想、理论发展可以划分为 4 个时期:20 世纪初至第二次世界大战前,一些精英分子对现代城市规划思想进行各种探索、实践,为战后功能主义思想垄断地位的确立奠定了基础。第二次世界大战后至 20 世纪 60 年代末,以现代建筑运动为支撑的功能主义规划思想,在战后西方城市重建和快速发展过程中发挥了积极且重要的作用,从而最终完成了现代城市规划思想体系的确立并达到其认知的顶峰。20

世纪 70 年代至 80 年代末,西方社会在这个时期经历了巨大的社会转型,进入了通常所说的"后现代社会",社会价值观体系处于混沌交织中,社会文化论在城市规划思想中占据主导地位。20 世纪 90 年代后,西方社会基本恢复了秩序,但是随着经济、政治全球化的深入以及通信、互联网等技术的发展,人们不得不深刻地思考一些关乎人类未来发展的重大问题,例如全球化的影响、可持续发展、增长与发展、治理、智慧城市、生态城市等,城市规划思想的探索面对着一幅崭新的社会图景。

(1)第二次世界大战前西方重要的城市规划思想与理论。

19 世纪末至 20 世纪初是西方城市规划思想与理论繁盛发展的时期,下面主要介绍 3 种重要的规划思想与理论。

①格迪斯的区域规划思想及学说。

苏格兰生态学家格迪斯注意到工业革命、城市化对人类社会的影响,他通过对城市进行生态学的研究,强调人与环境的相互关系。他在 1915 年出版的著作《进化中的城市》中,通过周密分析地域环境的潜力和限度对城市布局形式与地方经济体系的影响关系,突破当时常规的城市概念,提出把自然地区作为规划研究的基本框架。他指出,工业的集聚和经济规模的不断扩大已经造成一些地区的城市发展显著集中,使城市结合成巨大的城市集聚区(urban agglomeration)或者形成组合城市(conurbation)。在这样的条件之下,城市规划应当首先是城市地区的规划,即将城市、乡村的规划纳入统一的体系之中,使规划包括若干个城市以及它们所影响的周围整个地区。

格迪斯认为城市规划要取得成功,就必须充分运用科学的方法来认识城市。他综合运用哲学、社会学和生物学的观点,揭示了城市在空间和时间发展中所展示的生物学和社会学方面的复杂性。他强调在进行城市规划前要进行系统的调查,取得第一手的资料,通过勘察了解所规划城市的历史、地理、社会、经济、文化、美学等因素,把城市的现状和地方经济、环境发展潜力以及限制条件联系在一起进行研究,在此基础上进行城市规划工作。他的名言是"先诊断后治疗",由此形成了影响至今的现代城市规划经典过程,即"调查—分析—规划"。格迪斯被公认为是现代区域综合研究和区域规划的创始人,是使城市、区域研究由分散走向综合的第一人。

②作为微观社区组织的邻里单位理论。

美国建筑师佩里很早就认识到居住地域作为一种场所空间的内在社会文化含义,他借用社会学中的"社区"思想,于 1929 年提出了"邻里单位"(neighborhood unit)的概念,将其作为构成居住区乃至城市的细胞。邻里单位以一个不被城市道路分割的小学服务范围作为邻里单位的尺度,讲求空间宜人景观的营建,强调内聚的居住情感,重视居民对居住社区的整体文化认同和归属感。佩里认为这不仅是一种创新的设计概念,而且是一种社会工程,它将帮助居民对所在的社区和地方产生一种乡土观念。邻里单位理论对后来直至今天的居住区规划(或社区规划)都产生了重大的影响。

③分散主义、集中主义的争论与统一。

针对大城市、特大城市因为过度聚集而产生的城市问题,许多人给出了不同的解决方案,其中最主要的两种思想冲突就是应该采取"分散主义"还是"集中主义"。霍华德的田园城市体现了一种分散主义的思想,而美国建筑师赖特提出的广亩城市更是分散主义思想的代表。广亩城市依托汽车、通信等技术的支撑而彻底解体了城市，发展出一种完全分散的、低密度的生活居住形态。这种空间形态虽然满足了中产阶级、高收入人群对田园环境的向往，但是却牺牲了城市的规模经济和集聚活力，更对资源环境造成了巨大的压力和破坏，是一种并不被提倡的规划思想。

与分散主义思想相反，现代建筑与城市规划运动的领军人物柯布西埃则希望通过对大城市结构的重组、内部改造，使这些城市能够重新适应社会发展的需要。1922年柯布西埃发表了"明日城市"的规划方案，从功能合理性角度出发阐述了集中主义城市的解决方案：城市的平面是严格的几何形构图，核心思想是提高市中心的建设强度，建立大运量、立体化的交通系统，全面改造老城区，提供充足的绿地、空间和阳光。1931年的"光辉城市"规划方案是集中主义城市的进一步深化。柯布西埃认为城市是必须集中的，只有集中的城市才有生命力，由拥挤而带来的城市问题是完全可以通过技术手段进行改造而得到解决的，所有的城市应当是"垂直的花园城市"，而不是水平向的田园城市。

作为现代城市规划原则的倡导者和执行者的中坚力量，柯布西埃的上述设想充分体现了他对现代城市规划的一些基本问题的理解，并形成了理性功能主义的城市规划思想。这种思想集中体现在由他主导撰写的《雅典宪章》（1933年）之中，深刻地影响了第二次世界大战后全世界的城市规划和城市建设，而他本人的实践活动一直到他20世纪50年代初应邀主持印度昌迪加尔规划时才得以充分开展，该项规划当时由于严格遵守《雅典宪章》的原则、布局规整有序而得到普遍的赞誉。20世纪60年代以后，随着城市规划领域对人文、社会因素的重视，柯布西埃的理性功能主义规划思想受到了越来越多的批判。

分散主义、集中主义这两种规划思路，显示了两种完全不同的规划思想和规划体系：霍华德的规划理念基于社会改革的理想，更多地体现出人文关怀和对社会经济的关注；柯布西埃则从建筑师的角度出发，对工程技术的手段更为关心，并希望以物质空间的改造来改造整个社会。分散主义、集中主义这两种规划思路，直到沙里宁的"有机疏散"（organic decentration）理论出现才得以统一。

1943年美国建筑师沙里宁在著名的《城市：它的发展、衰败和未来》一书中详尽地阐述了有机城市、有机疏散的思想。沙里宁认为，城市与自然界的所有生物一样，都是有机的集合体，因此城市规划建设应努力实现有机的秩序。为了缓解城市机能过于集中所产生的弊病，使城市逐步恢复有机的秩序，沙里宁提出了有机疏散理论，认为城市作为一个有机体，和生命有机体的内部秩序一致，不能任由其无限集聚，而要使城市的人口和工作岗位有机分散。他将城市活动划分为日常性活动和偶然性活动，通过"对日常性活动进行功能性的集中"和"对这些集中点进行有机的分散"，使原先密集的城市得以实现有机疏散。他指出，前一种方法能给城市的各个部分带来适于生活和安静的居住条件，而后一种方法则可以给整个城市带来功能秩序和工作效率。换个角度讲，有机疏散就是把传统大城市的拥堵区域分解成若干个集中单元，并把这些单元组织成为"在活动上相互关联的具有功能的集中点"，再将它们彼此之间用保护性的绿化带隔离开。有机疏散思想对第二次世界大战后欧美各国解决大城市问题，尤其是通过卫星城建设来疏散特大城市的功能与空间产生了重要影响。

（2）第二次世界大战后至 20 世纪 60 年代末西方主要的城市规划思想与理论。

①卫星城理论与新城运动。

20 世纪 20 年代，恩温基于"田园城市"理论提出了"卫星城"的概念。1944 年，阿伯克隆比提出大伦敦规划，通过在伦敦周围率先建设卫星城以疏解伦敦的人口和职能，对现代城市规划产生了深远的影响。随着战后英国《新城法》的颁布掀起了"新城运动"（New Town Movement），强调建设既能生活又能工作的、平衡和独立自足的新城。由此卫星新城尽管与母城保持紧密的联系，但在经济、社会、文化等方面都是具有现代城市性质的独立城市单位。尤其是首批"新城运动"实践中，在瑞典斯德哥尔摩近郊建成的魏林比（Vällingby）新城，在规划过程中基于"新城运动"的原则，进一步创新提出了一种"工作-住区-中心"（ABC-Town）的规划理论及模型，突出"工作"要素对于新城建设的重要性，强调应以分散老城就业为基础规划新城，并在配套的过程中尽量保障社会公平与经济公平。如今，卫星城（新城）已经成为分散大城市过于集聚的功能和人口，在更大的区域范围内优化城市空间结构、解决环境问题、实现功能协调的重要规划手段。

②环境行为研究与城市设计。

20 世纪 60 年代以后，随着城市大规模物质空间建设的结束，人们对空间内在社会、文化、精神方面的要求不断提高，生态环境保护、历史文化保护、城市更新等成为西方城市规划的重要内容。城市规划中越来越多地引入环境科学、行为科学的内容，这与现代科学尤其是人文科学的发展有着重要的关系，反映了人们对城市发展、城市规划的理解愈趋综合化。城市环境不再仅仅被视为视觉艺术空间研究的问题，更被理解为一种综合的社会交往场所。20 世纪 60 年代在美国出现了现代"城市设计"（urban design）的概念，城市设计将城市视作包括三维空间、时间变化在内的四维空间，强调人与空间的内在互动，强调景观设计对人们活动、心理感知的重要意义。《大不列颠百科全书》中对城市设计的定义为："对城市环境形态所做的各种合理处理和艺术安排。""城市设计的出现并不是为了创造一门新的学科，而是对以前忽视空间人性关怀的一种弥补。"城市设计作为一种观念，应该渗透到城市规划建设的全过程中。

（3）20 世纪 70 年代至 80 年代末西方主要的城市规划思想与理论。

20 世纪 60 年代末以后，西方资本主义社会发生了深刻的变化，这种深刻的转变与经济的发展、产业结构的调整、人们需求的转变、国际形势的变化等都密切相关，集中体现为社会生活的各个领域变化节奏加快、冲突加剧、不确定性增强。这一时期，西方资本主义社会矛盾异常复杂，引发了西方思想家对人、对社会、对未来的深切关注和思考，并形成和发展了丰富多元的现代（后现代）社会思潮。

总体上说，20 世纪 70 年代至 80 年代是西方社会生活各种思潮处于混沌交锋的大转型时期。在对现代主义的反思和批判过程中，城市规划由单纯的物质空间塑造逐步转向对城市社会文化的关注；由城市景观的美学考虑转向对具有社会学意义的城市公共空间及城市生活的创造；由巴洛克式的宏伟构图转向对普遍环境感知的心理研究。总之，开始从社会、文化、环境、生态等各种视角，对城市规划进行新的解析和研究。新马克思主义理论在城市研究、城市规划领域再度兴起，强调运用政治经济观来深入分析资本主义社会的结构性矛盾，主要表现为：对规划中社会公正问题的关注；对社会多元性的重视；强调人性化的城市设计；注重对城市空间现象的制度性思考。

按照新马克思主义的视角来理解，城市规划的本质不是技术或科学，城市规划被视为以实现特定价值观为导引的政治活动。由此，西方的城市规划学科的研究与实践也开始了从工程技术向公共政策的重大转向。

（4）20世纪90年代以来的多元规划观。

进入20世纪90年代，国际环境的转变、技术与生产方式的变化、生活方式的转型等，都使得城市问题变得更加复杂、变化莫测，已经没有一种理论、方法能够被用来整体地认识城市、改造城市，多元思潮蓬勃兴起，城市规划的理论与实践探索有了更为广阔的背景。全球化、治理、生态、可持续、文化、智慧等，成为主导城市规划思想的关键词。《1945年后西方城市规划理论的流变》的作者尼格尔·泰勒曾经将这段时期西方城市规划领域所关注的重要议题分为5个方面：城市经济的衰退和复苏；超出传统阶级视野并在更广阔的范围内讨论社会的公平；应对全球生态危机和响应可持续发展要求；回归对城市环境美学质量以及文化发展的需要；地方的民主控制和公众参与要求。其中既有新环境催生的对新规划思想的探索，也有对传统规划思想、规划价值观的螺旋上升的认识。20世纪与21世纪之交，美国的《规划专员杂志》（*Planning Commissioners Journal*）（1999年）提出了21世纪现代城市规划发展的9个趋势：

①开发者与环境保护主义者的合作。城市规划由以前的开发型规划走向环境整治型规划，如划定各种鼓励开发区、引导开发区、限制开发区、禁止开发区等，强调开发与保护相结合。

②对公众参与的日益重视。随着城市社团力量的壮大，非政府力量对城市规划的干预作用增强，城市治理思潮的声势日益壮大。

③网络空间对土地利用的影响。随着信息网络技术的发展，城市空间正在发生着新的、根本性的演变，这对传统的城市空间、城市规划提出了巨大的、全新的挑战。

④更加紧凑的混合功能用地与空间。随着资源环境的趋紧，紧凑发展成为越来越主动的需求。随着城市复兴、创新创意活动的发展，传统单一的商业中心转变为综合中心，传统单一的用地与空间组织模式日益被混合功能用地与空间所取代。

⑤开放的空间网络与绿色通道。开放的空间、绿色通道可以给城市发展、布局带来更大的弹性。郊区化、逆城市化的过程及信息、交通技术的发展，使得开放的空间网络成为可能，并成为一种主动的需求。

⑥交通和土地利用整体规划的拓展。交通是城市物质环境结构的框架，现代城市随着交通及其方式的发展而变化，因此必须在城市规划中对交通与城市土地利用、空间规划进行整体的协同考虑。

⑦人群的需求不断增长。随着社会极化的加剧以及老龄化社会的到来，城市规划必须考虑这种社会环境的变化，满足不同人群的种种要求。

⑧城市中心区的复苏。20世纪80年代以后，一些国家实施了有力的"再城市化"策略，通过对原有市中心地区的功能与环境改造，努力复苏、创造一个充满活力的城市中心。

⑨区域合作不断受到重视。在经济全球化的今天，城市要增强竞争力，就必须通过与其他城市的协作来实现双赢、多赢，区域合作更加受到重视。

3.2.4　21 世纪的城市规划思想与理论变革

1. 由单向的封闭型思想转向复合开放型思想

封闭型思想主要包含两层含义:其一,思维的单向性,它否定了思维过程中后一阶段成果对前一阶段成果的作用;其二,思想过程中单系统的思维方式,它否定了该系统外的环境对系统的作用。

城市的开发、改造成效很大程度上取决于管理部门的组织,同时管理工作会对规划设计工作起到反馈作用,这样才能使规划设计工作的目的得以实现。思维的单向性使人们忽视了管理工作对规划工作本身的作用,造成规划成果与实际需求相脱离。与此同时,城市规划受到社会、经济等诸多因素的共同作用,因此需要必要的弹性,然而封闭型思想使得部分规划忽视了本系统之外的因素,造成了规划编制的不合理。城市规划需要更加复合开放的思想,需要广泛地听取社会学、心理学、经济学、管理学等方面的建议。

2. 由最终理想状态的静态思想转向过程导控的动态思想

所谓最终理想状态的静态思想,就是忽视发展过程中的协调性,缺乏"运行"观念,使规划成为"乌托邦"。这种最终理想状态的静态思想干扰着规划的发展,使规划脱离城市建设发展的实际。

城市规划的目的是要使城市在发展的各个阶段上其整个系统保持良性运转,不应该只是强调最终的理想状态。在规划执行的若干年内,城市各系统之间的关系是否协调,城市各系统是否合理运行,城市经济效益、社会效益和环境效益是否提高,这都是规划中需要重视的问题。动态思想要求把城市规划工作的对象确定为动态过程,规划成果是一种动态的过程控制和引导的结果,城市规划管理的控制手段也强调一种动态过程。

3. 由刚性规划思想转向弹性规划思想

刚性规划思想缺乏多种选择性,欲求唯一的最佳方案。然而,刚性规划的成果很难适应城市这个综合、复杂的巨系统,产生刚性规划思想的原因是机械的社会观,以机械性代替社会的综合性,同时把规划与设计混为一谈,以设计工作的思想方法代替规划工作的思想方法。

弹性规划思想首先需要明确城市的发展是一个社会发展过程。在社会发展过程中,构成社会的各系统之间是互相作用的,其中由社会经济水平决定的社会意识形态具有最重要的决定性意义。规划是否合理根本上取决于整个社会意识形态和社会经济水平,所以说城市规划只是以政府意愿形式出现的反映社会经济水平、维护城市社会发展过程平衡的诸多力量之一。城市社会意识形态和社会经济水平构成的多样性、发展时间上的摆动决定了为其服务的城市规划必须是可以提供多种可能性和选择性,即具有弹性的规划思想方法。

4. 由指令性的思想转向引导性的思想

指令性的思想方法认为城市系统的发展由某一中心枢纽控制,而城市规划编制及管理就是这个枢纽,它控制了整个城市诸多系统的发展。这种思想方法使城市规划工作从城市诸系统中孤立出来。规划并不是城市发展中起指令性控制作用的中心枢纽,规划编制阶段应该集思广益,广泛综合各方面的分析成果。在指令性思想方法指导下编制的总体规划,容易无视城市用地现状,不顾客观情况,造成规划成果脱离实际。

引导性的思想方法强调各系统发挥自身的选择性,强调规划在城市发展进程中的引导性控制作用,城市规划扮演着向各系统提供正确的发展选择的引导者角色。因此,引导性的思想方法首先要了解城市发展的需求以及开发者的价值观,其次要根据布局结构拟定出城市发展的引导性措施,充分利用经济规律、社会规律等将城市的发展引上良性轨道。

3.3 我国土地利用规划理论与实践

我国古代已出现土地利用规划的萌芽,《禹贡》是我国古代文献中最古老和最有系统性地阐述地理观念的著作,也是我国历史上最早的"土地利用规划"。《禹贡》以自然地理实体为标志,将全国划分为九州,并对疆域、山脉、河流、植被、土壤、物产、贡赋、少数民族、交通等自然和人文地理现象做了简要的描述。井田制是我国古代社会的土地制度,出现于商朝。井田规划是我国早期土地利用规划的雏形,它反映了当时田赋管理对组织土地利用的需要。《周礼》创立了"土会""土宜""土均""土圭"的工作方法,可以进行土地规划、土壤研究和管理等方面的工作。

中华人民共和国成立后,以"土地整理"为代表的现代土地利用规划引入我国。20世纪50—70年代末,以农业土地利用为主,围绕国有农场和人民公社的发展提供土地条件和政策保障,20世纪50年代后期改称为"土地规划"。

1980—1986年,国家土地管理局成立,全面开展了土地资源调查、农业区划、土地利用总体规划、农村土地利用规划等工作,土地利用规划理论与实践进入新的发展时期;1987年,《中华人民共和国土地管理法》颁布实施,正式确立了土地利用规划的法律地位,逐步建立起国家、省、地(市)、县、乡(镇)五级土地利用规划体系,全面落实"十分珍惜和合理利用每寸土地,切实保护耕地"的基本国策。

改革开放以后全国进行了三轮国家级土地利用规划,土地利用规划理念与实践不断丰富和完善。

3.3.1 第一轮土地利用总体规划(1986—2000年)

该次规划编制正处于市场经济发展初期,全国城市建设处于全面发展的高峰时期,为服务经济发展,该轮土地利用规划围绕保障各类建设,初步确定了土地利用规划的体系、内容、方法与编制审批程序。

3.3.2 第二轮土地利用总体规划(1997—2010年)

第一轮土地利用规划编制完成后,我国城镇化发展迅速,经济全面开花的同时,耕地面积减少超过2 000万亩,人口众多,耕地质量不高,后备资源紧缺逐步显现。1997年,《关于进一步加强土地管理切实保护耕地的通知》提出了实施基本农田保护和耕地总量平衡制度,以此为指导,第二轮土地利用规划以耕地总量动态平衡为目标,对耕地现状、建设占用总量逐级控制,确定了"指标+分区"的土地利用规划模式,土地利用规划编制模式与审批程序进一步完善。

3.3.3　第三轮土地利用总体规划(2006—2020 年)

2006 年,基于保障耕地总量、加强土地管理的目标,以当时土地普查的情况,提出了"18 亿亩"保护底线的概念,这是国家统计局与原农业部按当时全国人口、粮食单产与复种指数等综合因素计算提出来的目标,确保 2010—2030 年粮食自给率达到 95%。

2006 年启动的第三轮土地利用规划更加突出了"节约和集约用地"的核心理念,突出以下 3 点:

(1)土地利用规划更加强调公共政策属性。强调编制与实践并重,重视保障措施与政策设计,开展了土地利用战略研究,提出了土地利用的约束性和预期性两类指标。

(2)土地利用规划更加强调空间管制与指标并重,有针对性地提出了各类用地空间、基本农田、建设用地布局与管制分区的要求,更增加了规划弹性。

(3)土地利用更加强调综合性,以保护耕地和土地节约、集约为核心,从控制各类用地出发,兼顾经济发展、生态环境保护与土地利用之间的关系,同时,引入了环境影响评价的内容。

2018 年起,随着建立国家统一的国土空间规划体系,土地利用规划与城乡规划、主体功能区规划等一道纳入国土空间规划中,我国土地规划工作的理念、内容和方法取得了良好的发展。

3.4　我国主体功能区规划理论与实践

我国主体功能区规划的发展历史进程较短,在"十一五"期间提出了主体功能区规划的概念,即指在对不同区域的资源环境承载能力、现有的开发密度和发展潜力等要素进行综合分析的基础上,以自然环境要素、社会经济发展水平、生态系统特征以及人类活动形式的空间分异为依据,划分出具有某种特定主体功能的地域空间单元。

主体功能区规划以是否适宜或如何进行大规模、高强度、工业化、城镇化开发为基准,将主体功能区大致分为以下 4 类:优化开发区域、重点开发区域、限制开发区域和禁止开发区域。按照主体功能定位调整、完善区域政策和绩效评价,规范空间开发秩序,以形成合理的空间开发结构。主体功能区规划是促进区域协调发展、实现人口与经济合理分布的有效途径,是实现可持续发展、提高资源利用率的迫切需求,是实现公共服务均衡的有力保障。主体功能区规划弥补了国土规划对于土地利用规划方面的不足,对于新型城镇规划和国土空间规划起到战略指导的作用。

3.4.1　主体功能区的发展历程

从 2005 年提出主体功能区的思想,到 2011 年国务院《全国主体功能区规划》的发布,大致经历了 6 年的时间。《全国主体功能区规划》是我国国土空间开发的战略性、基础性和约束性规划,对后来的国土空间开发具有重大战略意义。

主体功能区规划是我国首创的一种国土空间开发制度。作为一种重要的区域统筹协调发展的思想,主体功能区规划基于"效率"与"公平"的规划目标,建立了根据空间类型和差异政策划分空间的方法,根据一个空间单元的自然资源禀赋、生态环境状况、经济社会发展水平及潜力、现有开发建设强度及情况等,并结合国家和区域未来的发展战略,综合确定该空间单元的主体功能定位,以及其开发利用方式,因地制宜,分级分类划分不同的主体功能区。我国主体功能区的主要发展历程见表3.2。

表3.2 我国主体功能区的主要发展历程

序号	发布日期	文件名称	发布机构	发布意义
1	2005-10-11	《中共中央关于制定国民经济和社会发展第十一个五年规划的建议》	中共中央	提出了主体功能区的思想,各地区要根据资源环境承载能力和发展潜力,按照优化开发、重点开发、限制开发和禁止开发的不同要求,明确不同区域的功能定位,并制定相应的政策和评价指标,逐步形成各具特色的区域发展格局
2	2006-03-14	《中华人民共和国国民经济和社会发展第十一个五年规划纲要》	全国人大	第一次提出了主体功能区的概念,将国土空间划分为优化开发、重点开发、限制开发和禁止开发四类主体功能区,按照主体功能定位调整、完善区域政策和绩效评价,规范空间开发秩序,形成合理的空间开发结构
3	2011-06-08	《全国主体功能区规划》	国务院	它是我国国土空间开发的战略性、基础性和约束性规划,对于推进形成人口、经济和资源环境相协调的国土空间开发格局具有重要意义
4	2017-10-26	《关于完善主体功能区战略和制度的若干意见》	中共中央	进一步明确了主体功能区的科学内涵,主体功能区既是一种战略,又是一种制度,为之后的主体功能区规划发展提供了相关保障

3.4.2 主体功能区的核心思想

功能区原属于建筑学的概念,是指根据房屋内部空间的使用功能和各共有建筑部位的服务范围而划分的区域。主体功能区是功能区概念的延伸,其作用主要是促进各地区分工协作,形成合理的空间经济布局和结构,有效解决人与自然和谐发展的问题。主体功能区的目的是统筹谋划未来人口分布、国土利用、城市化和经济布局,根据不同区域的资源环境承载力,以及现有开发密度和发展潜力,按区域协调、环境友好、资源节约等原则划定具有某种主体功能的规划区域。《全国主体功能区规划》将我国国土空间分为4类,见

表3.3。

表3.3　《全国主体功能区规划》将我国国土空间分为4类

序号	开发类型	适用范围	解决方式
1	优化开发区域	经济比较发达、人口比较密集、开发强度较高、资源环境问题比较突出的区域	向重点开发区域转移产业,减轻人口、资源大规模跨区域流动和生态环境的压力
2	重点开发区域	有一定经济基础、资源环境承载能力较强、发展潜力较大、集聚人口和经济条件较好的区域	促进产业集群发展,增强承接限制开发和禁止开发区域超载人口的能力
3	限制开发区域	分为两类,一类是农产品主产区,即耕地较多、农业发展条件较好的区域;一类是重点生态功能区,即生态系统脆弱或生态功能重要、资源环境承载能力较低的区域	农产品主产区必须把增强农业综合生产能力作为发展的首要任务;重点生态功能区必须把增强生态产品生产能力作为首要任务
4	禁止开发区域	依法设立的各级各类自然文化资源保护区域,以及其他禁止进行工业化、城镇化开发,需要特殊保护的重点生态功能区	禁止开发区域要通过生态建设和环境保护,提高生态环境承载能力,逐步成为全国或区域性的生态屏障和自然文化保护区域

3.4.3　主体功能区规划步骤

为实现区域协调发展的目标,我国在主体功能区规划中将开发与保护这两个基本指标融入"主体功能"这一概念当中。将开发程度高的地区作为开发主导型区域,将保护程度高的地区作为保护主导型区域。在主体功能区规划传导市县发展规划、推动多规合一的过程中,核心内容就是合理准确地划分出城镇、农业、生态3类空间,具体分为5个步骤,见表3.4。

表3.4　主体功能区规划步骤

序号	步骤	具体内容
1	划定生态空间	和环保部门划定生态空间,包括生态保护红线及禁止开发区域,同时考虑生态缓冲区域,具有水质净化功能的重要湿地(大水面)及重要生态功能区域的联系通道都划入生态空间中,加以保护
2	空间开发适宜性评价	进行空间开发适宜性评价,基于地形图构建基础地理信息数据库,以网格为单元,开展资源环境承载力、发展潜力评价,对空间开发适宜程度进行分类

续表

序号	步骤	具体内容
3	初划城镇空间	根据资源环境承载力评价和人口、用地情景初划城镇空间,设定城镇开发的禁止边界(政区边界、50 m 等高线、水库基线等)、门槛边界(一般河流、交通干道和铁路)和弹性边界
4	城市总体规划方案调整	规模城市建设用地压缩;对规划城镇用地进行相应布局调整
5	土地利用规划允许建设区和有条件建设区调整	结合国土部门土地利用规划调整完善和永久基本农田划定工作,依据发展规划和城市总体规划确定的城镇空间范围调整允许建设区和有条件建设区边界,根据与各类规划的协调,以及与各板块的对接和征求的意见,形成城镇、农业、生态 3 类空间的布局总图

3.4.4 主体功能区的相关实践

在国家颁布《全国主体功能区规划》之后,各省市也相应进行了各地的规划实践。作为国家层面的优化开发区域之一,广东省是全国较早开展主体功能区规划研究的省份,在区划方法、规划内容体系以及规划的贯彻与落实等方面进行了诸多探索与尝试。2009 年年底,《广东省主体功能区规划(2010—2020)》(征求意见稿)出台,既符合国家要求,又体现了广东省的科学发展,既有战略高度,又具备可操作性,对于其他省区的规划发展具有一定的示范意义。《广东省主体功能区规划(2010—2020)》(征求意见稿)在区划方法上总体遵循国家颁布的《省级主体功能区划分技术规程》,采用全国统一的 10 项指标进行综合评价,特别强调战略选择对于区划的决定作用,强化了对国土开发战略格局的研究。规划内容体系上强调规划的战略高度与可操作性,一方面,专门增加了国土开发战略格局的章节,对全省的国土开发总体格局以及城镇化、农业开发、综合交通、生态安全等进行了宏观的战略部署;另一方面,在主体功能区下进一步按流域和地域概念划分出若干片区,制定了各片区以及各地级市的开发指引,大大增强了规划的可操作性。为促进规划在市、县、区层面的贯彻与落实,广东省将清远市作为全省主体功能区规划试点,组织编制了清远市主体功能区规划实施纲要,以镇乡、街道为基本单元,进一步细化全市空间布局,并探索全省分类调控的政策经验;清远市的阳山县也围绕其限制开发区域(广东省称为"生态发展区域")的功能定位,开展了生态发展规划实践,探索了限制开发区生态发展的路径与政策保障,由此在全省形成了"省—地级市—县(区)"的主体功能区规划层级体系。

贵州省是我国西南地区较早进行主体功能区规划编制的省份,2011 年《贵州省国民经济和社会发展第十二个五年规划纲要》明确要求按主体功能区划分和定位来科学规范空间开发。为转变经济的发展方式,促进经济协调发展,贵州省于 2013 年发布了《贵州省主体功能区规划》。贵州省结合民族地域资源特点和空间差异,将主体功能区划分为重点开发、限制开发、禁止开发 3 类,其发展主要遵循科学开发、构建城镇化战略布局、促进农业战略格局形成、注重生态安全战略格局形成的思路展开。但是贵州省在主体功能区发展的过程中也出现了一些问题,如主体功能区规划与传统规划重叠、转移支付不足及生态补偿机制缺失、不同主体功能区经济发展失衡。为有效应对这些问题,贵州省完善了主体功能区规划的编制标准,落实财政转移支付,建立生态补偿价格机制,积极协调主体功能区域之间的冲突关系。

2012 年 4 月,黑龙江省印发首个省级主体功能区规划——《黑龙江省主体功能区规划》,标志着主体功能区规划进入了地方推进阶段,并于此后两年内陆续完成本省(区、市)主体功能区规划编制工作。《黑龙江省主体功能区规划》推动形成全省主体功能区,是贯彻落实科学发展观、加快老工业基地振兴的重大举措,是实现地区间公共服务均等化、构建和谐黑龙江的重要途径。规划根据省域内不同区域的资源环境承载能力、现有开发强度和发展潜力,以县级行政区为基本单元,将全省国土空间按开发方式划分为重点开发区域、限制开发区域和禁止开发区域;按开发内容划分为城市化地区、农产品主产区和重点生态功能区;按层级划分为国家层面和省级层面。确定各区域主体功能定位,明确开发方向,控制开发强度,规范开发秩序,完善开发政策,推进形成人口、经济、资源环境相协调的空间开发格局。《黑龙江省主体功能区规划》是黑龙江省国土空间开发的战略性、基础性和约束性规划,是推进形成主体功能区的基本依据,是科学开发全省国土空间的行动纲领和远景蓝图。

3.5　生态城市理论与实践

随着 19 世纪工业革命的不断发展,周边乡村的居民不断涌入城市,导致城市规模持续扩大,人们过度重视生产力的发展却忽视了对生态环境的保护,第二次世界大战之后过度发展经济、开发资源更是忽略了生态环境的重要性。20 世纪 60 年代后人们开始重视生态规划的建设及环境保护的问题,生态学进入大众的视野并受到广泛关注,至此之后生态思想在城市规划中均有体现。

3.5.1　国外生态城市的理论与实践

关于生态城市方面的理论研究和实践虽开始较晚,但是发展较快,并且研究内容也较为丰富。1981 年苏联生态学家亚尼茨基提出了生态城市的理想城市模式,按照生态学原理将生态城市的设计和建造分为时间-空间、社会-功能、文化-历史 3 种层次,以及基础研究、应用研究、设计计划、建设实施和有机组织结构的形成 5 个行动阶段。他认为生态城市应是自组织的建设过程,应由原来的被动变为主动、自发地拥有生态环境意识并实施建造。大卫·高尔敦(David Gordon)的《绿色城市》于 1990 年出版,该书收录了许多学者关于绿色城市的规划思想,目的在于探寻一条有效的、能在城市实施的生态建设路径。

美国生态学家理查德·雷吉斯特是国际生态城市运动的创始人,1975 年创建了“城市生态学研究会”,领导该研究会在美国西海岸的伯克利开展了一系列的生态城市建设活动。他认为生态城市应该是三维的、一体化的复合模式,而不是平面的、随意的,同生态系统一样,城市应该是紧凑的,是为人类而设计的,而且在建设生态城市过程中,应该大幅度减少对自然的“边缘破坏”,从而防止城市蔓延,使城市回归自然。

3.5.2 我国生态城市的理论与实践

我国的生态城市与生态城市规划的研究起步较晚,涉及的学科领域有生态学科、城市规划学科、环境科学等。目前来看,我国生态城市规划的优点在于在城市规划中整合了我国文化相关的要素,努力打造具有中国特色的生态城市规划。早在1984年,马世骏与王如松针对当时生态环境问题日趋严重、人与自然的关系失调等问题,在国际上首次提出了社会-经济-自然复合生态系统理论,并指出城市与区域是以人的行为为主导、以自然环境为依托、以资源流动为命脉、以社会文化为经络的社会-经济-自然复合生态系统。

20世纪90年代我国开展了有关"山水城市"的讨论。山水城市的内涵,既包含着丰富的自然生态内容、人文社会生态内容,视山水城市为"超大型园林",又包含着构想者把建筑科学列为与自然科学、社会科学并列的学科内容。张宇星于《城镇生态空间发展与规划理论》一文中阐述了城镇生态空间发展的一般运行机制,提出应从空间形态、状态、动态和进态4个方面入手建立"大规划"的研究体系。胡俊认为生态城市强调通过扩大自然生态容量、调整经济生态结构、控制社会生态规模和提高系统自组织性等一系列规划手法来促进城市经济、社会、环境的协调发展。梁鹤年认为城市规划可以按照城市紧凑度的大小来进行相应规划,若城市形态紧凑,则应适当发展自然生态要素,按照自然生态的完整性进行规划,如果城市形态疏松,建设用地与绿网、绿带交叉纵横,城市化可以按照生态或社会各自的需要来进行规划。

1. 我国生态文明建设的发展历程

在新的历史条件下,我国生态文明建设的理论和实践不断发展与完善。党的十六大以来提出科学发展观的重大战略思想,党的十八大以来不仅提出建设美丽中国的目标,还将生态文明建设提高到了一个前所未有的高度;党中央高度关注生态文明建设,明确指出建立系统的生态文明制度,划定生态保护红线,建立资源有偿使用和生态补偿制度等,同时国家以及相关部门出台了相应的法规政策支持生态文明建设,部分政策见表3.5。

表3.5　我国关于生态文明建设的部分政策

序号	发布日期	文件名称	发布机构	发布意义
1	2011-10-17	《国务院关于加强环境保护重点工作的意见》	国务院	这是我国国务院文件中首次出现"生态红线"概念并提出划定任务
2	2013-11-12	《中共中央关于全面深化改革若干重大问题的决定》	中共中央	将划定生态保护红线提升为国家战略
3	2015-04-25	《中共中央 国务院关于加快推进生态文明建设的意见》	中共中央	提出把生态文明建设放在突出的战略位置,以健全生态文明制度体系为重点,优化国土空间开发格局,加大自然生态系统和环境保护力度

续表

序号	发布日期	文件名称	发布机构	发布意义
4	2015-08-17	《党政领导干部生态环境损害责任追究办法(试行)》	中共中央	对于违反主体功能区定位或者突破资源环境红线、城镇开发边界,不顾资源环境承载能力盲目决策造成严重后果的,实行生态环境损害责任终身追责制
5	2015-09-21	《生态文明体制改革总体方案》	中共中央	提出平衡好发展和保护之间的关系,按照主体功能定位控制开发强度、调整空间结构
6	2017-02-07	《关于划定并严守生态保护红线的若干意见》	中共中央	提出了生态保护红线的总体要求、内容以及组织保障体系
7	2020-03-03	《关于构建现代环境治理体系的指导意见》	中共中央	提出了构建现代环境治理体系的准则
8	2021-10-19	《关于进一步加强生物多样性保护的意见》	中共中央	提出要持续优化生物多样性保护空间格局,推进重要生态系统保护与修复,完善生物多样性迁徙保护体系
9	2021-10-21	《关于推动城乡建设绿色发展的意见》	中共中央	指出我国要促进区域和城市群绿色发展,建立人与自然和谐共生的美丽城市和乡村

2. 我国生态文明建设的发展内涵

生态文明是人类文明发展的一个新的阶段,即工业文明之后的文明形态;生态文明是人类遵循人、自然、社会和谐发展这一客观规律而取得的物质与精神成果的总和;生态文明是以人与自然、人与人、人与社会和谐共生、良性循环、全面发展、持续繁荣为基本宗旨的社会形态。面对资源约束趋紧、环境污染严重、生态系统退化的严峻形势,必须树立尊重自然、顺应自然、保护自然的生态文明理念,走可持续发展道路。

生态文明建设其实就是把可持续发展提升到绿色发展高度,为后人"乘凉"而"种树",就是不给后人留下遗憾,而是留下更多的生态资产。生态文明建设是中国特色社会主义事业的重要内容,关系人民福祉,关乎民族未来,事关"两个一百年"奋斗目标和中华民族伟大复兴的中国梦的实现。党中央、国务院高度重视生态文明建设,先后出台了一系列重大决策部署,推动生态文明建设取得了重大进展和积极成效。

3. 我国生态城市建设的理论与方法

我国在生态城市建设过程中逐步形成了属于自己的理论和技术体系。我国现代城市生态规划引介先进理念和技术,在这一过程中,不断吸纳城市规划学、景观生态学、地理学、社会学、经济学、管理学等学科领域的知识与方法,成为现代城市生态建设的理论武器和实践工具。近年来我国不断摸索自己的城市生态建设道路,"低碳生态城市"和"生态文明建设"既是本土化生态规划路径的重要内容,也体现了我国城市生态规划与国家发展战略的紧密关联性,这既是我国城市生态规划的特色,也是其生命力所在。

21世纪初,有学者注意到城市规划与生态规划融合的必要性,提出了城市规划生态学化的含义,并对城市规划与城市生态规划的关系进行了探讨。一些学者开始在城市规划与生态规划融合的方向上做出努力。传统城市规划的价值标准和功能设置在改变,过程与方法也逐渐被纳入生态容量和生态足迹等加以分析,城市生态规划开始向具有政策性、法规性的成果转变。

4. 我国生态城市的发展实践

在实践层面上,我国的城市生态规划实践脱胎于城市绿地系统规划。20世纪80年代至今,城市绿地系统是唯一一项基于生态理念和目标的法定规划,对于合理配置城市生态空间、改善城市生态环境起到了重要的作用。

进入21世纪后,出现了更多的城市生态规划类型,如城镇群、生态控制线、生态带、生态网络、生态功能区、非建设用地、新城及新区、街区、社区、大学城、商务区、工业园区、空港城等生态规划,或针对某一种景观类型,如城市森林、水域、湿地、流域、绿化隔离带等所做的生态规划。这些新的生态规划类型从不同角度对城市生态规划体系进行了探索,对我国城市生态规划的发展具有深刻的影响。

近期生态规划研究和实践开始将生态理念与控规运行体系相结合,从指标体系的角度对生态理念进行量化和细化;也有研究和实践分别从生态社区、绿色基础设施、绿色建筑等不同层面出发,从更为具体的微观视角探讨生态规划的实现方式。城市生态规划的全域视角为城市生态环境的改善起到了积极的作用。

我国较早的城市生态规划实践强调规划管理的刚性控制,即"寸土不让"地守住"红线"。到了21世纪,人们对刚性管理模式进行反思,积极探索保护与经济发展共赢之路,将社区经济效益、基层民众诉求和生态补偿机制等弹性思维与弹性管制纳入考虑,尊重社区发展权,建设自下而上的反馈渠道,制订社区发展计划,重点解决民生问题。从刚性控制到弹性管制,表征了我国对城市生态规划内涵的认识经历了一个全面蜕变、优化的过程。

江西省宜春市是我国第一个生态城市试点,采用复合的生态建设规划,依托复合生态系统理论、智力圈学说、环境科学知识,实施生态工程和系统工程,结合经济建设、社会发展、生态保护等方面,构建调控自如的市政范围的复合生态城市规划。

3.6 多规合一与国土空间规划

习近平总书记强调:"考察一个城市首先看规划,规划科学是最大的效益,规划失误是最大的浪费,规划折腾是最大的忌讳。"规划是龙头,是履行政府行政职能的重要手段,是政府科学决策、可持续发展的重要保障。

我国发展已进入新时代,踏上新征程。传统规划的方式方法、体系路径不能解决的实际问题,需要系统进行解决。我国在体制机制、体系规范、评价方法等方面进行了"多规合一"的尝试。

3.6.1 多规合一的历程

2003 年,国家发展和改革委员会(简称国家发展改革委)在苏州市、宜宾市、宁波市等 6 个城市开启规划体制改革试点工作,将国民经济和社会发展规划、城市总体规划、土地利用规划 3 个规划落实到一个共同的空间规划平台上。之后上海市、广州市、武汉市等城市相继开展"两规合一""三规合一"的探索,主要探索城乡规划、土地利用规划的融合协调,与此同时部分城市进行了规划部门与国土相关部门的合并。

2013 年 11 月,空间规划体系改革纳入党的十八届三中全会,出台了《关于全面深化改革若干重大问题的决定》。2013 年 12 月,习近平总书记在中央城镇化工作会议上强调,要积极推进市、县规划体制改革,探索能够实现"多规合一"的方式方法,实现一个市县一本规划、一张蓝图,并以这个为基础,把一张蓝图干到底。

2014 年 8 月,国家发展改革委、国土资源部、环境保护部、住房和城乡建设部四部委联合下发《关于开展市县"多规合一"试点工作的通知》,明确了开展试点的主要任务及措施,并提出在全国 28 个市县开展"多规合一"试点。

2017 年,国家启动开展了 9 个省级空间规划试点,提出以主体功能区规划为基础统筹各类空间性规划,推进"多规合一",明确以主体功能区规划为基础统筹各类空间性规划。

2018 年 4 月,自然资源部成立,作为统一管理山水林田湖草等全民所有自然资源资产的部门,国土空间规划体系确立,提出将主体功能区规划、土地利用规划、城乡规划等空间规划融合为统一的国土空间规划,也就是实现以上几个空间性规划的"多规合一",国土空间规划最终正名。

纵观我国"多规合一"的发展历程,可以概括为 3 个阶段:2003—2012 年为探索试点阶段,着重考虑的是战略布局和用地管控,但未明确如何划定红线、搭建技术平台等;2013—2015 年为正式试点阶段,提出一张蓝图干到底,坚持实施主体功能区制度,落实生态空间用途管制,突出资源环境承载能力,建立规划协调机制,建立控制线体系,形成一本规划、一张蓝图;2016—2018 年为深化试点阶段,"多规合一"试点范围逐步扩大,空间规划改革逐步展开,改革内容不断深化。

3.6.2 多规合一的目标

"多规合一"是指在一级政府一级事权下,"强化国民经济和社会发展规划、城乡规划、土地利用规划、环境保护、文物保护、林地与耕地保护、综合交通、水资源、文化与生态旅游资源、社会事业规划等各类规划的衔接",确保"多规"确定的保护性空间、开发边界、城市规模等重要空间参数一致,并在统一的空间信息平台上建立控制线体系,以实现优化空间布局、有效配置土地资源、提高政府空间管控水平和治理能力的目标。"多规合一"的主要目标见表 3.6。

表3.6 "多规合一"的主要目标

序号	主要目标	内容
1	完成一张蓝图	统一城市发展目标、发展战略及功能布局,深入梳理并协调消除市县各类规划之间的矛盾,实现市县域"多规合一",将各类生态管控红线、城乡建设和产业区块、基础设施和公共服务设施、重大项目用地和历史文化保护范围等落实到一张蓝图上
2	构筑管理一个平台	搭建区域统一的信息共享和管理平台,利用卫星遥感等技术实现与规划信息平台的结合,对开发边界、自然资源和生态环境状况进行全天候的监测,推动综合执法,为简化行政审批提供重要支撑
3	推行审批一张表格	按照一张蓝图规划,依托一个平台管理,转变审批理念,简化项目审批程序,实施审批制度改革,实现"一份办事指南、一张申请表单、一套申报材料"完成审批
4	完善配套运行机制	建立法律保障机制,将"多规合一"划定的生态红线、建设用地增长边界等控制线纳入地方立法;以政府规章形式明确"多规合一"控制线管理主体、管理办法,统一技术标准;完善相关配套机制,建立部门业务联动制度,优化建设项目审批制度,建立监控考核制度,建立动态更新维护制度,改进绩效激励机制

3.6.3 多规合一的政策演进

"多规合一"的政策演进见表3.7。

表3.7 "多规合一"的政策演进

序号	日期	法规与会议名称	内容
1	1991年1月	《中华人民共和国土地管理法》	对经济社会发展规划、城乡规划、水利规划与土地利用总体规划的协调进行了规定
2	2008年1月	《中华人民共和国城乡规划法》	对城乡规划与其他规划的协调进行了规定
3	2010年12月	《中华人民共和国水土保持法》	明确了水土保持规划应当与土地利用总体规划、水资源规划、城乡规划和环境保护规划等相协调
4	2013年11月	《中共中央关于全面深化改革若干重大问题的决定》	要求建立空间规划体系,划定生产、生活、生态空间开发管制界线,落实用途管制
5	2014年3月	《国家新型城镇化规划(2014—2020年)》	加强城市规划与经济社会发展、主体功能区建设等规划的相互衔接,推动"多规合一"

续表

序号	日期	法规与会议名称	内容
6	2014 年 8 月	《关于开展市县"多规合一"试点工作的通知》(发改规划〔2014〕1971 号)	从全国范围内遴选确定了 28 个"多规合一"试点市县
7	2015 年 5 月	《关于 2015 年深化经济体制改革重点工作的意见》(国发〔2015〕26 号)	要完善国土空间开发,加强生态文明制度顶层设计,开展市县"多规合一"试点
8	2015 年 10 月	《生态文明体制改革总体方案》	要构建国土空间开发保护制度和空间规划体系;要整合各类空间性规划,编制统一的空间规划;要支持市县推进"多规合一",明确开发边界和保护边界
9	2015 年 12 月	中央城市工作会议	要以主体功能区规划为基础,统筹各类空间性规划,推进"多规合一"
10	2016 年 2 月	《中共中央 国务院关于进一步加强城市规划建设管理工作的若干意见》	要推进两图合一;要实现一张蓝图干到底
11	2016 年 3 月	《关于 2016 年深化经济体制改革重点工作的意见》(国发〔2016〕21 号)	以主体功能区规划为基础统筹各类空间性规划,推进"多规合一"
12	2016 年 7 月 2 日	《中华人民共和国水法》	流域综合规划和区域综合规划以及与土地利用关系密切的专业规划,应当与国民经济和社会发展规划等相协调
13	2016 年 12 月	《"十三五"生态环境保护规划》(国发〔2016〕65 号)	要强化"多规合一"的生态环境支持,积极推动建立国家空间规划体系,统筹各类空间规划,推进"多规合一"
14	2017 年 2 月	《全国国土规划纲要(2016—2030 年)》(国发〔2017〕3 号)	要统筹各类空间性规划,推进"多规合一",要编制国家级、省级国土规划,并与城乡建设等规划相协调,要推动市县层面"多规合一"
15	2017 年 4 月	《国务院办公厅关于同意建立省级空间规划试点工作部际联席会议制度的函》(国办函〔2017〕34 号)	同意建立由国家发展改革委牵头的省级空间规划试点工作部际联席会议制度

续表

序号	日期	法规与会议名称	内容
16	2019 年 5 月 9 日	《关于建立国土空间规划体系并监督实施的若干意见》(中发〔2019〕18 号)	从七大方面阐述了国土空间规划体系构建与监督实施的总体安排，是开展国土空间规划的国家层面上的政策文件
17	2019 年 7 月 18 日	《关于开展国土空间规划"一张图"建设和现状评估工作的通知》(自然资办发〔2019〕38 号)	依托国土空间基础信息平台，全面开展国土空间规划"一张图"建设和市县国土空间开发保护现状评估工作
18	2019 年 9 月 17 日	《自然资源部关于以"多规合一"为基础推进规划用地"多审合一、多证合一"改革的通知》(自然资规〔2019〕2 号)	合并规划选址和用地预审，合并建设用地规划许可和用地批准，推进多测整合、多验合一，简化报件审批材料
19	2020 年 5 月 22 日	《自然资源部办公厅关于加强国土空间规划监督管理的通知》(自然资办发〔2020〕27 号)	切实把"多规合一"改革精神落到实处，在"多规合一"基础上全面推进规划用地"多审合一，多证合一"
20	2021 年 7 月 30 日	《中华人民共和国土地管理法实施条例》(国令第 743 号)	国家建立国土空间规划体系，经依法批准的国土空间规划是各类开发、保护、建设活动的基本依据
21	2021 年 9 月 27 日	《国土空间规划技术标准体系建设三年行动计划（2021—2023 年）》(自然资发〔2021〕135 号)	加快建立国土空间规划技术标准体系，研制一批标准，创新标准制定工作机制

3.6.4 多规合一与国土空间规划

2018 年发布的《中共中央 国务院关于统一规划体系更好发挥国家发展规划战略导向作用的意见》(中发〔2018〕44 号)明确了"三级四类"的规划体系，在我国规划发展史上具有里程碑的意义。该规划体系下的国土空间规划，需要以发展规划为上位遵循，落实发展规划的战略目标和重大战略任务，强化国土空间规划在规划体系中的重要作用以及在自然资源保护开发利用上的刚性管控和指导约束作用，为发展规划确定的重大战略任务落地实施提供空间保障，并为其他规划提出的基础设施、城镇建设、资源能源、生态环境等的开发保护活动提供指导和约束。

从 2014 年市县"多规合一"试点的多种规划合一，到 2017 年省级空间规划试点的以主体功能区规划为基础的空间性规划合一，再到 2019 年《关于建立国土空间规划体系并监督实施的若干意见》将主体功能区规划、土地利用规划、城乡规划等空间规划融合为统一的国土空间规划,按照"五级三类四体系"的要求建立国土空间规划体系,国土空间规划的正名标志着我国空间发展和空间治理进入了生态文明新时代、规划体制改革进入了建立空间规划体系的新时期、国土空间规划体系建立进入了落地实施的新阶段。

第4章 国土空间规划基本原理与体系构成

国土空间规划是国家空间发展的指南、可持续发展的空间蓝图,是各类开发保护建设活动的基本依据。国土空间规划通过建立全国统一、责权清晰、科学高效的国土空间规划体系,整体谋划国土空间开发保护格局,综合考虑人口分布、经济布局、国土利用、生态环境保护等因素,科学布局生产空间、生活空间、生态空间,是加快形成绿色生产方式和生活方式、推进生态文明建设、建设美丽中国的关键举措,是坚持以人民为中心、实现高质量发展和高品质生活、建设美好家园的重要手段,是保障国家战略有效实施、促进国家治理体系和治理能力现代化、实现"两个一百年"奋斗目标和中华民族伟大复兴的中国梦的必然要求。

4.1 国土空间规划编制总则与基本术语

4.1.1 国土空间规划编制总则

1. 规划原则

(1)体现战略性和协调性。

全面落实党中央、国务院重大决策部署,体现国家意志和国家发展规划的战略性,自上而下编制各级国土空间规划,对空间发展做出战略性、系统性安排。落实国家安全战略、区域协调发展战略和主体功能区战略,明确空间发展目标,优化城镇化格局、农业生产格局、生态保护格局,确定空间发展策略,转变国土空间开发保护方式,提升国土空间开发保护质量和效率;强化国家发展规划的统领作用,以及国土空间规划的基础作用;国土空间总体规划要统筹和综合平衡各相关专项领域的空间需求。详细规划要依据批准的国土空间总体规划进行编制和修改。相关专项规划要遵循国土空间总体规划,不得违背总体规划的强制性内容,其主要内容要纳入详细规划。

(2)提高科学性和操作性。

坚持生态优先、绿色发展,尊重自然规律、经济规律、社会规律和城乡发展规律,因地制宜开展规划编制工作;坚持以节约优先、保护优先、自然恢复为主的方针,在资源环境承载能力和国土空间开发适宜性评价的基础上,科学有序统筹布局生态、农业、城镇等功能空间,划定生态保护红线、永久基本农田、城镇开发边界等空间管控边界以及各类海域保护线,强化底线约束,为可持续发展预留空间。坚持山水林田湖草生命共同体理念,加强生态环境分区管治,量水而行,保护生态屏障,构建生态廊道和生态网络,推进生态系统保护和修复,依法开展环境影响评价;坚持陆海统筹、区域协调、城乡融合,优化国土空间结构和布局,统筹地上、地下空间综合利用,着力完善交通、水利等基础设施和公共服务设施,延续历史文脉,加强风貌管控,突出地域特色;坚持上下结合、社会协同,完善公众参与制度,发挥不同领域专家的作用。运用城市设计、乡村营造、大数据等手段,改进规划方法,提高规划编制水平;按照谁组织编制、谁负责实施的原则,明确各级各类国土空间规划编制和管理的要点。明确规划约束性指标和刚性管控要求,同时提出指导性要求;制定实施规划的政策措施,提出下级国土空间总体规划和相关专项规划、详细规划的分解落实要求,健全规划实施传导机制,确保规划能用、管用、好用。

(3)强化传导性与权威性。

规划一经批复,任何部门和个人不得随意修改、违规变更,防止出现换一届党委政府改一次规划的情况,下级国土空间规划要服从上级国土空间规划,相关专项规划、详细规划要服从总体规划;坚持先规划后实施,不得违反国土空间规划进行各类开发建设活动;坚持"多规合一",不在国土空间规划体系之外另设其他空间规划;相关专项规划的有关技术标准应与国土空间规划衔接;因国家重大战略调整、重大项目建设或行政区划调整等确需修改规划的,须先经规划审批机关同意后,方可按法定程序进行修改。对国土空间规划编制和实施过程中的违规违纪违法行为,要严肃追究责任。

2. 规划依据

根据国家对国土空间规划的总体要求,国土空间规划编制的基本依据主要包括相关法律法规、相关政府文件和相关规划等。

3. 规划范围

根据国家行政管理层级的结构特点,国土空间规划的规划范围是行政区范围内的全部国土空间。

4. 规划期限

规划期限是规划编制有效执行的时间范围,也是各类规划衔接目标任务、指标测算和进行空间协调的时间节点。党的十九大报告指出:"从2020年到2035年,在全面建成小康社会的基础上,再奋斗十五年,基本实现社会主义现代化。"据此继第三轮土地利用总体规划之后的新一轮国土空间总体规划的目标年设定为2035年。

4.1.2 国土空间规划基本术语

1. 国土空间
国家主权与主权权利管辖下的地域空间,包括陆地国土空间和海洋国土空间。

2. 国土空间规划
对国土空间的保护、开发、利用、修复做出的总体部署与统筹安排。

3. 国土空间保护
对承担生态安全、粮食安全、资源安全等国家安全的地域空间进行管护的活动。

4. 国土空间开发
以城镇建设、农业生产和工业生产等为主的国土空间开发活动。

5. 国土空间利用
根据国土空间特点开展的长期性或周期性使用和管理活动。

71

6. 生态修复和国土综合整治

遵循自然规律和生态系统内在机理,对空间格局失衡、资源利用低效、生态功能退化、生态系统受损的国土空间,进行适度人为引导、修复或综合整治,维护生态安全、促进生态系统良性循环的活动。

7. 国土空间用途管制

以总体规划、详细规划为依据,对陆海所有国土空间的保护、开发和利用活动,按照规划确定的区域、边界、用途和使用条件等,核发行政许可、进行行政审批等。

8. 国土空间规划分区

根据自然资源部 2019 年 5 月印发的《市县国土空间规划分区和用途分类指南》(试行稿),国土空间规划分区以全域覆盖、不交叉、不重叠为基本原则,以国土空间的保护与保留、开发与利用两大管控属性为基础,根据市县主体功能区战略定位,结合国土空间规划发展策略,将市县全域国土空间划分为生态保护区、自然保留区、永久基本农田集中区、城镇发展区、农业农村发展区、海洋发展区 6 类基本分区,并明确各分区的核心管控目标和政策导向。同时,还可对城镇发展区、农业农村发展区、海洋发展区等规划基本分区进行细化分类。

9. 主体功能区

以资源环境承载能力、经济社会发展水平、生态系统特征以及人类活动形式的空间分异为依据,划分出具有某种特定主体功能、实施差别化管控的地域空间单元。

10. 资源环境承载能力评价

资源环境承载能力评价指的是基于特定发展阶段、经济技术水平、生产生活方式和生态保护目标,一定地域范围内资源环境要素能够支撑农业生产、城镇建设等人类活动的最大规模。

11. 国土空间开发适宜性评价

国土空间开发适宜性评价指的是在维系生态系统健康和国土安全的前提下,综合考虑资源环境等要素条件,在特定国土空间进行农业生产、城镇建设等人类活动的适宜程度。

12. 国土空间开发保护现状评估

一般以安全、创新、协调、绿色、开放、共享等理念构建的指标体系为标准,从数量、质量、布局、结构、效率等角度,找出一定区域国土空间开发保护现状与高质量发展要求之间存在的差距和问题所在。同时可在现状评估基础上,结合影响国土空间开发、保护的因素的变动趋势,分析国土空间开发面临的潜在风险。

13. 空间规划实施评估

空间规划实施评估指对现行土地利用总体规划、城乡总体规划、林业草业规划、海洋功能区划等空间类规划,在规划目标、规模结构、保护利用等方面的实施情况进行评估,并识别不同空间规划之间的冲突和矛盾,总结成效和问题。

14. 生态空间

以提供生态系统服务或生态产品为主的功能空间。

15. 农业空间

以农业生产、农村生活为主的功能空间。

16. 城镇空间

以承载城镇经济、社会、政治、文化、生态等要素为主的功能空间。

17. 生态保护红线

生态保护红线指在生态空间范围内具有特殊重要生态功能,必须强制性严格保护的陆域、水域、海域等区域。

18. 永久基本农田

按照一定时期人口和经济社会发展对农产品的需求,依据国土空间规划确定的不得擅自占用或改变用途的耕地。

19. 城镇开发边界

在一定时期内因城镇发展需要,可以集中进行城镇开发建设、重点完善城镇功能的区域边界,涉及城市、建制镇以及各类开发区等。

20. 城市体检评估

城市体检评估是依据市级总规等国土空间规划,按照"一年一体检、五年一评估",对城市发展体征及规划实施情况定期进行的分析和评价,是促进和保障国土空间规划有效实施的重要工具。

21. 规划留白

规划留白指为重大项目、重大事件预留空间,旨在应对市县发展的不确定性,运用指标预留、空间预留、功能预留等多种手段做出的弹性安排和机制设计。

22. 国土空间规划一张图

国土空间规划一张图是指以自然资源调查监测数据为基础,采用国家统一的测绘基准和测绘系统,整合各类空间关联数据,建成全国统一的国土空间基础信息平台后,再以此平台为基础载体,结合各级各类国土空间规划编制,建设从国家到市县级、可层层叠加打开的国土空间规划"一张图"实施监督信息系统,形成覆盖全国、动态更新、权威统一的国土空间规划"一张图"。

4.1.3　国土空间用地分类

实施全国自然资源统一管理,科学划分国土空间用地用海类型,明确各类型含义,统一国土调查、统计和规划分类标准,合理利用和保护自然资源,具有重要意义。指南为辨别方向的依据,也泛指为人们提供指导性资料或情况的文字性指导。2020年自然资源部办公厅印发《国土空间调查、规划、用途管制用地用海分类指南(试行)》(自然资办发〔2020〕51号)包含国土空间领域各类用地用海分类规定,贯穿自然资源管理全过程,是自然资源管理部门、国土单位、技术人员共同的技术指南。

国土空间用地分类适用于国土调查、监测、统计、评价,国土空间规划、用途管制、耕地保护、生态修复,土地审批、供应、整治、执法、登记及信息化管理等工作。国土空间用地分类坚持陆海统筹、城乡统筹、地上地下空间统筹,体现生态优先、绿色发展理念,坚持同级内分类并列不交叉,坚持科学、简明、可操作。

1.用地分类原则

（1）持续丰富留余地。

为应对城市未来发展的不确定性，针对国土空间规划确定的城镇、村庄范围内暂未明确规划用途、规划期内不开发或特定条件下开发的用地，增设"留白用地"。《国土空间调查、规划、用途管制用地用海分类指南（试行）》为基础通用版，各地在使用过程中可根据实践经验不断深化、细化，进一步探索和完善，在现有分类基础上制定用地用海分类实施细则。

（2）陆海统筹广覆盖。

《国土空间调查、规划、用途管制用地用海分类指南（试行）》实现国土空间的全域全要素覆盖，遵循"陆海统筹"的基本原则，在分类体系设置上，整体考虑用海与用地分类，将陆域国土空间的相关用途与海洋资源利用的相关用途在名称上进行统筹和衔接，好记易懂，也方便操作；遵循"城乡统筹"的基本原则，在陆域实现非建设用地、建设用地全覆盖，满足城乡差异化管理；遵循"地上地下空间统筹"的基本原则，在空间复合分层上实现地上、地下空间全覆盖，满足精细化管理的需求。

（3）适应市场强指导。

为加强基本公共服务设施的服务保障，适应市场需求变化，更好地复合和兼容相关土地使用，为自然资源管理提供重要的技术支撑，构建统一的国土空间规划技术标准体系，修订完善国土资源现状调查和国土空间规划用地分类标准，《国土空间调查、规划、用途管制用地用海分类指南（试行）》在整合《土地利用现状分类》《城市用地分类与规划建设用地标准》《海域使用分类》等分类的基础上，建立全国统一的国土空间用地用海分类。

（4）提质增效保安全。

《国土空间调查、规划、用途管制用地用海分类指南（试行）》对必须要加强用途管制、提供用地保障，或对选址布局有特殊要求的用地类型进行进一步的细分；对用途或性质相近、没有布局管制要求或用途间转换不需严格区别、无特别附加条件的，则不再细分用地类型，以此满足差异化与精细化管理需求。为促进城乡统筹协调发展，对于农村社区生活服务之外的公共管理与公共服务用地、商业服务业用地、工矿用地、仓储用地、公用设施用地等用地，不再单独设立农村专用地类，统一使用相应的用地分类，体现城乡一体化。

2.分类一般规定

用地用海分类应体现主要功能，兼顾调查监测、空间规划、用途管制、用地用海审批和执法监管的管理要求，并应满足城乡差异化管理和精细化管理的需求。《国土空间调查、规划、用途管制用地用海分类指南（试行）》确定的分类按照用地用海实际使用的主要功能或规划引导的主要功能进行归类，具有多种用途的用地应以其地面使用的主导设施功能作为归类的依据。

《国土空间调查、规划、用途管制用地用海分类指南（试行）》建立全国统一的国土空间用地用海分类，其适用范围覆盖自然资源管理全过程，包括国土调查、监测、统计、评价，国土空间规划、用途管制、耕地保护、生态修复，土地审批、供应、整治、执法、登记及信息化管理等工作环节，并针对自然资源管理中不同的工作环节提供多种使用规则，对应使用不同的分类层级。

（1）基本功能。

依据国土空间的主要配置利用方式、经营特点和覆盖特征等因素，对国土空间的用地用海类型进行归纳、划分，反映国土空间利用的基本功能，满足自然资源管理的需要。

（2）主要功能。

用地用海分类设置不重不漏。当用地用海具备多种用途时，应以其主要功能进行归类。

（3）分类原则（表4.1）。

表 4.1　《国土空间调查、规划、用途管制用地用海分类指南（试行）》的分类原则

序号	分类原则	具体内容
1	主干分类	用地用海二级类为国土调查、国土空间规划的主干分类
2	基础分类	国家国土调查以一级类和二级类为基础分类，三级类为专项调查和补充调查的分类
3	规划分类	国土空间总体规划原则上以一级类为主，可细分至二级类；国土空间详细规划和市县层级涉及空间利用的相关专项规划，原则上使用二级类和三级类；具体使用按照相关国土空间规划编制要求执行
4	综合利用	在保障安全、避免功能冲突的前提下，鼓励节约集约利用国土空间资源，国土空间详细规划可在用地用海分类基础上确定用地用海的混合利用以及地上、地下空间的复合利用
5	调查用途	为满足调查工作中年度考核管理的需要，用途改变过程中，未达到新用途验收或变更标准的，按原用途确认

4.2　国土空间规划体系

2019 年 5 月印发的《中共中央　国务院关于建立国土空间规划体系并监督实施的若干意见》，标志着我国国土空间规划体系顶层设计"四梁八柱"基本形成，国土空间规划的"五级三类四体系"如图4.1所示。

4.2.1　国土空间规划体系的"五级"

国土空间规划分为国家级、省级、市级、县级、乡镇级五级。五级规划分别对应五个行政管理层级，实现一级政府、一级事权、一级规划。五级规划自上而下编制，下级规划服从、服务于上级规划，不得违背上级规划确定的约束性内容。不同层级规划体现不同的空间尺度和编制深度要求。

1. 国家级国土空间规划

国家级国土空间规划由自然资源部会同相关部门组织编制，其功能定位是对全国国土空间做出全局安排，是全国国土空间保护、开发、利用、修复的政策和总纲。国家级国土空间总体规划侧重战略性，即落实国家安全战略、区域协调发展战略和主体功能区战略，

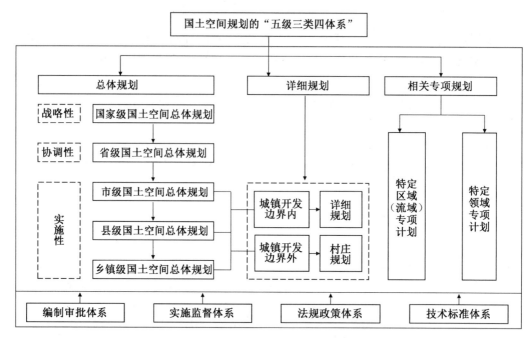

图 4.1　国土空间规划的"五级三类四体系"示意图

明确全国国土空间发展目标策略,优化全国国土空间格局,制定和分解规划的约束性指标,确定国土空间开发利用整治保护的重点地区和重大项目,提出空间开发的政策指南和空间治理的总体原则。国家级国土空间规划的重点内容见表4.2。

表 4.2　国家级国土空间规划的重点内容

序号	重点内容
1	体现国家意志导向,维护国家安全和国家主权,谋划顶层设计和总体部署,明确国土空间开发保护的战略选择和目标任务
2	明确国土空间规划管控的底数、底盘、底线和约束性指标
3	协调区域发展、海陆统筹和城乡统筹,优化部署重大资源、能源、交通、水利等关键性空间要素
4	进行地域分区,统筹全国生产力组织和经济布局,调整和优化产业空间布局结构
5	合理规划城镇体系,合理布局中心城市、城市群或城市圈
6	统筹推进大江大河流域治理、跨省区的国土空间综合整治和生态保护修复,建立以国家公园为主体的自然保护地体系
7	提出国土空间开发保护的政策宣言和差别化空间治理的总体原则

2. 省级国土空间规划

省级国土空间规划的功能定位是落实全国国土空间规划,指导市、县国土空间规划编制,侧重协调性。省级国土空间规划既要落实国家发展战略、主体功能区战略等的要求,也要对省域空间发展保护格局进行统筹部署,促进省域城镇化健康发展、城乡区域协调发展,它还是指导市县等下一层次国土空间规划的基本依据,具有战略性、综合性和协调性。纵向上,要落实上位规划的目标和战略,明确本级规划的底线和重点,提出对下位规划的控制与引导要求;横向上,要统筹省级有关部门的各类空间规划(相关专项规划),明确各部门的空间使用和管理边界。省级国土空间规划的重点内容见表4.3。

表4.3　省级国土空间规划的重点内容

序号	重点内容
1	落实国家规划的重大战略、目标任务和约束性指标
2	综合考虑区域发展战略、空间结构优化、空间发展与保护、空间统筹与管制、城镇体系组织、乡村振兴等"一揽子"要求,提出省域国土空间组织的总体方案
3	合理配置国土空间要素,在省域内因地制宜地划定地域分区,突出永久基本农田集中保护区、生态保育区、旅游休闲区、农业复合区等功能区,明确相应的用途管制要求;明确国土空间整治修复的空间区域与总体要求
4	提出省域内重大资源、能源、交通、水利等关键性空间要素的布局方案,突出对历史文化、风貌特色保护与塑造等方面的要求
5	强化国土空间区际协调,对跨省区边界区域、跨市县行政区域的重大空间要素配置、自然资源保护与利用、基础设施协调建设等,提出相应的建议或要求
6	制定保证省级国土空间规划实施的保障政策

3.市级国土空间规划

市级国土空间规划由相应层级人民政府组织编制,其功能定位是细化落实上级国土空间规划要求,对本行政区域国土空间开发保护做出具体安排,注重保护和发展的底线划定及公共资源的配置安排,重点突出市域中心城市的空间规划,合理确定中心城市的规模、范围和结构。市级国土空间规划发挥空间引导功能和承上启下的控制作用,侧重实施性。市级国土空间规划的重点内容见表4.4。

表4.4　市级国土空间规划的重点内容

序号	重点内容
1	落实国家级和省级规划的重大战略、目标任务和约束性指标,提出提升城市能级和核心竞争力、实现高质量发展、创造高品质生活的战略指引
2	确定市域国土空间保护、开发、利用、修复、治理的总体格局,构建与市域自然环境、发展实际相契合的可持续的城乡国土空间总体格局
3	确定市域总体空间结构、城镇体系结构,明确中心城市性质、职能与规模,落实生态保护红线,划定市级城镇开发边界、城市周边基本农田保护区等有关强制性区界
4	落实省级国土空间规划所提出的山水林田湖草等各类自然资源保护、修复的规模和要求,明确约束性指标,并对下位规划提出传导要求

续表

序号	重点内容
5	统筹安排市域交通、水利、电力等基础设施布局和廊道控制要求,明确重要交通枢纽地区选址和轨道交通走向;提出公共服务设施建设标准和布局要求;统筹安排重大资源、能源、水利、交通等关键性空间要素
6	对城乡风貌特色、历史文脉传承、城市更新、社区生活圈建设等提出原则性要求,塑造以人为本的宜居城乡环境,满足人民群众对美好生活的需求
7	建立健全从全域到功能区、社区、地块,从总体规划到相关专项规划、详细规划,从地级市、县(县级市、区)到乡(镇)的规划传导机制,明确下位规划需要落实的约束性指标、管控边界、管控要求等
8	在规划期内提出分阶段规划的实施目标和重点任务,明确保障支撑国土空间规划实施的有关政策机制

4. 县级国土空间规划

县级国土空间规划除了落实上位规划的战略要求和约束性指标以外,要重点突出空间结构布局,突出生态空间修复和全域整治,突出乡村发展和活力激发,突出产业对接和联动开发。县级国土空间规划要在开发、保护、利用方面提出可操作的实施方案,实现全域全要素规划管控。县级国土空间规划的重点内容见表4.5。

表4.5 县级国土空间规划的重点内容

序号	重点内容
1	落实国家和省域重大战略决策部署,落实区域发展战略、乡村振兴战略、主体功能区战略和制度,落实省级和市级规划的目标任务和约束性指标
2	划分国土空间用途分区,确定开发边界内集中建设地区的功能布局,明确城市主要发展方向、空间形态和用地结构
3	以县域内的城镇开发边界为限,划定县域集中建设区与非集中建设区,分别构建"指标+控制线+分区"的管控体系,集中建设区重点突出土地开发模式引导
4	确定县域镇村体系、村庄类型和村庄布点原则,明确县域镇村体系组织方案,统筹布局综合交通、基础设施、公共服务设施、综合防灾体系等
5	划定乡村发展和振兴的重点区域,提出优化乡村居民点空间布局的方案,提出激活乡村发展活力、推进乡村振兴的路径策略
6	明确国土空间生态修复目标、任务和重点区域,安排国土综合整治和生态保护修复重点工程的规模、布局和时序
7	根据县情实际、发展需要和可能,在县域内因地制宜地划定国土空间规划单元,明确单元规划编制的指引;明确国土空间用途管制、转换和准入规则
8	健全规划实施的动态监测、评估、预警和考核机制,提出保障规划落地实施的政策措施

5. 乡镇级国土空间规划

乡镇级国土空间规划是乡村建设规划许可的法定依据,重在体现落地性、实施性和管控性,突出土地用途和全域管控,充分融合原有的土地利用规划和村庄建设规划,对具体地块的用途做出确切的安排,对各类空间要素进行有机整合。乡镇级国土空间规划的重点内容见表4.6。

表 4.6　乡镇级国土空间规划的重点内容

序号	重点内容
1	落实县级规划的战略、目标任务和约束性指标
2	统筹生态保护修复,统筹耕地和永久基本农田保护,统筹乡村住房布局,统筹历史文化传承与保护,统筹产业发展空间,统筹基础设施和基本公共服务设施布局,制订乡村综合防灾减灾规划
3	根据需要因地制宜地进行国土空间用途编定,制定详细的用途管制规则,全面落实国土空间用途管制制度
4	根据需要并结合实际,在乡(镇)域范围内以一个村或几个行政村为单元编制"多规合一"的实用性村庄规划

4.2.2　国土空间规划体系的"三类"

国土空间规划分为总体规划、详细规划、相关专项规划3类。国土空间总体规划是详细规划的依据、相关专项规划的基础,相关专项规划要相互协同,并与详细规划做好衔接。

1. 总体规划

总体规划强调综合性,是对一定区域(如行政区全域)范围所涉及的国土空间保护、开发、利用、修复等进行的全局性安排。

国家级国土空间总体规划对国土空间开发、资源环境保护、国土综合整治和保障体系建设等做出总体部署与统筹安排,对涉及国土空间开发、保护、整治的各类活动具有指导和管控作用,对国土空间相关专项规划具有引领和协调作用,是战略性、综合性、基础性的规划。国家级国土空间总体规划由自然资源部会同相关部门组织编制,经全国人大常委会审议后报中共中央、国务院审批。

省级国土空间总体规划是对全省国土空间保护、开发、利用、修复的总体安排和政策总纲,是编制省级相关专项规划、市县级国土空间总体规划的总依据。省级国土空间总体规划由省人民政府组织编制,经省人大常委会审议后报国务院审批。

市县级国土空间总体规划是市县域的空间发展蓝图和战略部署,是落实新发展理念、实施高效能空间治理、促进高质量发展和高品质生活的空间政策,是市县域国土空间保护、开发、利用、修复和指导各类建设的全面安排、综合部署和行动纲领。市县级国土空间总体规划要体现综合性、战略性、协调性、基础性和约束性,落实和深化上位规划要求,为编制下位国土空间总体规划、详细规划、相关专项规划和开展各类开发保护建设活动、实施国土空间用途管制提供基本依据。市县级国土空间总体规划一般包括市县域和中心城区两个层次:市县域要统筹全域全要素规划管理,侧重国土空间开发保护的战略部署和总体格局;中心城区要细化土地使用和空间布局,侧重功能完善和结构优化。市县域与中心城区都要落实重要管控要素的系统传导要求,并做好上下衔接。市县级国土空间总体规划由市、县(市)人民政府组织编制,除需报国务院审批的城市国土空间总体规划外,其他市县级国土空间总体规划经同级人大常委会审议后,逐级上报省人民政府审批。

乡镇级国土空间总体规划是对上级国土空间总体规划以及相关专项规划的细化落实,允许乡镇级国土空间总体规划与市县级国土空间总体规划同步编制。各地可因地制宜地将几个乡(镇、街道)作为一个规划片区,由其共同的上一级人民政府组织编制片区(乡镇级)国土空间总体规划。中心城区范围内的乡镇级国土空间总体规划经同级人大常委会审议后,逐级上报省人民政府审批,其他乡镇级国土空间总体规划由省人民政府授权设区市人民政府审批。

2. 详细规划

详细规划强调实施性,一般是在市县以下组织编制,以总体规划为依据,是对具体地块用途、开发强度、管控要求等做出的实施性安排。详细规划是实施国土空间用途管制、核发城乡建设项目规划许可、进行各项建设的法定依据。

各地应当根据国土空间开发保护利用活动的实际,合理确定详细规划的编制单元和时序,按需编制。根据生态、农业、城镇空间的不同特征,依总体规划确定的规划单元分类编制详细规划。在城镇开发边界内的详细规划(主要是控制性详细规划),由市、县(市)自然资源主管部门组织编制,报同级人民政府审批;在城镇开发边界外的乡村地区,以一个或几个行政村为单元,由乡镇人民政府组织编制"多规合一"的村庄规划(详细规划),报上一级人民政府审批。根据实际需要,还可以编制郊野单元、生态单元、特定功能单元等其他类型的详细规划,由市、县(市)自然资源主管部门或由市、县(市)自然资源主管部门会同属地乡镇人民政府、管委会组织编制,报同级人民政府审批。

3. 相关专项规划

相关专项规划是在总体规划的指导约束下,针对特定区域(流域)或特定领域,针对国土空间开发保护利用做出的专门安排。一般包括自然保护地、湾区、海岸带、都市圈(区)等区域(流域)的空间规划,以及交通、水利、能源、公共服务设施、军事设施、生态修复、环境保护、文物保护、林地湿地等领域的专项规划。除法律法规已经明确编制审批要求的专项规划外,其他专项规划一般由所在区域自然资源主管部门或相关行业主管部门牵头组织编制,经国土空间规划"一张图"审查核对后报本级人民政府审批,批复后统一纳入国土空间规划"一张图"及其信息系统。

4.2.3 国土空间规划体系的"四体系"

"四体系"是指国土空间规划的编制审批体系、实施监督体系、法规政策体系和技术标准体系。

1. 编制审批体系

编制审批体系强调不同层级、类别规划之间的协调与配合,体现了一级政府一级事权,实现全域全要素规划管控。规划的编制审批体系涉及各级各类规划的编制主体、审批主体和重点内容。根据《中共中央 国务院关于建立国土空间规划体系并监督实施的若干意见》,全国国土空间规划由自然资源部会同相关部门组织编制,由党中央、国务院审定后印发;省级国土空间规划由省级人民政府组织编制,经同级人大常委会审议后报国务院审批;国务院审批的城市国土空间总体规划,由市级人民政府组织编制,经同级人大常委会审议后,由省级人民政府报国务院审批;其他市、县及乡镇国土空间规划的审批内容和程序由省级人民政府具体规定。海岸带、自然保护地等专项规划及跨行政区域或流域的国土空间规划,由所在区域或上一级自然资源主管部门牵头组织编制,报同级人民政府审批。国土空间规划的编制审批体系见表4.7。

表4.7 国土空间规划的编制审批体系

"三类"规划	"五级"规划		编制机构	审批机构
总体规划	全国国土空间规划		自然资源部会同相关部门	党中央、国务院
	省级国土空间规划		省级人民政府	同级人大常委会审议后报国务院
	市县乡镇	国务院审批的城市国土空间总体规划	市级人民政府	同级人大常委会审议后,由省级人民政府报国务院
		其他市县和乡镇国土空间规划	市级人民政府	省级人民政府明确编制审批内容和程序要求
相关专项规划	海岸带、自然保护地等专项规划及跨行政区域或流域的国土空间规划		所在区域或上一级自然资源主管部门	同级政府
	以空间利用为主的某一领域的专项规划		相关主管部门	国土空间规划"一张图"核对
详细规划	城镇开发边界内		市县国土空间规划主管部门	市县人民政府
	城镇开发边界外的乡村地区的村庄规划		乡镇人民政府	市县人民政府

2. 实施监督体系

实施监督体系,依托国土空间基础信息平台,以国土空间规划为依据,对所有国土空间分区分类实施用途管制;按照"谁组织编制、谁负责实施""谁组织审批、谁负责监管"的原则,建立健全国土空间规划动态监测评估预警和实施监管机制,逐层授权、层层监督;按照"以空间定计划、以存量定计划、以效率定计划、以占补定计划"的要求,加强用地、用海、用林、用矿等自然资源要素配置的区域统筹力度,完善自然资源利用年度计划管理,保障规划稳步实施;强化国土空间规划的底线约束和刚性管控,制定各类空间控制线的管控要求,并开展各类空间控制线划区定界工作。

3.法规政策体系

完善法规政策体系,加快国土空间规划相关法律法规建设。梳理与国土空间规划相关的现行法律法规和部门规章,对"多规合一"改革涉及的突破现行法律法规规定的内容和条款,按程序报批,取得授权后施行,并做好过渡时期的法律法规衔接。完善适应主体功能区要求的配套政策,保障国土空间规划有效实施。

4.技术标准体系

国土空间规划是"多规合一"的规划,需要对城乡规划、土地利用规划、主体功能区规划等原有技术标准体系进行重构,构建统一的国土空间规划技术标准体系,并制定各级各类国土空间规划编制技术规程。为了保障国土空间规划所要求的精准传导、有效实施、及时监控,国家建立了统一底板、统一数据标准、分层分级管理的国土空间规划信息平台,在信息平台上统一进行规划编制与实施管理。由自然资源部会同相关部门负责构建统一的国土空间规划技术标准体系,修订完善国土资源现状调查和国土空间规划用地分类标准,制定各级各类国土空间规划编制办法和技术规程。

4.3 国土空间规划编制的基本方法

4.3.1 国土空间规划的基本原理

1.多规合一、全域管控

国土空间规划体系延续和优化主体功能区的战略导向,土地利用规划的耕地保护和集约用地,城乡规划的综合部署和建设管理,以及规划作为维护社会公平、保障公共安全和公众利益的重要公共政策属性。国土空间规划将主体功能区规划、土地利用规划、城乡规划等空间规划融合统一,实现"多规合一",强化国土空间规划对各专项规划的指导约束作用。

国土空间规划对建设用地、非建设用地、未利用地等所有国土空间进行全域管控,对山水林田湖草沙生命共同体进行国土资源管控,通过与内、外部纵横衔接协调,跨区域合作,提升国土空间治理体系和治理能力的现代化水平。

2.承上启下、多元协同

国土空间规划以空间治理和空间结构优化为主要内容,细化落实发展规划对国土空间开发保护的要求,是实施国土空间用途管制和生态保护修复的重要依据,对专项规划具有空间性指导和约束作用。国土空间规划向上对接发展规划,向下指导和约束专项规划,在国家规划体系中具有承上启下的重要作用。

国土空间规划以自然资源部门为引领,协同发改、住建、林草、农业农村、交通、环保等部门,在发展战略和目标、空间结构优化、重大生产力布局等问题上,加强部门联合攻关,推进主要规划目标、重大项目部署等方面的衔接,建立上下层级清晰、部门分工明确的国土空间规划体系。

3.摸清家底、因地制宜

国土空间规划在资源环境承载力和国土空间开发适宜性评价的基础上全面摸清国土

空间家底,分析区域资源禀赋与环境条件,研判国土空间开发利用问题和风险,找出优势与短板,识别生态保护极重要区,明确农业生产、城镇建设的最大合理规模和适宜空间。为编制国土空间规划,优化国土空间开发保护格局,完善区域主体功能定位,做到"宜农则农,适城则城,必保则保",根据城镇空间、农业空间、生态空间(三区)科学合理划定生态保护红线、永久基本农田、城镇开发边界三条控制线(三线),为实施国土空间生态修复和国土综合整治重大工程提供基础性依据。"三区三线"划定流程图如图4.2所示。

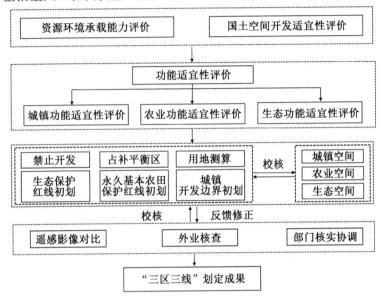

图4.2　"三区三线"划定流程图

4. 底线约束、保护优先

坚持最严格的生态环境保护制度、耕地保护制度和节约用地制度,维护国土安全。三条控制线作为调整经济结构、规划产业发展、推进城镇化不可逾越的红线,是中华民族永续发展的基础,以底线思维为出发点,根据各类控制线的相关法律法规、政策要求,科学合理地划定永久基本农田、生态保护红线、城镇开发边界,同步划定历史文化、各类海域及矿产资源等其他需要保护和控制的底线并提出相应控制要求,为可持续发展预留空间。

5. 逐级传导、分类编制

国土空间规划分为五级三类,规划自上而下编制,规定下级规划要服从上级规划,按照"国家—省—市—县—乡"五级层层传导落实,各级总体规划在规划传导手段上,采取分区传导、指标控制、边界管控、名录管理、政策规定等。国土空间规划包含总体规划、详细规划和相关专项规划三类,总体规划是战略性总纲,相关专项规划是对特定区域或特定领域空间开发保护的安排,详细规划则做出具体细化的实施性规定,是规划许可的依据。

全国和省级国土空间规划主要是落实国家安全战略、区域协调发展战略和主体功能区战略,明确全国和省域空间发展目标,优化城镇化格局、农业生产格局、生态保护格局,确定空间发展策略,并制定国土空间开发保护和用途管制的整体框架。市县和乡镇国土空间规划要细化落实上级国土空间规划的要求,并对本行政区域开发保护做出具体安排;市县及乡镇国土空间规划分为总体规划和详细规划,对相应的地区空间以规划功能分区和制定规划用途分类等方式来施以管控,包括依据规划施行空间用途管制和城乡建设规划许可管理。

4.3.2 国土空间规划的管控方法

1.统筹推进、用途管制

对所有国土空间分区分类实施用途管制,对于城镇开发边界内的建设,实行"详细规划+规划许可"的管制方式;对于城镇开发边界外的建设,按照主导用途分区,实行"详细规划+规划许可"和"约束指标+分区准入"的管制方式。对以国家公园为主体的自然保护地、重要海域和海岛、重要水源地、文物等实行特殊保护制度。因地制宜制定用途管制制度,为地方管理和创新活动留有空间。

2.四大体系、全面运行

建立"多规合一"的国土空间规划体系是系统性、整体性、重构性的改革,是一整套运行体系的制度设计。国土空间规划包含编制审批体系、实施监督体系、法规政策体系和技术标准体系四大体系。其中,编制审批体系和实施监督体系包括编制、审批、实施、监测、评估、预警、考核、完善等完整闭环的规划及实施管理流程;法规政策体系和技术标准体系是两个基础支撑。

3.一张蓝图、贯彻到底

通过编制国土空间规划统一规划期限、基础数据、坐标系统、用地分类、目标指标和管控分区等规划基础;通过基础评价摸清国土空间的家底,进而科学划定"三区三线",并将各类空间性规划的管控要素落到统一的一张底图上,由此实现开发保护的协调统一。规划一经批复,任何部门和个人不得随意修改、违规变更。坚持先规划后实施,不得违反国土空间规划进行各类开发建设活动,坚持"多规合一",不在国土空间规划体系外另设其他空间规划,让所有的规划都能在一张蓝图上进行落地实施。国土空间规划是现代国家进行空间治理和提高行政效率的重要手段,是现代国家政府进行空间治理的核心手段,是政府调控和引导空间资源配置的基础。

4.三大应用、高效治理

以政策、制度、标准为基础,以安全运维为保障,在"一张网""一张图""一个平台"的基础上,构建"三大应用体系"。"一张网""一张图""一个平台"示意图如图4.3所示。

整合土地、地质、矿产、海洋、测绘地理信息等基础设施资源,构建涵盖涉密网、业务网、互联网(电子政务外网)、应急通信网的多级互联的统一自然资源"一张网"。以第三次全国国土调查成果为基础,整合叠加各级各类国土空间规划成果,形成坐标一致、边界吻合、上下贯通的一张底图,并随年度土地变更调查、补充调查等工作及时进行更新,加强面向"一张图"的规划数据库建设。实现各类空间管控要素精准落地,形成覆盖全国、动态更新、权威统一的全国国土空间规划"一张图",为统一国土空间用途管制、强化规划实施监督提供法定依据。基于平台,同步推动省、市、县各级国土空间规划"一张图"实施监督信息系统建设,为建立健全国土空间规划动态监测评估预警和实施监管机制提供信息化支撑,为国土空间规划编制和监督实施、国土空间用途管制、国土空间开发利用监测监管、国土空间生态修复等提供数据支撑和技术保障,有效提升国土空间治理能力的现代化水平。

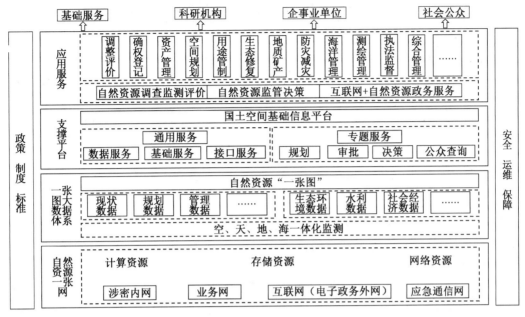

图 4.3　"一张网""一张图""一个平台"示意图

4.4　国土空间规划编制的基本内容

4.4.1　省级国土空间规划编制的基本内容

省级国土空间规划的编制主体为省级人民政府,由省级自然资源主管部门会同相关部门开展具体编制工作。按照政府主导、专家领衔、部门合作、公众参与、科学决策的方式进行规划。编制主要包括准备工作、专题研究、规划编制、规划多方案论证、规划公示、成果报批、规划公告等主要程序。结合《省级国土空间规划编制指南(试行)》以及《省级国土空间规划编制技术规程(征求意见稿)》,省级国土空间规划编制包含以下基本内容。

1. 规划总则

(1)规划定位。

省级国土空间规划是对全国国土空间规划纲要的落实和深化,是一定时期内省域国土空间保护、开发、利用、修复的政策和总纲,是编制省级相关专项规划、市县等下位国土空间规划的基本依据,在国土空间规划体系中发挥承上启下、统筹协调作用,具有战略性、协调性、综合性和约束性。

(2)规划任务。

省级国土空间规划编制的主要任务包含 5 个方面,见表 4.8。

表4.8　省级国土空间规划编制的主要任务

序号	主要任务
1	全面摸清省域国土空间本底条件,开展资源环境承载力和国土空间开发适宜性评价
2	明确省域国土空间开发、保护和整治的战略目标和总体布局,落实全国国土空间规划纲要的目标任务
3	确定生态空间、农业空间和城镇空间,促进国土空间集聚开发、分类保护和综合整治
4	强化支撑体系建设,促进区域联动发展
5	完善配套政策,建设信息平台

（3）编制原则。

省级国土空间规划主要遵循生态优先、绿色发展;以人民为中心、高质量发展;区域协调、融合发展;因地制宜、特色发展;数据驱动、创新发展;共建共治、共享发展这6条编制原则,见表4.9。

表4.9　省级国土空间规划的编制原则

序号	编制原则	详细内容
1	生态优先、绿色发展	践行绿水青山就是金山银山的理念,坚持节约资源和保护环境的基本国策,落实最严格的生态环境保护制度、耕地保护制度和节约用地制度,严守生态、粮食、能源资源等安全底线。坚持人与自然和谐共生,积极协调人、地、产、城、乡关系,通过优化国土空间开发保护格局促进加快形成绿色发展方式和生活方式
2	以人民为中心、高质量发展	以人民对美好生活的向往为目标,坚持增进人民福祉,改善人居环境,提升国土空间品质。建设美丽国土,促进形成生产、生活、生态相协调的空间格局,实现高质量发展,满足高品质生活
3	区域协调、融合发展	落实主体功能区等国家重大战略,推动国家区域协调发展战略在省域协同实施。完善统筹协调机制,协调解决国土空间矛盾冲突。加强陆海统筹,促进城乡融合。形成主体功能约束有效、国土开发有序的空间发展格局
4	因地制宜、特色发展	立足省域资源禀赋、发展阶段、重点问题和治理需求,尊重客观规律,体现地方特色,发挥比较优势,确定规划目标、策略、任务和行动,走合理分工、优化发展的路子
5	数据驱动、创新发展	收集整合覆盖陆海全域、涵盖各类空间资源的基础数据,充分利用大数据等技术手段分析研判,夯实规划基础。打造国土空间基础信息平台,实现互联互通,为国土空间规划"一张图"提供支撑

续表

序号	编制原则	详细内容
6	共建共治、共享发展	加强社会协同和公众参与,充分听取公众意见,发挥专家作用,实现共商共治,让规划编制成为凝聚社会共识的平台。发挥市场配置和政府引导作用,推进空间治理体系和治理能力现代化,实现经济效益、社会效益、环境效益相统一,使发展成果更多更公平惠及全体人民

（4）规划范围。

行政辖区内的全部国土空间,包括陆地国土和海洋国土。

（5）规划期限。

规划期限一般为15年,并与上级规划衔接一致。

（6）编制依据。

有关自然资源利用、保护与管理以及国土空间规划的国家、地方法律法规及相关政策文件。

2. 基础准备

基础准备主要包含基础资料、数据基础、重大战略、基础图件,见表4.10。

表4.10　省级国土空间规划的基础准备

序号	类别	具体内容
1	基础资料	国土空间现状数据以规划基期年法定土地利用变更调查成果为基础,充分结合地理国情普查数据、遥感影像、地形图及其他空间数据。社会经济发展数据以人口普查、社会经济统计年鉴和其他专业统计年鉴为基础
2	数据基础	以第三次全国国土调查成果数据为基础,形成统一的工作底数。结合基础测绘和地理国情监测成果,收集整理自然地理、自然资源、生态环境、人口、经济、社会、文化、基础设施、城乡建设、灾害风险等方面的基础数据和资料,以及相关规划成果、审批数据。利用大数据等手段,加强基础数据分析
3	重大战略	按照主体功能区战略、区域协调发展战略、乡村振兴战略、可持续发展战略等国家战略部署,以及省级党委政府有关发展要求,梳理相关重大战略对省域国土空间的具体要求,作为编制省级国土空间规划的重要依据
4	基础图件	在规划基数确定的基础上,以土地利用现状图、行政区划图等为规划编制底图,按照制图规范要求编制相关图件

3. 基础研究

通过资源环境承载能力和国土空间开发适宜性评价,分析区域资源环境禀赋特点,识别省域重要生态系统,明确生态功能极重要和极脆弱区域,提出农业生产、城镇发展的承载规模和适宜空间。

从数量、质量、布局、结构、效率等方面,评估国土空间开发保护现状问题和风险挑战。结合城镇化发展、人口分布、经济发展、科技进步、气候变化等趋势,研判国土空间开发利用需求;在生态保护、资源利用、自然灾害、国土安全等方面识别可能面临的风险,并开展情景模拟分析。

各地可结合实际,开展国土空间开发保护重大问题研究,如国土空间规划目标及战略、城镇化趋势、开发保护格局优化、人口产业与城乡融合发展、空间利用效率和品质提升、基础设施与资源要素配置、历史文化传承和景观风貌塑造、生态保护修复和国土综合整治、规划实施机制和政策保障等。要加强水平衡研究,综合考虑水资源利用现状和需求,明确水资源开发利用上限,提出水平衡措施。量水而行,以水定城、以水定地、以水定人、以水定产,形成与水资源、水环境、水生态、水安全相匹配的国土空间布局。沿海省份应开展海洋相关专题研究。

4. 省级国土空间规划编制技术路线图(图4.4)

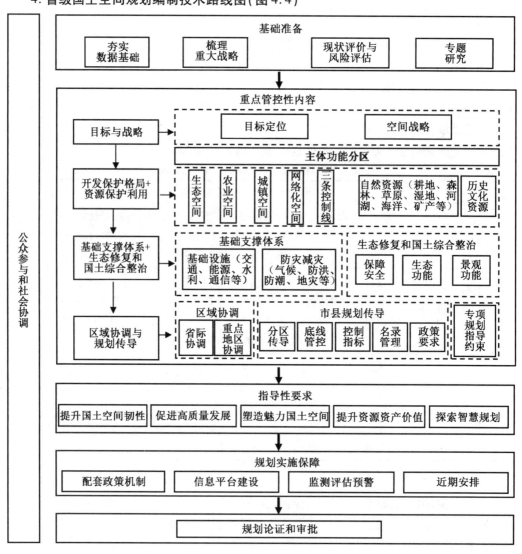

图 4.4 省级国土空间规划编制技术路线图

5. **规划编制**

（1）战略目标。

①明确国土空间开发保护战略。

落实国家重大战略,按照全国国土空间规划纲要确定的国土空间开发保护总体战略,立足省域资源环境禀赋和经济社会发展阶段,针对国土空间开发保护突出问题、风险挑战、未来趋势,明确省级国土空间开发的总体定位,制订省级国土空间开发保护战略。

②提出国土空间开发保护目标。

围绕"两个一百年"奋斗目标,按照全国国土空间规划纲要确定的主要目标、管控方向、重大任务等,结合省域实际,以国土空间开发保护战略为引领,提出省级国土空间开发保护目标。落实全国国土空间规划纲要确定的省级国土空间规划指标要求,完善规划指标体系,明确省级国土空间开发保护的量化指标。

（2）总体战略格局。

①确定国土空间开发总体战略格局。

按照全国国土空间规划纲要确定的国土空间保护开发总体格局,立足省域自然地理本底,统筹生态、农业、历史文化等重要保护区域和廊道,形成省域国土空间保护格局;分析人、地、产、城、交通关系,确定城镇、产业开发的轴带和重要节点,依托基础设施支撑体系,形成省域国土空间开发格局。

②优化主体功能区战略格局。

落实全国国土空间规划纲要确定的国家级主体功能区。依据国土空间开发适宜性评价结果,围绕战略目标和总体战略格局,结合地域特征和经济社会发展水平等,完善和细化省级主体功能区,形成主体功能约束有效、科学适度有序的总体格局。按照陆海统筹、保护优先原则,沿海县(市、区)要统筹确定一个主体功能定位。

按照主体功能区定位划分政策单元,从投资、财政、产业、环境、生态、人口、土地等方面有针对性地提出规划实施的政策措施,促进国土空间格局优化,保障规划目标的实现。

（3）区域协调联动。

①省际协调发展。

落实国家重大战略,按照全国国土空间规划纲要确定的区域协同要求,做好与相邻省份在生态保护、环境治理、产业发展、基础设施、公共服务等方面的协商对接,确保省际生态格局完整、环境协同共治、产业优势互补、基础设施互联互通、公共服务共建共享。

②省域重点地区协调指引。

明确省域重点区域的引导方向和协调机制,按照内涵式、绿色化、集约型的高质量发展要求,加强存量建设用地盘活力度,提高经济发展优势区域的经济和人口承载能力。在此基础上,建设用地资源向中心城市和重点城市倾斜,使优势地区有更大的发展空间。通过优化空间布局结构,促进解决城市资源枯竭、传统工矿城市发展活力不足的问题。

发挥比较优势,增强不同地区在保障生态安全、粮食安全、边疆安全、文化安全、能源资源安全等方面的功能,明确主体功能定位和管控导向,促进各类要素合理流动和高效集聚,走合理分工、优化发展的路子。

（4）开发保护布局。

开发保护布局主要包括主体功能分区、生态空间、农业空间、城镇空间、网络化空间组织和统筹三条控制线等内容（表4.11）。

表4.11　开发保护布局内容

序号	开发保护布局	具体内容
1	主体功能分区	落实全国国土空间规划纲要确定的国家级主体功能区。各地可结合实际，完善和细化省级主体功能区，按照主体功能定位划分政策单元，确定协调引导要求，明确管控导向。按照陆海统筹、保护优先原则，沿海县（市、区）要统筹确定一个主体功能定位
2	生态空间	依据重要生态系统识别结果，维持自然地貌特征，改善陆海生态系统、流域水系网络的系统性、整体性和连通性，明确生态屏障、生态廊道和生态系统保护格局；确定生态保护与修复重点区域；构建生物多样性保护网络，为珍稀动植物保留栖息地和迁徙廊道；合理预留基础设施廊道。优先保护以自然保护地体系为主的生态空间，明确省域国家公园、自然保护区、自然公园等各类自然保护地布局、规模和名录
3	农业空间	将全国国土空间规划纲要确定的耕地和永久基本农田保护任务严格落实，确保数量不减少、质量不降低、生态有改善、布局有优化。以水平衡为前提，优先保护平原地区水土光热条件好、质量等级高、集中连片的优质耕地，实施"小块并大块"，推进现代农业规模化发展；在山地丘陵区因地制宜发展特色农业。综合考虑不同种植结构水资源需求和现代农业发展方向，明确种植业、畜牧业、养殖业等农产品主产区，优化农业生产结构和空间布局。按照乡村振兴战略和城乡融合要求，提出优化乡村居民点布局的总体要求，实施差别化国土空间利用政策；村庄建设用地总量做出指标控制要求
4	城镇空间	依据全国国土空间规划纲要确定的建设用地规模，结合主体功能定位，综合考虑经济社会、产业发展、人口分布等因素，确定城镇体系的等级和规模结构、职能分工，提出城市群、都市圈、城镇圈等区域协调重点地区多中心、网络化、集约型、开放式的空间格局，引导大中小城市和小城镇协调发展。按照城镇人口规模300万以下、300万～500万、500万～1 000万、1 000万～2 000万、2 000万以上等层级，分别确定城镇空间发展策略，促进集中集约集聚发展。将建设用地规模分解至各市（地、州、盟）。针对不同规模等级城镇提出基本公共服务配置要求，优化教育、医疗、养老等民生领域重要设施的空间布局。加强产城融合，完善产业集群布局，为战略性新兴产业预留发展空间
5	网络化空间组织	以重要自然资源、历史文化资源等要素为基础，以区域综合交通和基础设施网络为骨架，以重点城镇和综合交通枢纽为节点，加强生态空间、农业空间和城镇空间的有机互动，实现人口、资源、经济等要素优化配置，促进形成省域国土空间网络化

续表

序号	开发保护布局	具体内容
6	统筹三条控制线	将生态保护红线、永久基本农田、城镇开发边界三条控制线(以下简称三条控制线)作为调整经济结构、规划产业发展、推进城镇化不可逾越的红线。结合生态保护红线和自然保护地评估调整、永久基本农田核实整改等工作,陆海统筹,确定省域三条控制线的总体格局和重点区域,明确市县划定任务,提出管控要求,将三条控制线的成果在县乡级国土空间规划中落地。实事求是解决历史遗留问题,协调解决划定矛盾,做到边界不交叉、空间不重叠、功能不冲突。各类线性基础设施应尽量并线,预留廊道,做好与三条控制线的协调衔接

(5)资源要素保护与利用。

①自然资源。

按照山水林田湖草系统保护要求,统筹耕地、森林、草原、湿地、河湖、海洋、冰川、荒漠、矿产等各类自然资源的保护利用,确定自然资源利用上限和环境质量安全底线,提出水、土地、能源等重要自然资源供给总量、结构以及布局调整的重点和方向。

严格保护耕地和永久基本农田,对水土光热条件好的优质耕地,要优先划入永久基本农田,建立永久基本农田储备区制度。各项建设要尽量不占或少占耕地,特别是永久基本农田。

结合自然保护地体系建设,保护林地、草地、湿地、冰川等重要自然资源,落实天然林、防护林、储备林、基本草原保护要求。

在落实国家确定的战略性矿产资源勘查、开发布局安排的基础上,明确省域内大中型能源矿产、金属矿产和非金属矿产的勘查开发区域,加强与三条控制线衔接,明确禁止、限制矿产资源勘查开采的空间。

沿海省份要明确海洋开发保护空间,提出海域、海岛与岸线资源保护利用目标。除国家重大项目外,全面禁止新增围填海,提出存量围填海的利用方向。明确无居民海岛保护利用的底线要求,加强特殊用途海岛保护。

以严控增量、盘活存量、提高流量为基本导向,确定水、土、能源等资源节约集约利用的目标、指标与实施策略。明确统筹地上、地下空间,以及其他对省域发展产生重要影响的资源开发利用要求,提出建设用地结构优化、布局调整的重点和时序安排。

②历史文化和自然景观资源。

贯彻国家文化遗产保护战略,系统建立包括国家文化公园、世界遗产、各级文物保护单位、历史文化名城名镇名村、传统村落、历史建筑、非物质文化遗产、未核定公布为文物保护单位的不可移动文物、地下文物埋藏区、水下文物保护区等在内的历史文化保护体系,编撰名录。梳理各种涉及保护和利用的空间管控要求,统一纳入省级国土空间规划。深入发掘和整合省域历史文化和自然景观资源,构建省域历史文化与自然景观网络,制定历史文化和自然景观区域整体保护措施,延续历史文脉,突出地方特色,做好保护、传承、利用。

（6）基础支撑体系。

①基础设施。

落实国家重大交通、能源、水利、信息通信等基础设施项目，明确空间布局和规划要求。预测新增建设用地需求，明确省级重大基础设施项目、建设时序安排，确定重点项目表。按照区域一体化要求，构建与国土空间开发保护格局相适应的基础设施支撑体系。按照高效集约的原则，统筹各类区域基础设施布局，线性基础设施尽量并线，明确重大基础设施廊道布局要求，减少对国土空间的分割和过度占用。

②防灾减灾。

考虑气候变化可能造成的环境风险，如沿海地区海平面上升、风暴潮等自然灾害，山地丘陵地区崩塌、滑坡、泥石流等地质灾害，提出防洪排涝、抗震、防潮、人防、地质灾害防治等防治标准和规划要求，明确应对措施。对国土空间开发不适宜区域，根据治理需求提出应对措施。合理布局各类防灾抗灾救灾通道，明确省级综合防灾减灾重大项目布局及时序安排，并纳入重点项目表。

（7）区域协调与规划传导。

①省际协调。

做好与相邻省份在生态保护、环境治理、产业发展、基础设施、公共服务等方面协商对接，确保省际生态格局完整、环境协同共治、产业优势互补、基础设施互联互通、公共服务共建共享。

②省域重点地区协调。

加强省内流域和重要生态系统统筹，协调空间矛盾冲突，明确分区发展指引和管控要求，促进整体保护和修复。生态功能强的地区要得到有效保护，创造更多优质生态产品，建立健全纵向横向结合、多元化市场化的生态保护补偿机制。

完善全民所有自然资源资产收益管理制度，健全自然资源资产收益分配机制，作为区域协调的重要手段。

直辖市要提出中心城区优化功能体系和空间布局的细化安排。

③市县规划传导。

以省域国土空间格局为指引，统筹市县国土空间开发保护需求，实现发展的持续性和空间的合理性。省级国土空间规划通过分区传导、底线管控、控制指标、名录管理、政策要求等方式，对市县级规划编制提出指导约束要求。省级国土空间规划要将上述要求分解到下级规划，下级规划不得突破。

④相关专项规划指导约束。

省级国土空间规划要综合统筹相关专项规划的空间需求，协调各相关专项规划空间安排。相关专项规划经依法批准后纳入同级国土空间基础信息平台，叠加到国土空间规划"一张图"，实施严格管理。

（8）生态修复与综合整治。

落实国家确定的生态修复和国土综合整治的重点区域、重大工程。按照自然恢复为主、人工修复为辅的原则，以国土空间开发保护格局为依据，针对省域生态功能退化、生物多样性减少、用地效率低下、国土空间品质不高等问题区域，将生态单元作为修复和整治范围,按照保障安全、突出生态功能、兼顾景观功能的优先次序,结合山水林田湖草系统修复、国土综合整治、矿山生态修复和海洋生态修复等类型,提出修复和整治目标、重点区域、重大工程。

6. 指导性要求

各地可结合省域实际,按照世界眼光、国际标准、中国特色、高点定位的要求,深化相关工作。省级国土空间规划编制的指导性要求见表4.12。

表4.12　省级国土空间规划编制的指导性要求

序号	要求	具体内容
1	提升国土空间韧性	主动应对全球气候变化带来的风险挑战,采取绿色、低碳、安全的发展举措,优化国土空间供给,改善生物多样性,提升国土空间韧性
2	促进高质量发展	深度融入经济全球化,结合"一带一路"优化生产力、城镇和基础设施布局,强化公共服务供给能力,促进高质量发展和高品质生活,提升区域竞争力
3	塑造魅力国土空间	运用国土空间地理设计方法,结合全域旅游,加强区域自然和人文景观的整体保护和塑造,充分供给多样化、高品质的魅力国土空间
4	提升资源资产价值	探索"绿水青山就是金山银山"的实现路径,完善生态产品价值实现机制,提升自然资源的经济、社会和生态价值
5	加强智慧规划建设	在规划编制实施中充分运用大数据、云计算、区块链、人工智能等新技术,探索可感知、能学习、善治理、自适应的智慧规划

7. 规划实施的保障措施

(1)健全配套政策机制。

建立国土空间开发保护重大问题部门协同机制。结合主体功能区定位,落实和细化主体功能区配套政策。健全自然资源调查监测、资源资产管理、自然资源有偿使用、国土空间用途管制、生态保护修复等方面的规划实施保障机制及政策措施。

(2)完善国土空间基础信息平台建设。

将现状数据及规划数据纳入省级国土空间基础信息平台,汇总市县基础数据和规划数据。依托国土空间基础信息平台,构建国土空间规划"一张图",推进"智慧国土建设",推动实现互联互通的数据共享。

(3)建立规划监测评估预警制度。

定期开展省级国土空间规划评估,评估规划的主要目标、空间布局、重大工程等的执行情况,以及各市县对省级国土空间规划的落实情况,对规划实施情况开展动态监测、评估和预警。建立"一年一体检、五年一评估"的国土空间规划体检评估机制,强化规划全周期管理。

(4)近期安排。

衔接国民经济和社会发展五年规划,提出省级国土空间规划的分期实施安排,并对近期规划做出统筹安排,包括明确重点任务、制订行动计划、编制重大项目清单、提出资金保障方案与实施支撑政策等。

8. 规划环境影响评价

（1）原则与依据。

开展规划环境影响评价,依据双评价成果,预测规划方案实施后可能产生的环境影响,提出拟采取的环境保护对策和措施。规划环境影响评价结合规划编制过程进行,遵循客观公正、充分协调、可操作性原则。

（2）评价步骤。

省级国土空间规划环境影响评价主要包括现状调查、评价指标、方案比较、预防措施、环境评价等步骤,见表4.13。

表4.13　省级国土空间规划环境影响评价步骤

序号	步骤	内容
1	现状调查	开展省域生态环境现状调查
2	评价指标	确定环境影响评价的环境目标与评价指标
3	方案比较	对规划编制过程中形成方案的主要环境影响进行评价与比较
4	预防措施	针对规划推荐方案提出预防和减轻不良环境影响的措施
5	环境评价	编写规划环境影响评价说明

（3）评价内容。

省级国土空间规划环境影响评价主要包括分析环境与资源现状、分析规划目标与相关环境协调性、预测和评价环境影响、提出预防或减缓措施等内容,见表4.14。

表4.14　省级国土空间规划环境影响评价内容

序号	评价重点	内容
1	分析环境与资源现状	识别环境和资源特征,分析资源和环境面临的压力和问题,确定环境影响评价的环境目标
2	分析规划目标与相关环境协调性	分析规划目标与相关环境保护、生态建设规划环境目标的协调性
3	预测和评价环境影响	针对土地利用结构调整、土地利用布局调整和土地利用重大工程规划方案,预测和评价可能引致的环境影响
4	提出预防或减缓措施	针对规划推荐方案实施后可能产生的不良环境影响,提出切实可行的预防或减缓措施

（4）评价方法。

规划环境影响评价采用定性与定量相结合的方法。可结合实际,选用核查表法、矩阵法、生态服务价值法、环境敏感性评价法和空间协调度分析法等方法。

9. 成果要求

（1）成果构成。

规划成果包括规划文本、规划图集、编制说明、专题成果集、规划数据库和其他资料。

（2）规划文本。

省级国土空间规划文本一般应包含研究现状、目标定位、国土保护格局与分类管控引导、国土开发格局与区域发展、国土空间支撑体系建设、重点区域及重大工程、规划实施保障措施等主要内容，见表4.15。

表4.15 省级国土空间规划文本内容

序号	名称	重点内容
1	研究现状	国土空间现状和面临的形势。阐述省域国土空间开发保护现状、资源环境承载现状以及存在的问题和国土空间开发保护面临的形势
2	目标定位	明确省域国土空间发展定位、发展战略和主要目标
3	国土保护格局与分类管控引导	明确国土保护总体格局，提出生态保护空间分级分类保护要求，以及农业生产空间与耕地、永久基本农田保护要求
4	国土开发格局与区域发展	明确省域国土开发总体格局，城镇体系及基础设施网络架构，城镇、产业发展与空间布局优化措施；从广域合作、区域协同、城乡统筹、陆海联动等方面推动区域可持续发展
5	国土空间支撑体系建设	明确支撑资源环境与经济社会协调可持续发展的资源保障、能源保障、基础设施支撑体系和防灾减灾体系建设方案
6	重点区域及重大工程	国土综合整治重点区域及重大工程部署。明确城镇空间、生态空间、农业空间等国土综合整治的主要模式、重点区域和重大工程
7	规划实施保障措施	配套政策机制；信息平台建设；监测评估预警；近期安排

（3）国土空间规划图集。

国土空间规划图集应包括规划基础图和规划成果图。

①规划基础图。

区域分析图、土地利用现状图、国土利用现状图、资源环境承载能力评价图（包括单因子评价和综合承载能力评价图）、国土空间用地适宜性评价图（包括单因子评价和综合用地适宜性评价图）、国土经济密度分析图、城镇体系现状图、综合交通现状图、生态体系现状图等。

②规划成果图。

表达省域国土空间开发、保护的总体格局。图面要素应包括：城镇建设开发轴带与方向、城镇体系规模等级与职能定位、生态保护屏障和轴带、重要生态功能区布局、优质耕地和永久基本农田保护的基本格局等。

国土空间分区规划图。表达省域分级分类的生态空间、农业空间和城镇空间分布和配置。图面要素应包括：分级分类的生态空间分布情况，农业空间中优质耕地和粮食生产主要功能区以及其他一般农业地区分布情况，城镇空间集聚区域和分布格局，铁路、公路、河流等空间廊道分布情况等。

基础支撑体系规划图。表达支撑国土空间格局架构的铁路、公路等主要线性基础设施,交通枢纽、港口码头、机场等主要点状基础设施等。图面要素应包括:规划和现状的铁路、高速公路及站场、机场、港口、综合交通枢纽等基础设施空间位置。

国土综合整治布局图。表达各类型整治的重点区域和重点工程,包括国土综合整治布局图或生态环境整治重点区域以及重大工程布局图、城乡建设用地整治重点区域和重大工程布局图、高标准农田建设等土地整治重点区域和重大工程布局图。图面要素应包括:生态空间、农业空间、城镇空间分布,生态功能区治理、水土流失治理、土地退化治理、矿山环境治理、海岸带治理等以生态修复为主的整治空间布局,城镇闲置和低效建设用地开发、村庄建设用地整治、工矿废弃地复垦等以提高建设用地利用效率为主的整治空间布局,高标准农田建设等以促进农业生产为主的整治空间布局,以及其他需要标注的空间要素。

其他相关图件。

(4)国土空间规划说明。

省级国土空间规划说明主要包含规划编制基础、规划协调衔接、规划目标定位、规划空间格局、国土空间划分、支撑体系、国土综合整治、规划方案论证及其他等内容,见表4.16。

表4.16 省级国土空间规划说明的主要内容

序号	说明	具体内容
1	规划编制基础	编制背景、依据、数据采用
2	规划协调衔接	现有规划目标、空间的衔接情况,规划方案中有关规划区的发展定位、规划目标、空间格局和规划红线的衔接情况等
3	规划目标定位	规划定位和发展战略的确定依据,规划目标确定和规划指标体系的构建依据,规划指标测算的依据
4	规划空间格局	国土空间格局的确定依据
5	国土空间划分	生态空间、农业空间、城镇空间划分的依据和分级分类管控的思路
6	支撑体系	资源、能源、基础设施、防灾减灾等支撑体系确定的思路
7	国土综合整治	生态、环境、土地、矿产、海洋等综合整治修复区域和重点项目确定的依据
8	规划方案论证	对规划方案进行组织、技术、经济可行性论证的结论,以及规划方案实施后可能产生的社会经济、生态环境影响进行评价
9	其他	规划需要具体说明的其他重要问题

(5)国土空间规划专题研究成果。

专题研究成果是根据规划主要内容要求,结合区域国土空间开发利用存在的问题和区域特点,开展国土空间规划专题研究形成的成果集。

(6)规划数据库。

规划数据库是规划成果数据的电子形式,包括符合省(区、市)级国土空间总体规划数据库标准的规划图件的栅格数据和矢量数据、规划文档、规划表格、元数据等。规划数据库内容应与纸质的规划成果内容一致。

（7）其他资料。

其他资料包括规划编制过程中形成的专题研究报告、工作报告、规划大纲、基础资料、会议纪要、部门意见、专家论证意见、公众参与记录等。

10. 审查要求

省级国土空间规划主要审查目标定位，重要指标，主体功能区和重要边界，空间格局，重要设施布局，自然保护地与历史文化保护体系，乡村空间布局，保障措施和对下级规划、相关规划的指导约束要求等内容（表4.17）。

表4.17 省级国土空间规划的审查要求

序号	主要内容	具体要求
1	目标定位	国土空间开发保护目标
2	重要指标	国土空间开发强度、建设用地规模，生态保护红线控制面积、自然岸线保有率，耕地保有量及永久基本农田保护面积，用水总量和强度控制等指标的分解下达
3	主体功能区和重要边界	主体功能区划分，城镇开发边界、生态保护红线、永久基本农田的协调落实情况
4	空间格局	城镇体系布局，城市群、都市圈等区域协调重点地区的空间结构，生态屏障、生态廊道和生态系统保护格局
5	重要设施布局	重大基础设施网络布局，城乡公共服务设施配置要求
6	自然保护地与历史文化保护体系	体现地方特色的自然保护地体系和历史文化保护体系
7	乡村空间布局	促进乡村振兴的原则和要求
8	保障措施和对下级规划、相关规划的指导约束要求	保障规划实施的政策措施，对市县级规划的指导和约束要求等

11. 成果应用

国土空间规划经批准后，对社会进行公告。

对市县执行、落实情况进行动态评估、监测和预警。

规划经批准后不得随意调整，确需调整的，需遵照有关规定进行。

12. 省级国土空间规划案例

以北方某省的《××省国土空间总体规划（2021—2035年）（征求意见稿）》作为省级国土空间规划的案例。《××省国土空间总体规划（2021—2035年）（征求意见稿）》的提纲见表4.18。

表 4.18　《××省国土空间总体规划（2021—2035 年）》的提纲

文本		图纸	专题研究
1. 基础与形势	1.1　区域概况	基础分析图：区位图、地形地貌图、行政区划图、土地利用现状图、矿产资源分布图、自然保护地现状图、城镇体系现状图、综合交通现状图等	资源专题、气候专题
	1.2　基础优势		
	1.3　发展机遇		
	1.4　面临挑战		
2. 目标与战略	2.1　指导思想		
	2.2　基本原则		
	2.3　目标定位		
	2.4　空间战略		
3. 优化国土空间开发保护格局	3.1　构建国土空间开发保护总体格局	国土空间总体规划图	
	3.2　细化落实主体功能区战略	主体功能分区图	
	3.3　实施"三区三线"分类管控		
4. 建设绿色安全的生态空间	4.1　构建生态空间保护格局	生态保护重要性等级评价图、生态空间布局规划图	
	4.2　分级划定各类生态空间		
	4.3　强化生物多样性保护		
5. 塑造美丽富饶的农业空间	5.1　构建农业空间发展格局	农业生产适宜性等级评价图、农业空间布局规划图	
	5.2　科学划定农业空间		
	5.3　合理配置农业空间		
	5.4　统筹推进耕地保护		
	5.5　全面助推乡村振兴		
6. 构建高效活力的城镇空间	6.1　构建城镇空间开发格局	城镇建设适宜性等级评价图、城镇空间布局规划图	
	6.2　优化城镇体系结构	城镇体系规划图	
	6.3　严控城镇开发边界		
	6.4　优化产业空间布局	重要产业集群布局规划图	
	6.5　完善公共服务设施	重要公共设施布局规划图	
	6.6　推进城镇空间品质提升		

续表

	文本		图纸	专题研究
7.统筹自然资源保护与利用	7.1	优化自然资源结构与布局	自然保护地体系规划图	自然资源专题
	7.2	强化水资源节约保护利用		水资源专题
	7.3	加强黑土耕地资源保护利用		黑土耕地资源专题
	7.4	生态资源保护利用		生态资源专题
	7.5	统筹矿产资源勘察、开发和利用		矿产资源专题
	7.6	提高建设用地节约集约利用水平		
8.打造彰显特色风貌的魅力龙江	8.1	构建特色景观风貌格局	景观风貌保护规划图	景观风貌专题
	8.2	系统保护自然遗产和历史文化遗产	历史文化保护规划图	历史文化专题
	8.3	活化利用自然遗产与历史文化遗产		
	8.4	提升城乡特色风貌		
9.构建支撑保障体系	9.1	全面提升基础设施建设空间支撑水平	重点基础设施规划图	基础设施专题
	9.2	统筹交通设施建设空间配置		
	9.3	保障水利基础设施网络建设空间		
	9.4	预留能源信息环保设施建设空间		
	9.5	加强综合防灾设施建设保障		
10.稳步推进生态修复与国土综合整治	10.1	实施山水林田湖草沙系统修复	生态修复和国土综合整治规划图	生态修复与国土综合整治专题
	10.2	推进全域土地综合整治		
	10.3	推进矿山生态修复		
	10.4	重大工程安排	重点区域规划图	
11.推动区域协调与联动发展	11.1	构建高水平对外开放新格局		区域战略专题
	11.2	加强省际区域协调联动发展		
	11.3	推进省域重点地区协调发展		
12.加强规划实施全生命周期管理	12.1	强化规划传导与指引		规划管控专题
	12.2	完善规划实施的制度保障		
	12.3	建设国土空间规划"一张图"		
	12.4	建立监测评估预警和考核监管制度		

4.4.2 市级国土空间规划编制的基本内容

市级国土空间总体规划,坚持以人民为中心、坚持底线思维、坚持一切从实际出发,做好陆海统筹、区域协同、城乡融合,发挥空间引导功能和承上启下的控制作用,注重保护和发展的底线划定及公共资源的配置安排,重点突出市域中心城市的空间规划,合理确定中心城市的规模、范围和结构。参考《市级国土空间总体规划编制指南(试行)》《市级国土空间总体规划数据库规范(试行)》《市级国土空间总体规划制图规范(试行)》《市级国土空间总体规划制图规范(试行)参考样图集》的主要内容,市级国土空间总体规划的重点内容主要包括以下方面。

1. 规划总则

(1)规划定位。

市级国土空间总体规划是城市为实现"两个一百年"奋斗目标制定的空间发展蓝图和战略部署,是城市落实新发展理念,实施高效能空间治理,促进高质量发展和高品质生活的空间政策,是市域国土空间保护、开发、利用、修复和指导各类建设的行动纲领。市级总规要体现综合性、战略性、协调性、基础性和约束性,落实和深化上位规划要求,为编制下位国土空间总体规划、详细规划、相关专项规划,开展各类开发保护建设活动,实施国土空间用途管制提供基本依据。

(2)编制原则。

①贯彻新时代新要求。

坚持以人民为中心的发展思想,从社会全面进步和人的全面发展出发,塑造高品质城乡人居环境,不断提高人民群众的获得感、幸福感、安全感;坚持底线思维,在生态文明思想和总体国家安全观指导下编制规划,将城市作为有机生命体,探索内涵式、集约型、绿色化的高质量发展新路子,推动形成绿色发展方式和生活方式,增强城市韧性和可持续发展的竞争力;坚持陆海统筹、区域协同、城乡融合,落实区域协调发展、新型城镇化、乡村振兴、可持续发展和主体功能区等国家战略;坚持一切从实际出发,立足本地自然和人文禀赋以及发展特征,发挥比较优势,因地制宜开展规划编制工作,突出地域特点、文化特色、时代特征。

②突出公共政策属性。

坚持体现市级国土空间总体规划的公共政策属性,坚持问题导向、目标导向、结果导向相结合,坚持以战略为引领,按照"问题—目标—战略—布局—机制"的逻辑,有针对性地制订规划方案和实施政策措施,确保规划能用、管用、好用,更好发挥规划在空间治理能力现代化中的作用。

③创新规划工作方法。

坚持开门编规划,践行群众路线,将共谋、共建、共享、共治贯穿规划工作全过程,广泛凝聚社会智慧;强化城市设计、大数据、人工智能等技术手段对规划方案的辅助支撑作用,提升规划编制和管理水平。

(3)规划范围。

规划范围包括市级行政辖区内全部陆域和管辖海域国土空间。

（4）规划期限。

本轮规划目标年为2035年，近期至2025年，远景展望至2050年。

（5）规划层次。

市级国土空间总体规划一般包括市域和中心城区两个层次。市域要统筹全域全要素规划管理，侧重国土空间开发保护的战略部署和总体格局；中心城区要细化土地使用和空间布局，侧重功能完善和结构优化；市域与中心城区要落实重要管控要素的系统传导和衔接。

2. 基础调研

（1）统一底图底数。

各地应在第三次全国国土调查的基础上，按照国土空间用地用海分类、城区范围确定等有关标准规范，形成符合规定的国土空间利用现状和工作底数。统一采用2000国家大地坐标系和1985国家高程基准作为空间定位基础，形成坐标一致、边界吻合、上下贯通的工作底图。沿海地区要增加所辖海域海岛底图底数。

各地应根据需要开展补充调查，并充分应用基础测绘和地理国情监测成果，收集自然资源、生态环境、经济产业、人口社会、历史文化、基础设施、城乡发展、区域协调、灾害风险、水土污染、海洋空间保护和利用等相关资料，以及相关规划成果、土地利用审批、永久基本农田等数据，加强基础数据分析。

（2）分析自然地理格局。

研究当地气候和地形地貌条件、水土等自然资源禀赋、生态环境容量等空间本底特征，分析自然地理格局、人口分布与区域经济布局的空间匹配关系，开展资源环境承载能力和国土空间开发适宜性评价（以下简称"双评价"），明确农业生产、城镇建设的最大合理规模和适宜空间，提出国土空间优化导向。

（3）重视规划实施和灾害、风险评估。

开展现行城市总体规划、土地利用总体规划、市级海洋功能区划等空间类规划及相关政策实施的评估，评估自然生态和历史文化保护、基础设施和公共服务设施、节约集约用地等规划实施情况；结合自然地理本底特征和"双评价"结果，针对不确定性和不稳定性，分析区域发展和城镇化趋势、人口与社会需求变化、科技进步和产业发展、气候变化等因素，系统梳理国土空间开发保护中存在的问题，开展灾害和风险评估。

（4）加强重大专题研究。

市级国土空间总体规划的重大专题主要包括人口专题、气候专题、区域专题、通信专题、公共服务专题、生态专题、历史文化专题、城市专题、政策专题等，见表4.19。

表4.19 市级国土空间总体规划的重大专题

序号	专题内容
1	研究人口规模、结构、分布以及人口流动等对空间供需的影响和对策
2	研究气候变化及水土资源、洪涝等自然灾害因素对空间开发保护的影响和对策
3	研究重大区域战略、新型城镇化、乡村振兴、科技进步、产业发展等对区域空间发展的影响和对策

续表

序号	专题内容
4	研究交通运输体系和信息技术对区域空间发展的影响和对策
5	研究公共服务、基础设施、公共安全、风险防控等支撑保障系统的问题和对策
6	研究建设用地节约集约利用和城市更新、土地整治、生态修复的空间策略
7	研究自然山水和人工环境的空间特色、历史文化保护传承等空间形态和品质改善的空间对策
8	研究资源枯竭、人口收缩城市振兴发展的空间策略
9	综合研究规划实施保障机制和相关政策措施

(5)开展总体城市设计研究。

将城市设计贯穿规划全过程。基于人与自然和谐共生的原则,研究市域生产、生活、生态的总体功能关系,优化开发保护的约束性条件和管控边界,协调城镇、乡村与山水林田湖草海等自然环境的布局关系,塑造具有特色和比较优势的市域国土空间总体格局和空间形态。基于本地自然和人文禀赋,加强自然与历史文化遗产保护,研究城市开敞空间系统、重要廊道和节点、天际轮廓线等空间秩序控制引导方案,提高国土空间的舒适性、艺术性,提升国土空间品质和价值。

3. 规划编制

(1)落实主体功能定位,明确空间发展目标战略。

强化总体规划的战略引领和底线管控作用,促进国土空间发展更加绿色安全、健康宜居、开放协调、富有活力并各具特色。

围绕"两个一百年"奋斗目标和上位规划部署,结合本地发展阶段和特点,并针对存在问题、风险挑战和未来趋势,确定城市性质和国土空间发展目标,提出国土空间开发保护战略。

落实上位规划的约束性指标要求,结合经济社会发展要求,确定国土空间开发保护的量化指标。市级国土空间总体规划指标体系见表4.20。

表4.20　市级国土空间总体规划指标体系

编号	指标项	指标属性	指标层级
一、空间底线			
1	生态保护红线面积/km^2	约束性	市域
2	用水总量/亿 m^3	约束性	市域
3	永久基本农田保护面积/km^2	约束性	市域
4	耕地保有量/km^2	约束性	市域
5	建设用地总面积/km^2	约束性	市域
6	城乡建设用地面积/km^2	约束性	市域
7	林地保有量/km^2	约束性	市域

续表

编号	指标项	指标属性	指标层级
8	基本草原面积/km^2	约束性	市域
9	湿地面积/km^2	约束性	市域
10	大陆自然海岸线保有率/%	约束性	市域
11	自然和文化遗产/处	预期性	市域
12	地下水水位/m	建议性	市域
13	新能源和可再生能源比例/%	建议性	市域
14	本地指示性物种种类	建议性	市域
二、空间结构与效率			
15	常住人口规模/万人	预期性	市域、中心城区
16	常住人口城镇化率/%	预期性	市域
17	人均城镇建设用地面积/m^2	约束性	市域、中心城区
18	人均应急避难场所面积/m^2	预期性	中心城区
19	道路网密度/($km \cdot km^{-2}$)	约束性	中心城区
20	轨道交通站点 800 米半径服务覆盖率/%	建议性	中心城区
21	都市圈 1 小时人口覆盖率/%	建议性	市域
22	每万元 GDP 水耗/m^3	预期性	市域
23	每万元 GDP 地耗/m^2	预期性	市域
三、空间品质			
24	公园绿地、广场步行 5 分钟覆盖率/%	约束性	中心城区
25	卫生、养老、教育、文化、体育等社区公共服务设施步行 15 分钟覆盖率/%	预期性	中心城区
26	城镇人均住房面积/m^2	预期性	市域
27	每千名老年人养老床位数/张	预期性	市域
28	每千人口医疗卫生机构床位数/张	预期性	市域
29	人均体育用地面积/m^2	预期性	中心城区
30	人均公园绿地面积/m^2	预期性	中心城区
31	绿色交通出行比例/%	预期性	中心城区
32	工作日平均通勤时间/分	建议性	中心城区
33	降雨就地消纳率/%	预期性	中心城区
34	城镇生活垃圾回收利用率/%	预期性	中心城区
35	农村生活垃圾处理率/%	预期性	市域

（2）优化空间总体格局，促进区域协调、城乡融合发展。

落实国家和省的区域发展战略、主体功能区战略，以自然地理格局为基础，形成开放式、网络化、集约型、生态化的国土空间总体格局。市级国土空间总体规划优化空间的内容见表4.21。

表4.21　市级国土空间总体规划优化空间的内容

序号	优化空间	内容
1	完善区域协调格局	注重推动城市群、都市圈交通一体化，发挥综合交通对区域网络化布局的引领和支撑作用，重点解决资源和能源、生态环境、公共服务设施和基础设施、产业空间和邻避设施布局等区域协同问题。城镇密集地区的城市要提出跨行政区域的都市圈、城镇圈协调发展的规划内容，促进多中心、多层次、多节点、组团式、网络化发展，防止城市无序蔓延。其他地区在培育区域中心城市的同时，要注重发挥县城、重点特色镇等节点城镇作用，形成多节点、网络化的协同发展格局
2	优先确定生态保护空间	明确自然保护地等生态重要和生态敏感地区，构建重要生态屏障、廊道和网络，形成连续、完整、系统的生态保护格局和开敞空间网络体系，维护生态安全和生物多样性
3	保障农业发展空间	优化农业（畜牧业）生产空间布局，引导布局都市农业，提高就近粮食保障能力和蔬菜自给率，重点保护集中连片的优质耕地、草地，明确具备整治潜力的区域，以及生态退耕、耕地补充的区域。沿海城市要合理安排集约化海水养殖和现代化海洋牧场空间布局
4	融合城乡发展空间	围绕新型城镇化、乡村振兴、产城融合，明确城镇体系的规模等级和空间结构，提出村庄布局优化的原则和要求。完善城乡基础设施和公共服务设施网络体系，改善可达性，构建不同层次和类型、功能复合、安全韧性的城乡生活圈
5	彰显地方特色空间	发掘本地自然和人文资源，系统保护自然景观资源和历史文化遗存，划定自然和人文资源的整体保护区域
6	协同地上、地下空间	提出地下空间和重要矿产资源保护开发的重点区域，处理好地上与地下，矿产资源勘查开采与生态保护红线、永久基本农田等控制线的关系。提出城市地下空间的开发目标、规模、重点区域、分层分区和协调连通的管控要求
7	统筹陆海空间	沿海城市应按照陆海统筹原则确定生态保护红线，并提出海岸带两侧陆海功能衔接要求，制定陆域和海域功能相互协调的规划对策
8	预留空间	明确战略性的预留空间，应对未来发展的不确定性

（3）强化资源环境底线约束，推进生态优先、绿色发展。

基于资源环境承载能力和国土安全要求，明确重要资源利用上限，划定各类控制线，作为开发建设不可逾越的红线。

①落实上位国土空间规划确定的生态保护红线、永久基本农田、城镇开发边界（以下简称"三条控制线"）等划定要求，统筹划定"三条控制线"。各地可结合地方实际，提出历史文化、矿产资源等其他需要保护和控制的底线要求。

②制订水资源供需平衡方案，明确水资源利用上限。按照以水定城、以水定地、以水定人、以水定产原则，优化生产、生活、生态用水结构和空间布局，重视雨水和再生水等资源利用，建设节水型城市。

③制订能源供需平衡方案，落实碳排放减量任务，控制能源消耗总量。优化能源结构，推动风、光、水、地热等本地清洁能源利用，提高可再生能源比例，鼓励分布式、网络化能源布局，建设低碳城市。

④基于地域自然环境条件，严格保护低洼地等调蓄空间，明确海洋、河湖水系、湿地、蓄滞洪区和水源涵养地的保护范围，确定海岸线、河湖自然岸线的保护措施。明确以天然林、生态公益林、基本草原等为主体的林地、草地保护区域。

（4）优化空间结构，提升连通性，促进节约集约、高质量发展。

依据国土空间开发保护总体格局，注重城乡融合、产城融合，优化城市功能布局和空间结构，改善空间连通性和可达性，促进形成高质量发展的新增长点。

①按照主体功能定位和空间治理要求，优化城市功能布局和空间结构，划分规划分区（表4.22）。其中，城镇发展区、乡村发展区和沿海城市的海洋发展区应细化至二级规划分区。

表4.22 规划分区

一级规划分区	二级规划分区	含义
生态保护区		具有特殊重要生态功能或生态敏感脆弱、必须强制性严格保护的陆地和海洋自然区域，包括陆域生态保护红线、海洋生态保护红线集中划定的区域
生态控制区		生态保护红线外，需要予以保留原貌、强化生态保育和生态建设、限制开发建设的陆地和海洋自然区域
农田保护区		永久基本农田相对集中需严格保护的区域

续表

一级规划分区	二级规划分区		含义
城镇发展区			城镇开发边界围合的范围,是城镇集中开发建设并可满足城镇生产、生活需要的区域
	城镇集中建设区	居住生活区	以住宅建筑和居住配套设施为主要功能导向的区域
		综合服务区	以提供行政办公、文化、教育、医疗以及综合商业等服务为主要功能导向的区域
		商业商务区	以提供商业、商务办公等就业岗位为主要功能导向的区域
		工业发展区	以工业及其配套产业为主要功能导向的区域
		物流仓储区	以物流仓储及其配套产业为主要功能导向的区域
		绿地休闲区	以公园绿地、广场用地、滨水开敞空间、防护绿地等为主要功能导向的区域
		交通枢纽区	以机场、港口、铁路客货运站等大型交通设施为主要功能导向的区域
		战略预留区	在城镇集中建设区中,为城镇重大战略性功能控制的留白区域
	城镇弹性发展区		为应对城镇发展的不确定性,在满足特定条件下方可进行城镇开发和集中建设的区域
	特别用途区		为完善城镇功能,提升人居环境品质,保持城镇开发边界的完整性,根据规划管理需划入开发边界内的重点地区,主要包括与城镇关联密切的生态涵养、休闲游憩、防护隔离、自然和历史文化保护等区域
乡村发展区			农田保护区外,为满足农林牧渔等农业发展以及为农民集中生活和生产配套的区域
	村庄建设区		城镇开发边界外,规划重点发展的村庄用地区域
	一般农业区		以农业生产发展为主要利用功能导向划定的区域
	林业发展区		以规模化林业生产为主要利用功能导向划定的区域
	牧业发展区		以草原畜牧业发展为主要利用功能导向划定的区域

续表

一级规划分区	二级规划分区	含义
海洋发展区		允许集中开展开发利用活动的海域,以及允许适度开展开发利用活动的无居民海岛
	渔业用海区	以渔业基础设施建设、养殖和捕捞生产等渔业利用为主要功能导向的海域和无居民海岛
	交通运输用海区	以港口建设、路桥建设、航运等为主要功能导向的海域和无居民海岛
	工矿通信用海区	以临海工业利用、矿产能源开发和海底工程建设为主要功能导向的海域和无居民海岛
	游憩用海区	以开发利用旅游资源为主要功能导向的海域和无居民海岛
	特殊用海区	以污水达标排放、倾倒、军事等特殊利用为主要功能导向的海域和无居民海岛
	海洋预留区	规划期内为重大项目用海用岛预留的控制性后备发展区域
矿产能源发展区		为适应国家能源安全与矿业发展的重要陆域采矿区、战略性矿产储量区等区域

②落实上位规划指标,以盘活存量为重点明确用途、结构优化方向,确定全域主要用地用海的规模和比例。提出城乡建设用地集约利用的目标和措施。优先保障住房和各类重要公共服务设施用地,以及涉及军事、外事、殡葬等特殊用地。

③确定中心城区各类建设用地总量和结构,提出不同规划分区的用地结构优化导向,鼓励土地混合使用。

④优化建设用地结构和布局,推动人、城、产、交通一体化发展,促进产业园区与城市服务功能的融合,保障发展实体经济的产业空间,在确保环境安全的基础上引导发展功能复合的产业社区,促进产城融合、职住平衡。

⑤提高空间连通性和交通可达性,明确综合交通系统的发展目标,促进城市高效、安全、低能耗运行,优化综合交通网络,完善物流运输系统布局,促进新业态发展,增强区域、市域、城乡之间的交通服务能力。

⑥坚持公交引导城市发展,提出与城市功能布局相融合的公共交通体系与设施布局。优化公交枢纽和场站(含轨道交通)布局与集约用地要求,提高站点覆盖率,鼓励站点周边地区土地混合使用,引导形成综合服务节点,服务于人的需求。

(5)完善公共空间和公共服务功能,营造健康、舒适、便利的人居环境。

结合不同尺度的城乡生活圈,优化居住和公共服务设施用地布局,完善开敞空间和慢行网络,提高人居环境品质。

①基于常住人口的总量和结构,提出分区分级公共服务中心体系布局和标准,针对实际服务管理人口特征和需求,完善服务功能,改善服务的便利性。确定中心城区公共服务设施用地总量和结构比例。

②优化居住用地结构和布局,改善职住关系,引导政策性住房优先布局在交通和就业便利地区,避免形成单一功能的大型居住区。确定中心城区人均居住用地面积。严控高层高密度住宅。

③完善社区生活圈,针对人口老龄化、少子化趋势和社区功能复合化需求,重点提出医疗、康养、教育、文体、社区商业等服务设施和公共开敞空间的配置标准和布局要求,建设全年龄友好健康城市,以社区生活圈为单元补齐公共服务短板。

④按照"小街区、密路网"的理念,优化中心城区城市道路网结构和布局,提高中心城区道路网密度。

⑤构建系统、安全的慢行系统,结合街道和蓝绿网络,构建连通城市和城郊的绿道系统,提出城市中心城区覆盖地上地下、室内户外的慢行系统规划要求,建设步行友好城市。

⑥结合市域生态网络,完善蓝绿开敞空间系统,为市民创造更多接触大自然的机会。确定结构性绿地、城乡绿道、市级公园等重要绿地以及重要水体的控制范围,划定中心城区的绿线、蓝线,并提出控制要求。

⑦在中心城区提出通风廊道、隔离绿地和绿道系统等布局和控制要求。确定中心城区绿地、开敞空间的总量,以及人均用地面积和覆盖率指标,并着重提出包括社区公园、口袋公园在内的各类绿地均衡布局的规划要求。

(6)保护自然与历史文化,塑造具有地域特色的城乡风貌。

加强自然和历史文化资源的保护,运用城市设计方法,优化空间形态,突显本地特色优势。

①挖掘本地历史文化资源,梳理市域历史文化遗产保护名录,明确和整合各级文物保护单位、历史文化名城名镇名村、历史城区、历史文化街区、传统村落、历史建筑等历史文化遗存的保护范围,统筹划定包括城市紫线在内的各类历史文化保护线。保护历史性城市景观和文化景观,针对历史文化和自然景观资源富集、空间分布集中的地域和廊道,明确整体保护和促进活化利用的空间要求。

②提出全域山水人文格局的空间形态引导和管控原则,对滨水地区(河口、海岸)、山麓地区等城市特色景观地区提出有针对性的管控要求。

③明确空间形态重点管控地区,提出开发强度分区和容积率、密度等控制指标,以及高度、风貌、天际线等空间形态控制要求。明确有景观价值的制高点、山水轴线、视线通廊等,严格控制新建超高层建筑。

④对乡村地区分类分区提出特色保护、风貌塑造和高度控制等空间形态管控要求,发挥田野的生态、景观和空间间隔作用,营造体现地域特色的田园风光。

(7)完善基础设施体系,增强城市安全韧性。

统筹存量和增量、地上和地下、传统和新型基础设施系统布局,构建集约高效、智能绿色、安全可靠的现代化基础设施体系,提高城市综合承载能力,建设韧性城市。

①以协同融合、安全韧性为导向,结合空间格局优化和智慧城市建设,优化形成各类基础设施一体化、网络化、复合化、绿色化、智能化布局。提出市域重要交通廊道和高压输电干线、天然气高压干线等能源通道空间布局,以及市域重大水利工程布局安排。提出中心城区交通、能源、水系统、信息、物流、固体废弃物处理等基础设施的规模和网络化布局

要求,明确廊道控制要求,鼓励新建城区提出综合管廊布局方案。

②基于灾害风险评估,确定主要灾害类型的防灾减灾目标和设防标准,划示灾害风险区。明确防洪(潮)、抗震、消防、人防、防疫等各类重大防灾设施标准、布局要求与防灾减灾措施,适度提高生命线工程的冗余度。针对气候变化影响,结合城市自然地理特征,优化防洪排涝通道和蓄滞洪区,划定洪涝风险控制线,修复自然生态系统,因地制宜推进海绵城市建设,增加城镇建设用地中的渗透性表面。沿海城市应强化因气候变化造成海平面上升的灾害应对措施。

③以社区生活圈为基础构建城市健康安全单元,完善应急空间网络。结合公园、绿地、广场等开敞空间和体育场馆等公共设施,提出网络化、分布式的应急避难场所、疏散通道的布局要求。

④预留一定应急用地和大型危险品存储用地,科学划定安全防护和缓冲空间。

⑤确定重要交通、能源、市政、防灾等基础设施用地控制范围,划定中心城区重要基础设施的黄线,与生态保护红线、永久基本农田等控制线相协调。在提出控制要求的同时保留一定弹性,为新型基础设施建设预留发展空间。

(8)推进国土整治修复与城市更新,提升空间综合价值。

针对空间治理问题,分类开展整治、修复与更新,有序盘活存量,提高国土空间的品质和价值。

①生态修复应坚持山水林田湖草生命共同体的理念,按照陆海统筹的原则,针对生态功能退化、生物多样性减少、水土污染、洪涝灾害、地质灾害等问题区域,明确生态系统修复的目标,维护生态系统,改善生态功能。

②土地整治应以乡村振兴为目标,结合村庄布局优化要求,推进乡村地区田水路林村全要素综合整治,针对土壤退化等问题,提出农用地综合整治、低效建设用地整治等综合整治目标,建设美丽乡村。

③城市更新应根据城市发展阶段与目标、用地潜力和空间布局特点,明确实施城市有机更新的重点区域,根据需要确定城市更新空间单元,结合城乡生活圈构建,注重补短板、强弱项,优化功能布局和开发强度,传承历史文化,提升城市品质和活力,避免大拆大建,保障公共利益。

(9)建立规划实施保障机制,确保一张蓝图干到底。

保障规划有效实施,提出对下位规划和专项规划的指引;衔接国民经济和社会发展五年规划,制订近期行动计划;提出规划实施保障措施和机制,以"一张图"为支撑完善规划全生命周期管理。市级国土空间规划"一张图"建设重点内容见表4.23。

表 4.23　市级国土空间规划"一张图"建设重点内容

序号	类别	建设内容
1	区县指引	对市辖县(区、市)提出规划指引,按照主体功能区定位,落实市级国土空间总体规划确定的规划目标、规划分区、重要控制线、城镇定位、要素配置等规划内容。制订市辖县(区、市)的约束性指标分解方案,下达调控指标,确保约束性指标的落实。各地可根据实际情况,在市级国土空间总体规划基础上,大城市可以行政区或规划片区为单元编制分区规划(相当于县级国土空间总体规划),中小城市可直接划分详规单元,加强对详细规划的指引和传导。涉及中心城区范围的县(区、市)的国土空间总体规划,应落实市级国土空间总体规划对中心城区的国土空间安排
2	专项指引	明确相关专项规划编制清单。相关专项规划应在国土空间总体规划的指导约束下编制,落实相关约束性指标,不得违背市级国土空间总体规划的强制性内容。经依法批准后纳入市级国土空间基础信息平台,叠加到国土空间规划"一张图"上
3	近期行动计划	衔接国民经济和社会发展五年规划,结合城市体检评估,对规划近期做出统筹安排,制订行动计划。编制城市更新、土地整治、生态修复、基础设施、公共服务设施和防洪排涝工程等重大项目清单,提出、实施支撑政策
4	政策机制	落实和细化主体功能区等政策,提出有针对性、可操作的财政、投资、产业、环境、生态、人口、土地等规划实施的保障性政策措施,保障规划目标的实现,促进国土空间的优化和空间资源的资产价值实现。鼓励探索主体功能区制度在基层落实的途径,各地可依法制定相应配套措施
5	国土空间规划"一张图"建设	形成市级国土空间总体规划数据库,作为市级国土空间总体规划的成果组成部分同步上报。建立各部门共建共享共用、全市统一、市县(区)联动的国土空间基础信息平台,并做好与国家级平台的对接,积极推进与其他信息平台的横向联通和数据共享。基于国土空间基础信息平台同步建设国土空间规划"一张图"实施监督信息系统,为城市体检评估和规划全生命周期管理奠定基础。基于国土空间基础信息平台,探索建立城市信息模型(CIM)和城市时空感知系统,促进智慧规划和智慧城市建设,提高国土空间精治、共治、法治水平

4. 规划强制性内容

市级国土空间总体规划中涉及的安全底线、空间结构等方面内容,应作为规划强制性内容,并在图纸上准确标明或在文本上明确、规范地表述,同时提出相应的管理措施。

市级国土空间总体规划中的强制性内容应包括:

(1)约束性指标落实及分解情况,如生态保护红线面积、用水总量、永久基本农田保护面积等。

(2)生态屏障、生态廊道和生态系统保护格局,自然保护地体系。

(3)生态保护红线、永久基本农田和城镇开发边界三条控制线。

(4)涵盖各类历史文化遗存的历史文化保护体系,以及历史文化保护线及空间管控要求。

(5)中心城区范围内结构性绿地、水体等开敞空间的控制范围和均衡分布要求。

(6)城乡公共服务设施配置标准,城镇政策性住房和教育、卫生、养老、文化、体育等城乡公共服务设施布局原则和标准。

(7)重大交通枢纽、重要线性工程网络、城市安全与综合防灾体系、地下空间、邻避设施等设施布局。

5. 公众参与和多方协同

贯彻落实"人民城市人民建,人民城市为人民"理念,坚持开门编规划,建立全流程、多渠道的公众参与和社会协同机制。在规划编制阶段,广泛调研社会各界意见和需求,深入了解人民群众所需所急所盼;充分调动和整合各方力量,鼓励各类相关机构参与规划编制;健全专家咨询机制,组建包括各相关领域专家的综合性咨询团队;完善部门协作机制,共同推进规划编制工作。在方案论证阶段,要形成通俗易懂、可视化的中间成果,充分征求有关部门、社会各界意见。规划获批后,应在符合国家保密管理和地图管理等有关规定的基础上及时公开,并接受社会公众监督。

6. 成果要求

规划成果包括规划文本、图件、说明、专题研究报告、国土空间规划"一张图"相关成果等。

(1)规划文本。

规划文本是具有法律效力的规划文件,由内容清晰、简洁明了的控制性条文构成,全面反映了国土空间规划的编制内容。市级国土空间规划文本主要包括国土空间现状分析、规划总则、国土空间发展战略、国土空间管控体系、规划实施措施、附表等内容,见表4.24。

表 4.24　市级国土空间规划文本的主要内容

序号	类别	内容
1	国土空间现状分析	重点归纳总结规划地区的国土空间开发保护现状以及存在的主要问题,分析国土空间规划面临的形势
2	规划总则	规划目的、规划依据、规划期限、规划范围、规划地位和作用等内容
3	国土空间发展战略	国土空间发展定位、国土空间开发保护目标,以及国土空间开发保护战略、发展指标、空间结构等内容。其中,发展定位要科学合理地确定国土空间保护与发展的总体定位;国土空间开发保护目标要从经济社会发展、资源环境约束、国土空间保护、空间利用效率、生态修复等方面提出规划目标,同时,规划目标要包括近期目标、远期目标和远景目标,由此构建系统的规划目标体系;国土空间开发保护战略要从保护和开发协调进行的角度出发,提出国土空间开发保护的总体战略,为进一步的规划布局和开发保护提供总体框架和行动方向;发展指标是规划管控要求的具体化,既要能落实上级规划的管控要求和指标,又可将主要要求和指标分解到下级规划;空间结构应包括空间发展战略格局和城乡居民点体系等主要内容

续表

序号	类别	内容
4	国土空间管控体系	国土空间管控体系主要包括四个层面:一是城镇、农业、生态三类空间划定及其国土开发强度控制指标确定,提出差异化的空间管控措施;二是生态保护红线、永久基本农田和城镇开发边界三大控制线划定,结合规划地区的特点可以划定其他空间控制线,如产业区块控制线、历史文化遗产保护控制线等,要明确各类控制线的边界、规模及其管控措施;三是土地用途规划管控,在市县国土空间规划中,要做到全域、全要素、全地类的规划管控;四是要素设施配置,主要包括产业布局、综合交通、资源能源、基础设施、公共服务和防灾减灾等重大设施布局
5	规划实施措施	编制重大项目库、制定规划实施的措施等内容
6	附表	规划指标一览表、国土空间管控一览表、重大项目库一览表等

(2)图件。

国土空间规划图件主要包括现状图和规划图。现状图集主要包括区位关系图、土地用途现状图、生态资源现状分布图、综合交通体系现状图、国土空间开发适宜性评价图、公共设施分布现状图等;规划图集主要包括国土空间结构规划图、国土空间分区规划图、国土空间控制线规划图、土地用途规划图、国土整治与生态保护修复布局规划图、城镇体系(镇村体系)规划图、综合交通体系规划图、重大设施布局规划图、综合防灾体系规划图、近期重大项目布局规划图等。根据各个规划地区的具体情况,还可以增加相应图纸,以便能更清晰完整地表达规划编制成果。市级国土空间总体规划图件见表4.25。

表4.25 市级国土空间总体规划图件

现状图	市域国土空间用地用海现状图
	市域自然保护地分布图
	市域历史文化遗存分布图
	市域自然灾害风险分布图
	中心城区用地用海现状图
	其他现状图件:反映自然地理、生态环境、能源矿产、区域发展、经济产业、人口社会、城镇化、乡村发展、灾害风险等方面现状与分析评价的必要图件

续表

规划图	市域主体功能分区图
	市域国土空间总体格局规划图
	市域国土空间控制线规划图
	市域生态系统保护规划图
	市域城镇体系规划图
	市域农业空间规划图
	市域历史文化保护规划图
	市域城乡生活圈和公共服务设施规划图
	市域综合交通规划图
	市域基础设施规划图
	市域国土空间规划分区图
	市域生态修复和综合整治规划图
	市域矿产资源规划图
	中心城区土地使用规划图
	中心城区国土空间规划分区图
	中心城区开发强度分区规划图
	中心城区控制线规划图(绿线、蓝线、紫线、黄线)
	中心城区历史文化保护和城市更新规划图
	中心城区绿地系统和开敞空间规划图
	中心城区公共服务设施体系、道路交通、市政基础设施、综合防灾减灾、地下空间规划图
	其他规划图件:包括住房保障、社区生活圈、慢行系统、城乡绿道、通风廊道、景观风貌、详规单元等内容的规划图件

注:根据需要,可将若干张图件合并表达,也可以分为多张图件表达。

(3)其他规划成果。

同其他规划的说明一样,国土空间规划的说明也是对规划成果的具体阐释和分析,主要阐述规划决策的编制基础、技术分析和编制内容,是规划实施中配合规划文本和规划图集使用的重要参考。

基础研究报告主要包括现行规划实施评估、资源环境承载力评价、国土空间开发适宜性评价、国土空间风险评估等内容。根据规划需要和规划区的特殊情况,也可以开展针对相关重大问题的研究,如国土空间发展战略研究、产业布局研究、土地资源保护利用研究、水资源开发与配置研究、生态保护修复研究、区域协调发展研究、乡村振兴研究、城乡一体化研究等。

规划数据库是国土空间规划成果数据的集成,其是国土空间信息平台的支撑内容,也是连接空间规划成果与信息平台的纽带。规划数据库的格式一般应为标准的矢量数据格式,坐标应采用2000国家大地坐标系。

其他材料主要包括规划编制过程中产生的一些相关材料,如各个部门对规划的意见、有关规划编制的会议纪要、规划论证评审意见、公众参与记录和相关建议、政府审查审批文件等。

上述规划文本、图件、说明、基础研究报告和规划数据库是国土空间规划编制成果的基本构成,由于规划地区的特殊性,在具体实践中,也会增加相应的编制成果,以更清晰完整地表达规划编制内容。

7. 审查要求

在方案论证阶段和成果报批之前,审查机关应组织专家参与论证和进行审查。审查要件包括市级国土空间总体规划相关成果。报国务院审批城市的审查要点依据《自然资源部关于全面开展国土空间规划工作的通知》(自然资发〔2019〕87号)确定,其他城市的审查要点各省(区)可结合实际参照执行(表4.26)。

表4.26 市级国土空间总体规划的审查要求

序号	主要内容	具体要求
1	目标定位	国土空间开发保护目标;城市定位
2	重要指标	省级国土空间保护、开发、治理、修复等有关量化指标的落实分解和城市发展指标体系
3	空间格局	城镇开发边界、生态保护红线、永久基本农田(海洋保护利用控制线)
4	城镇开发边界内	市域国土空间规划分区和用途管制规则;生态屏障、生态廊道和生态系统保护格局,自然保护地范围和保护要求;城乡公共服务设施配置标准和布局要求;历史文化保护体系和保护框架
5	重要设施布局	重大交通枢纽、重要线性工程网络、重大基础设施网络;城市安全与综合防灾体系、地下空间、邻避设施等设施布局;城镇政策性住房布局要求,教育、卫生、养老、文化体育等城乡公共服务设施的布局原则和标准
6	乡村振兴战略有关要求	县域镇村体系
7	保障措施和对下级规划、相关专项规划的指导、约束要求	对县级(乡镇级)规划的指导和约束要求;对相关专项规划的指导和约束要求

8. 市级国土空间规划案例

以典型的北方某城市的《××市国土空间总体规划(2021—2035年)》作为市级国土空间总体规划的案例。《××市国土空间总体规划(2021—2035年)》的提纲见表4.27。

表 4.27　《××市国土空间总体规划(2021—2035 年)》的提纲

文本		图纸	专题研究
1. 总则	1.1 规划目的		
	1.2 规划定位		
	1.3 规划依据		
	1.4 指导思想		
	1.5 规划原则		
	1.6 规划范围、层次和期限		
2. 现状分析与评价	2.1 规划实施评估和灾害风险评估	2.1.1 国土空间利用现状	市域国土空间用地用海现状图、市域自然保护地分布图、市域历史文化遗存分布图、市域自然灾害风险分布图、中心城区用地用海现状图、其他现状图件等	气候专题
		2.1.2 规划实施评估	
		2.1.3 风险评估	
	2.2 资源环境承载力与国土空间开发适宜性评价	2.2.1 自然地理格局		"双评价"专题
		2.2.2 生态保护重要性评价	生态保护重要性等级评价图	
		2.2.3 农业生产适宜性评价	农业生产适宜性等级评价图	
		2.2.4 城镇建设适宜性评价	城镇建设适宜性等级评价图	
		2.2.5 承载规模评价		
3. 目标定位与发展规模	3.1 发展目标与空间策略	3.1.1 目标愿景		
		3.1.2 发展目标		
		3.1.3 发展定位		
		3.1.4 指标体系		
		3.1.5 国土空间开发保护战略		
	3.2 发展规模	3.2.1 人口规模和城镇化水平		人口专题
		3.2.2 建设用地规模		

续表

文本			图纸	专题研究
4. 国土空间格局	4.1 区域协同发展	4.1.1 东北亚区域合作		区域战略专题
		4.1.2 国内合作		
		4.1.3 省际协同		
		4.1.4 省内协调		
	4.2 ××都市圈	4.2.1 都市圈空间结构		都市圈专题
		4.2.2 都市圈协作平台		
		4.2.3 都市圈交通		
	4.3 国土空间总体格局		市域国土空间总体格局规划图	
	4.4 重要控制线	4.4.1 生态保护红线	市域国土空间控制线规划图	
		4.4.2 永久基本农田		
		4.4.3 城镇开发边界		
	4.5 国土空间用途管制	4.5.1 规划分区	市域国土空间规划分区图	
		4.5.2 空间政策		
		4.5.3 用途结构优化		
5. 生态空间保护	5.1 生态空间格局		市域生态系统保护规划图	
	5.2 生态系统保护	5.2.1 重要生态区		
		5.2.2 重要生态廊道		
		5.2.3 自然保护地体系		
	5.3 空间特色塑造	5.3.1 特色风貌定位		
		5.3.2 风貌分区		
6. 农业空间保障	6.1 农业空间布局	6.1.1 农业总体布局	市域农业空间规划图	
		6.1.2 养殖业空间		
		6.1.3 高品质农产品生产基地布局		
	6.2 乡村振兴	6.2.1 乡村振兴目标	市域乡村分类建设引导规划图	乡村振兴专题
		6.2.2 村庄分类		
		6.2.3 乡村建设引导		
	6.3 耕地保护	6.3.1 耕地保护任务	黑土地保护规划图	黑土地保护专题
		6.3.2 提高耕地质量		
		6.3.3 黑土地保护		

续表

文本			图纸	专题研究
7. 城镇空间布局	7.1 城镇空间格局		市域城镇体系规划图	新型城镇化专题
	7.2 城镇体系	7.2.1 城镇等级规模结构		
		7.2.2 城镇职能结构		
		7.2.3 城镇定位		
	7.3 产业布局	7.3.1 产业定位	市域产业空间布局规划图	产业发展专题
		7.3.2 产业空间布局		
	7.4 公共服务设施	7.4.1 公共服务及配套体系	市域城乡生活圈和公共服务设施规划图	公共服务设施专题
		7.4.2 市级、区县级配置标准		
		7.4.3 城镇社区生活圈		
		7.4.4 乡村社区生活圈		
8. 历史文化空间保护	8.1 保护目标		市域历史文化保护规划图	历史文化保护传承专题
	8.2 市域历史文化保护	8.2.1 名城名镇名村保护		
		8.2.2 文物保护单位		
		8.2.3 历史建筑保护		
		8.2.4 工业遗产保护		
		8.2.5 古树名木保护		
		8.2.6 非物质文化遗产保护		
	8.3 ××历史文化名城保护	8.3.1 历史城区整体格局保护	××历史文化名城保护规划图	
		8.3.2 历史文化街区保护		
		8.3.3 历史文化风貌区保护		

续表

文本			图纸	专题研究
9. 中心城区布局	9.1 空间结构与布局	9.1.1 空间发展目标	中心城区国土空间规划分区图、中心城区开发强度分区规划图、中心城区控制线规划图	
		9.1.2 空间结构		
	9.2 居住与住房保障	9.2.1 居住用地布局引导	中心城区居住与住房保障规划图	
		9.2.2 住房供应结构		
		9.2.3 住房建设引导		
	9.3 绿地与开敞空间	9.3.1 总体目标	中心城区绿地系统和开敞空间规划图	
		9.3.2 蓝绿空间结构		
		9.3.3 公园绿地		
		9.3.4 防护绿地		
		9.3.5 通风廊道		
		9.3.6 城市绿道和城市暖廊		
	9.4 产业与创新空间	9.4.1 产业布局	中心城区产业布局规划图	
		9.4.2 工业保障线		
		9.4.3 创新空间		
	9.5 公共服务设施	9.5.1 公共服务设施体系	中心城区公共服务设施体系规划图	
		9.5.2 文化用地		
		9.5.3 教育用地		
		9.5.4 体育用地		
		9.5.5 医疗卫生用地		
		9.5.6 社会福利用地		
		9.5.7 社区生活圈		
	9.6 城市景观风貌	9.6.1 景观风貌定位	中心城区城市景观风貌规划图	
		9.6.2 空间景观格局		
		9.6.3 滨江景观塑造		
		9.6.4 重点景观节点控制		
		9.6.5 重点景观风貌控制区		
		9.6.6 开发强度分区		
		9.6.7 整体高度控制		

续表

文本		图纸	专题研究
9.7 城市更新	9.7.1 分类盘活低效用地	中心城区历史文化保护和城市更新规划图	
	9.7.2 有序推进城市更新与品质提升		
9.8 地下空间开发利用	9.8.1 地下空间开发目标	中心城区地下空间规划图	城市地下空间开发利用专题
	9.8.2 立体分层利用地下空间		
	9.8.3 地下公共设施与重点区域		
10. 资源要素保护与利用	10.1 自然资源保护与利用	10.1.1 自然资源整体保护与利用	市域自然资源整体保护与利用规划图	自然山水和人工环境专题
		10.1.2 水资源		
		10.1.3 湖泊湿地资源		
		10.1.4 森林资源		
		10.1.5 松花江岸线资源		
	10.2 矿产资源	10.2.1 矿产资源开发与保护	市域矿产资源规划图	资源开发保护利用专题
		10.2.2 矿产资源开采规划分区管控		
		10.2.3 绿色矿山建设		
11. 综合交通	11.1 综合交通发展战略	11.1.1 发展目标	市域综合交通规划图	交通运输体系专题
		11.1.2 指标体系		
		11.1.3 发展策略		
	11.2 市域综合交通系统布局	11.2.1 公路交通		
		11.2.2 轨道交通		
		11.2.3 航空系统		
		11.2.4 港口水运		
		11.2.5 客运枢纽		
		11.2.6 货运枢纽		
		11.2.7 旅游交通		
	11.3 中心城区综合交通系统布局	11.3.1 道路网系统	中心城区道路交通规划图	
		11.3.2 城市轨道		
		11.3.3 公共交通		
		11.3.4 慢行系统		
		11.3.5 停车设施		

续表

文本			图纸	专题研究
12.市政公用设施	12.1 供水工程	12.1.1 市域供水工程	市域供水规划图	基础设施专题
		12.1.2 中心城区供水工程	中心城区供水规划图	
	12.2 排水工程	12.2.1 市域排水工程	市域排水规划图	
		12.2.2 中心城区排水工程	中心城区排水规划图	
	12.3 供电工程	12.3.1 市域供电工程	市域供电规划图	
		12.3.2 中心城区供电工程	中心城区供电规划图	
	12.4 通信工程	12.4.1 市域通信工程	市域通信规划图	
		12.4.2 中心城区通信工程	中心城区通信规划图	
	12.5 燃气工程	12.5.1 市域燃气体系规划及利用	市域燃气规划图	
		12.5.2 中心城区燃气设施	中心城区燃气规划图	
	12.6 供热工程	12.6.1 市域供热体系	市域供热规划图	
		12.6.2 中心城区供热设施	中心城区供热规划图	
	12.7 环卫工程	12.7.1 市域环卫工程	市域环卫规划图	
		12.7.2 中心城区环卫设施	中心城区环卫规划图	
13.城乡安全设施	13.1 综合防灾	13.1.1 防洪排涝体系	市域综合防灾减灾规划图、中心城区综合防灾减灾规划图	公共安全、风险防控专题
		13.1.2 防震减灾安全体系		
		13.1.3 消防救援体系		
		13.1.4 人防保障水平		
	13.2 重大基础设施廊道控制线	13.2.1 电力廊道	重大基础设施廊道控制规划图	
		13.2.2 输气管道		
14.生态修复和国土综合整治	14.1 生态修复	14.1.1 总体目标	市域生态修复和综合整治规划图	生态修复专题
		14.1.2 生态修复重要类型和重点区域		
	14.2 国土综合整治	14.2.1 总体目标		土地整治专题
		14.2.2 国土综合整治重要类型和重点区域		

续表

文本			图纸	专题研究
15. 规划 实施	15.1 完善规划体系			规划实施保 障专题
	15.2 规划传导	15.2.1 分级规划体系		
		15.2.2 目标指标传导		
		15.2.3 结构管控传导		
		15.2.4 策略机制传导		
	15.3 加强规划实施	15.3.1 "一张图"建设		
		15.3.2 公共参与与社 会监督		
		15.3.3 国土空间规划 决策机制		
		15.3.4 近期行动计划		
16. 附则				
17. 附表				

4.4.3　县级国土空间规划编制的基本内容

县级国土空间规划是在县(市、区)行政辖区范围内对国土空间保护、开发、利用、修复的总体安排和综合部署,是对省级、市级国土空间总体规划和相关专项规划的细化落实,侧重实施性和操作性,是编制乡镇(片区)国土空间总体规划、相关专项规划、详细规划以及实施国土空间规划用途分区管制的重要依据。县级国土空间规划除了落实上位规划的战略要求和约束性指标以外,要重点突出空间结构布局,突出生态空间修复和全域整治,突出乡村发展和活力激发,突出产业对接和联动开发。参照《黑龙江省县级国土空间总体规划编制指南(试行)》,县级国土空间规划的重点内容包括以下方面。

1. 规划总则

(1)编制原则。

①生态优先,推动绿色发展。

坚持底线思维,在生态文明思想和总体国家安全观指导下编制规划,将县域作为有机生命体,探索内涵式、集约型、绿色化的高质量发展新路子,推动形成绿色发展方式和生活方式,增强城市韧性和可持续发展的竞争力。

②问题导向,破解发展难题。

以资源环境承载能力和国土空间开发适宜性评价(以下简称"双评价")、空间类规划评估和灾害风险评估(以下简称"双评估")为基础,着力解决国土空间开发、利用、保护修复中存在的核心问题,因地制宜制定规划方案和实施措施,充分发挥县级国土空间总体规划在空间治理中的基础性公共政策作用,确保规划能用、管用、好用。

③目标导向,确保规划落实。

尊重区域发展规律,把握区域发展特征和自然生态本底条件,合理确定规划目标,明确约束性指标和刚性管控要求,提出分级分类的用途管制措施,将上位规划、专项规划的约束性指标和控制要求落实到国土空间总体规划"一张图",确保国土空间总体规划的科学性、协调性和可操作性。

④三线管控,严守安全底线。

落实"三条控制线"管理要求,按照生态功能划定生态保护红线,按照保质保量要求划定永久基本农田,按照集约适度、绿色发展要求划定城镇开发边界,真正让"三条控制线"成为不可逾越的红线,严守生态安全、粮食安全、国土安全底线。

⑤上下联动,强化公众参与。

坚持开门编规划。按照党委领导、政府组织、部门协同、公众参与的工作组织方式,发挥国土空间规划委员会(以下简称"规委会")的作用,健全专家咨询与公众参与等机制,加强规划上下联动、部门协同,采用多种方式和手段,广纳民意、广集民智、广聚共识,将规划编制过程转变为全社会参与共建共治共享的过程。

(2)规划范围。

规划范围包括县级行政辖区内全部国土空间。

(3)规划期限。

规划期限为2021—2035年,基期年为2020年,规划目标年为2035年,近期至2025年,远景展望至2050年。

(4)规划层次。

县级国土空间总体规划包括县域和中心城镇两个规划层次。

县域应突出全域统筹,整体谋划县域国土空间格局优化方向,统筹划定生态保护红线、永久基本农田和城镇开发边界等控制线,促进资源保护利用与生态修复,合理配置县域空间要素,明确城镇体系布局,引导乡村建设与发展,提出对乡镇规划的控制要求。县域应达到二级规划分区深度。

中心城镇应突出对城镇空间重点内容的细化安排,侧重底线管控和功能布局细化,合理确定功能结构、用地布局、重大基础设施布局,明确城镇开发强度分区和强度指引,对空间形态提出管控要求。中心城镇应达到《国土空间调查、规划、用途管制用地用海分类指南(试行)》的用地二级类深度,部分可细分至三级类。

(5)编制主体。

县级人民政府负责本级国土空间总体规划编制工作,县级自然资源主管部门会同有关部门承担具体编制工作。市辖区需单独编制区级国土空间总体规划的,编制主体由市级人民政府确定,同级自然资源主管部门承担具体编制工作。

(6)编制程序。

编制程序主要包括准备工作、基础调研、规划编制、咨询论证、审查审议、规划公告六个阶段,社会参与贯穿规划编制的全过程。

2.基础调研与研究

(1)基础调研。

县级自然资源主管部门统筹组织,规划编制技术单位全程参与,分类分组开展基础调研工作。以座谈走访或问卷调研为主要方式,对各县级部门、乡镇政府、相关专家学者及社会公众等开展调研,深入了解当地发展实际与发展诉求;针对重点研究区域,进行现场实地踏勘。

（2）底数底图。

以第三次全国国土调查成果为基础,综合考虑规划基期用地实际和国土空间规划管理需要,形成基期现状用地底数、底图,也可结合实际,对城镇开发边界内用地进行细化调查。统一采用 2000 国家大地坐标系和 1985 国家高程基准作为空间定位基础,形成坐标一致、边界吻合、上下贯通的工作底图。

（3）基础分析。

县级国土空间总体规划可直接使用市级"双评价"结果,山地、丘陵等地形地貌复杂的县（市）或其他有必要深化研究的县（市）,可在市级评价基础上进一步细分评价单元,提高评价精度,因地制宜选择评价指标,有重点地深化、明确评价结论,为制订国土空间开发保护战略和规划方案提供技术支撑。

开展现行城市总体规划、土地利用总体规划等空间类规划及相关政策实施的评估,评估自然生态和历史文化保护、基础设施和公共服务设施、节约集约用地等规划的实施情况;结合自然地理本底特征和"双评价"结果,针对不确定性和不稳定性,分析区域发展和城镇化趋势、人口与社会需求变化、科技进步和产业发展、气候变化等因素,系统梳理国土空间开发保护中存在的问题,开展灾害和风险评估。

（4）专题研究。

结合地方特点和规划编制需求,在"双评价""双评估"的基础上对国土空间开发保护战略、耕地保护、城市支撑保障体系与安全韧性、历史文化保护与传承、建设用地节约集约利用和生态修复的空间策略等重大问题开展专题研究,为规划编制提供方向性、基础性支撑。

3. 规划编制

一是结合主体功能区定位和规划编制需求,着重开展相应的专题研究工作。二是以专题研究结论为基础,整理基础数据和资料,分析自然地理特征,梳理县域空间保护开发利用现状、发展需求、规划设想等情况,明晰上位规划的约束指标和控制性要求,科学确定区域发展战略和定位;划定落实"三条控制线",进行规划分区管控;对全域资源保护、开发、利用、整治、修复提出规划方案,对交通、公共设施、基础设施、历史文化保护与城乡风貌塑造等方面提出规划设想;划定中心城镇规划范围,谋划中心城镇空间布局;拟定规划期间实施的重大建设与治理工程,提出规划实施的保障措施。

（1）发展定位。

落实国家、省、市重大战略部署,以上位国土空间总体规划为指导,结合本地自然资源禀赋和经济社会发展阶段,综合考虑主体功能定位,确定总体发展定位和本县性质,突出特色,并提出国土空间开发保护战略。

（2）发展目标。

围绕"两个一百年"奋斗目标,落实上位国土空间总体规划的约束性指标要求,提出2025 年、2035 年国土空间开发保护目标,建立可考核的目标指标体系（表 4.28）,明确指标属性。

表4.28　县级国土空间总体规划的目标指标体系

编号	指标项	指标属性	指标层级	传导层级
一、空间底线				
1	生态保护红线面积/hm²	约束性	县域	乡镇
2	用水总量/m³	约束性	县域	乡镇
3	永久基本农田保护面积/hm²	约束性	县域	乡镇
4	耕地保有量/hm²	约束性	县域	乡镇
5	建设用地总面积/hm²	约束性	县域	乡镇
6	城乡建设用地面积/hm²	约束性	县域	乡镇
7	林地保有量/hm²	约束性	县域	乡镇
8	基本草原面积/hm²	约束性	县域	乡镇
9	湿地面积/hm²	约束性	县域	乡镇
10	自然和文化遗产/处	预期性	县域	乡镇
11	新增国土空间生态修复面积/hm²	建议性	县域	县
二、空间结构与效率				
12	常住人口规模/人	预期性	县域、中心城镇	县
13	常住人口城镇化率/%	预期性	县域	县
14	人均城镇建设用地面积/m²	约束性	县域、中心城镇	县
15	人均应急避难场所面积/m²	预期性	中心城镇	县
16	道路网密度/(m·hm⁻²)	约束性	中心城镇	县
17	每万元GDP水耗/m³	预期性	县域	县
18	每万元GDP地耗/m²	预期性	县域	县
三、空间品质				
19	公园绿地、广场步行5分钟覆盖率/%	约束性	中心城镇	县
20	卫生、养老、教育、文化、体育等社区公共服务设施步行15分钟覆盖率/%	预期性	中心城镇	县
21	城镇人均住房面积/m²	预期性	县域	县
22	每千名老年人养老床位数/张	预期性	县域	县
23	每千人口医疗卫生机构床位数/张	预期性	县域	县
24	人均公园绿地面积/m²	预期性	中心城镇	县
25	城镇生活垃圾回收利用率/%	预期性	中心城镇	县
26	农村生活垃圾处理率/%	预期性	县域	乡镇

注:各地可结合本地实际,确定具体指标,湿地面积、自然和文化遗产等视地方实际安排,也可在上述指标基础上,安排本地特色指标。

（3）空间格局优化。

落实国家、省、市的区域发展战略、主体功能区战略，以自然地理格局为基础，形成开放式、网络化、集约型、生态化的国土空间总体格局。县级国土空间总体规划空间格局优化内容见表4.29。

表 4.29　县级国土空间总体规划空间格局优化内容

序号	优化空间格局	具体内容
1	区域协同发展	落实省、市级国土空间总体规划的总体布局要求，衔接"十四五"经济社会发展规划，加强与周边行政区域在自然资源保护利用、生态环境治理、产业互补协作、基础设施联通、公共服务配置、交通网络衔接、城镇协同规划建设等方面的协调，统筹协调平衡跨行政区域的空间布局安排
2	县域总体格局	以县域内地形地貌基本特征为基础，以国土空间开发保护战略与目标为导向，结合主体功能区定位，统筹山水林田湖草沙等保护要素和城乡、产业、交通等发展类要素布局，合理构建生态屏障、生态廊道、交通网络、城镇体系，优化形成区域协调、城乡融合、人与自然和谐的国土空间总体格局，为统领生态保护、农业生产、城乡发展等开发保护提供依据
3	"三类"空间	优先确定生态保护空间，遵循生态保护连续性原则，注重城镇空间、农业空间中的河湖水系、绿地系统、森林、耕地等生态要素的衔接连通，构建健康、完整、连续的绿色空间网络，明确自然保护地等生态重要和生态敏感地区，构建重要生态屏障、廊道和网络，形成连续、完整、系统的生态保护格局和开敞空间网络体系，合理预留基础设施廊道，构建生态保护空间。保障农业发展空间，优化农业生产空间布局，引导布局都市农业，提高就近粮食保障能力和蔬菜自给率，重点保护集中连片的优质耕地、草地，科学划定具备整治潜力的区域，以及生态退耕、耕地补充的区域，明确粮食生产功能区和重要农产品生产保护区，布局现代农业产业园，安排养殖设施、渔业设施、休闲渔业等设施用地，布局农业生产和农业种植、养殖配备的设施农用地，结合绿色和智慧农业发展要求，引导农业发展向优势区聚集。融合城乡发展空间，立足城乡融合发展，突出以城带乡、以工促农，健全设施网络布局、城乡融合发展的空间格局。明确城镇体系的规模等级、职能和空间结构，提出村庄布局优化的原则和要求。完善城乡基础设施和公共服务设施网络体系，改善可达性、通达性和设施完备度，构建不同层次和类型、功能复合的城乡生活圈

续表

序号	优化空间格局	具体内容
4	三条控制线	划定生态保护红线。落实上级生态保护红线的规模、布局以及管控要求，明确生态保护红线坐标界线，制定管控原则和保护措施。划定永久基本农田。在上级下达永久基本农田保护任务的基础上，优化县域永久基本农田布局。划定永久基本农田，落实坐标界线，制定管控原则和保护措施。划定城镇开发边界。落实上级下达的城镇开发边界划定的规模与管控要求，按照集约适度、绿色发展的要求，在城镇开发边界规模确定的基础上，细化城镇开发边界。对统筹划定后的三条控制线上图入库，纳入国土空间总体规划"一张图"数据库，作为县级国土空间总体规划编制的刚性底图
5	地方特色空间	发掘本地自然和人文资源，系统保护自然景观资源和历史文化遗存，划定自然和人文资源的整体保护区域
6	地上地下空间	提出地下空间和重要矿产资源保护开发等重点区域，处理好地上与地下、矿产资源勘查开采与生态保护红线及永久基本农田等控制线的关系。提出地下空间的开发目标、规模、重点区域、分层分区和协调连通的管控要求

（4）功能结构优化。

落实市级国土空间总体规划控制指标，建立指标体系，明确主要约束性和预期性指标。依次考虑满足生态保护、农业保障及其他土地需求，严格控制各类建设占用生态用地和长期稳定利用耕地，提出县域范围内国土空间结构调整优化的重点、方向和时序安排，编制功能结构调整表。

（5）规划分区。

以国土空间保护开发总体格局为基础，结合地域特征和经济社会发展水平，按照全域全覆盖、不交叉、不重叠的原则，在市域国土空间总体规划基本分区的基础上，将县域划分为生态保护区、生态控制区、农田保护区、城镇发展区、乡村发展区、矿产能源发展区6类规划一级分区。将城镇发展区、乡村发展区分别细分为14类规划二级分区。如县域内存在未列出的特殊政策管制要求，可在规划分区基础上，依据国家相关法律法规及特色产业、特殊用途、历史文化保护等特别需要，划定编制详细规划的特殊单元和边界。

按照划定的规划分区，确定各规划分区的国土空间功能导向和主要用途方向，制定用途准入原则和管控要求。

（6）资源保护利用。

资源保护利用主要保护耕地资源、自然保护地、水资源、湿地生态系统、森林资源、草地资源、矿产资源、风景名胜区、建设用地等，见表4.30。

表4.30 县级国土空间总体规划的资源保护利用内容

序号	资源	内容
1	耕地资源保护与利用	永久基本农田保护与利用。确定永久基本农田储备区范围边界,优化空间布局。确定永久基本农田储备区。结合永久基本农田核实整改、高标准农田建设、全域土地综合整治,开展永久基本农田储备区初步成果分析论证,统筹优化永久基本农田储备区布局,分解储备区划定规模,明确储备区利用及调整指引要求。一般耕地保护与利用。落实耕地保有量保护任务要求,提出国土综合整治指引,明确耕地质量提升的主要措施。落实市级规划提出的耕地保有量目标要求,按照数量、质量、生态"三位一体"保护的要求,严格保护耕地,尤其是稳定耕地,坚决遏制耕地"非农化"、严格管控"非粮化"。黑土地涉及的县(市)应结合地区实际特点,提出针对性的保护性利用措施。在确保生态安全前提下,合理开发耕地后备资源。实施更严格的占补平衡措施,从严控制建设占用耕地,对新增建设用地占用耕地的,按照"三位一体"要求实现占补平衡,确保耕地面积不减少
2	自然保护地体系建设	明确国家公园、自然保护区、自然公园等各类自然保护地布局和名录,建立生态保护红线与自然保护地体系间的协同调整机制
3	水资源保护与利用	坚守水资源承载能力底线,确定取用水总量、水质达标率等控制目标和配置方案,统筹重点河湖岸线及周边土地保护利用,明确水源地保护要求和保护范围
4	湿地生态系统保护	严格制定湿地保护目标,划定湿地保护范围线,科学修复退化湿地,提出修复重点工程的规模、布局和时序,积极推进合理利用,全面加强能力建设,努力提升湿地保护的治理能力和水平
5	森林资源保护与利用	加强森林资源管护,明确林地保有量、森林覆盖率等指标。强化林地利用监督管理,提出严格执行森林采伐限额、有偿使用林地等措施要求
6	草地资源保护与利用	严格划定基本草原边界,落实封禁沙化土地保护区管理要求,加强草原用途管制
7	矿产资源保护与利用	加强与三条控制线的衔接,正确处理保护与开采、地上与地下的关系,提出矿产资源开发格局、时序安排、总量调控目标。按照防治矿山地质灾害,推动清洁能源、绿色矿山建设等转型升级,提高矿产资源利用效率的要求,明确重要矿产资源保护和开发的重要区域
8	风景名胜区保护与利用	明确省级及以上风景名胜区的分布与用地范围,划定核心景区的范围,明确风景名胜区保护、利用和管理的管控规则

续表

序号	资源	内容
9	建设用地节约集约利用	以严控增量、盘活存量、扩大流量为基本导向,明确建设用地等规模控制、结构调整、节约集约利用目标,提出建设用地布局调整的重点方向和时序安排;明确县域减量优化区域、存量挖潜区域、增量控制区域、适度发展区域以及重点发展区域、特色城镇等发展引导和开发强度控制。制订低效建设用地盘活方案,明确盘活利用规模、时序和配套政策
10	制订能源供需平衡方案	落实"碳达峰""碳中和"战略,构建清洁、低碳、安全、高效的能源体系,控制化石能源总量,着力提高利用效能,实施可再生能源替代行动。优化能源结构,推动风、光、水、地热等本地清洁能源利用,提高可再生能源比例,推广"零碳"建筑,建设低碳城市

(7)城乡融合发展。

①城镇体系规划。

围绕新型城镇化、乡村振兴、产城融合,综合考虑经济社会、产业发展、人口分布等因素,依据上位规划明确的建设用地规模,确定城镇体系结构、城镇职能结构和规模等级。

②村庄分类与布局优化。

根据村庄的发展现状、区位条件、资源禀赋等,按照集聚提升、城郊融合、特色保护、搬迁撤并及边境巩固等类型,统筹确定村庄分类和布局。

③产业布局及园区规划。

围绕区域产业发展导向和全省产业布局,对接国民经济五年发展规划,基于现状产业基础与发展条件,确定主导产业发展方向,合理布局产业空间,提出产业用地规模控制目标,明确产业园区的相关管控要求。

④乡村振兴。

引导乡村二、三产业向城镇及产业园区适度集聚,以特色村镇为载体,根据资源禀赋,充分发挥比较优势,突出特色。以自然环境秀丽为特色的村镇,应充分利用山水风光,保持原真性、生态性,发展旅游、运动、康养等产业;以丰富的历史文化为特色的村镇,应延续历史文脉、挖掘内涵,做强文化旅游、民族民俗体验、创意策划等产业;以主导产业为特色的村镇,充分发挥主导产业特色,做强、做大主导产业,延长产业链,形成产业集群。

⑤全域旅游发展。

深入挖掘县域历史文化、地域特色文化、民族民俗文化等,规划旅游发展的主题与主线,策划文化旅游产品,大力推进"旅游+",促进产业融合、产城融合、文旅融合。依托风景名胜区、历史文化名城名镇名村、特色小镇、传统村落,探索名胜名城名镇名村"四名一体"全域旅游发展模式,优先发展冰雪旅游、生态旅游、康养旅游等旅游产品。优化提升乡村旅游、文化遗产旅游、边境旅游。在空间设计上,将旅游开发与城市公共空间优化相结合,保障重点区域的旅游设施支撑。

(8)完善支撑保障体系。

突出全域支撑要素智能化、网络化、现代化,加快补齐短板,为县域发展提供强力支撑。

①县域综合交通规划。

落实上位规划及相关专项规划的交通网络布局,根据全域多元交通需求,以提升区域衔接性与城乡可达性为目的,因地制宜制定综合交通体系的发展目标与策略。落实确定公路、铁路、航运、轨道交通等重要交通走廊和重要交通枢纽设施的布局和控制要求,预控县级以上交通枢纽和交通廊道的线性走向以及大型交通、物流设施用地,并积极对接县域国省道、高速等对外交通,科学布局综合交通网络,提升县域交通的连通性与可达性。坚持公共交通引导城乡交通网络建设,优化公交枢纽和站点布局,提高站点覆盖率,构建智慧交通。

②公共服务设施提升。

基于常住人口的总量和结构,考虑实际服务、管理的人口规模和特征,明确"中心城镇-重点镇--一般镇"分级公共服务中心体系,提出不同空间层级教育设施(含学前教育、义务教育、特殊教育)、行政管理与服务设施、公共文化设施、体育设施、医疗卫生设施、养老设施、社会福利设施等公共服务设施的差异化配置要求,实现城乡公共服务设施均等化配置。

③市政基础设施完善。

确定各类市政基础设施的建设目标,在落实上位规划及相关专项规划的要求基础上,统筹规划城乡全域的供水、供电、冷链物流、通信、广播电视、垃圾污水等基础设施的建设,确定各类设施建设标准、规模和重大设施布局,科学谋划5G基站、智能交通基础设施、智慧能源基础设施等新型基础设施布局与空间预留。预控县级以上水利、能源等区域性市政基础设施廊道,推进基础设施向农村延伸,协调安排县级垃圾焚烧厂、墓地等邻避设施布局,鼓励重大区域基础设施共建共享。

④安全韧性与综合防灾。

针对县域主要灾害风险类型及存在的主要安全防灾问题,做好综合灾害风险评估。明确综合防灾减灾目标、设防标准和防灾分区,提出主要防灾基础设施和应急避难场所布局的原则和要求,制定防洪排涝、消防、人防、抗震、地质灾害防治等规划措施,明确危险品存储设施用地布局方案及安全管控要求,提高城市安全保障水平和韧性应急能力。

(9)历史文化保护与利用。

梳理县域内历史文化名城、名镇、名村,以及传统村落、历史文化街区、历史建筑、文物保护单位和非物质文化遗产,提出历史文化保护体系和保护格局,确定保护名录。明确各类、各级历史文化遗产的保护范围和要求,提出整体保护各类遗产及其依存的历史环境和人文环境的要求和措施,提出历史文化资源活化利用的目标要求和策略。

依托历史文化名城、名镇、名村和特色景观旅游名镇、传统村落,深入挖掘历史文化、地域特色文化、民族民俗文化、传统农耕文化等,建设旅游综合体、风情小镇、旅游小镇、休闲康养小镇及美丽宜居村庄等。

（10）城乡风貌引导。

①全域风貌管控。

在县域层面运用城市设计方法,强化生态、农业和城镇空间的全域全要素整体统筹,优化县域的整体空间秩序,县级国土空间总体规划全域风貌管控的内容见表4.31。

表4.31　县级国土空间总体规划全域风貌管控的内容

序号	风貌管控	具体内容
1	统筹整体空间格局	落实宏观规划中自然山水环境与历史文化要素方面的相关要求,协调城镇乡村与山水林田湖草沙的整体空间关系,对优化空间结构和空间形态提出框架性导控建议
2	提出大尺度开放空间的导控要求	梳理并划定全域尺度开放空间,结合形态与功能对结构性绿地、水体等提出布局建议,辅助规划形成组织有序、结构清晰、功能完善的绿色开放的空间网络
3	明确全域全要素的空间特色	根据县域自然山水、历史文化、都市发展等资源禀赋,结合规划明确的县(市)性质、发展定位、功能布局、制约条件,并结合公众意愿等,总结县域整体特色风貌,提出需重点保护的特色空间、特色要素及其框架性导控要求

②乡村风貌塑造。

在乡村层面应体现尊重自然、传承文化、以人为本的理念,保护乡村自然本底,营造富有地域特色的"田水路林村"景观格局,传承空间基因,延续当地空间特色,运用本土化材料,展现独特的村庄建设风貌,忌简单套用城市空间的设计手法。

（11）规划约束传导。

①对乡镇规划的传导指引。

分别明确全域范围内单独编制或合并编制国土空间总体规划的乡镇。

引导乡镇规划落实县级国土空间总体规划确定的规划目标、规划分区、重要控制线、城镇发展定位、要素配置等规划内容,制定乡镇主要的约束性指标。各地可结合本地特点和地方实际,在必选指标的基础上补充其他预期性规划指标。

明确强制性要求,包括县域国土空间总体规划分区和用途管制规则、三条控制线、县级以上重大交通及公共服务设施、历史文化保护范围与控制要求。制定引导性内容,包括乡镇定位目标、乡镇空间优化、品质提升要求,以及一般公共服务设施和基础设施布局等内容。

②对相关专项规划的指导约束。

相关专项规划应在同级国土空间总体规划的指导约束下编制,落实相关约束性指标,不得违背县级国土空间总体规划的强制性内容,并与国土空间总体规划"一张图"核对。经依法批准后纳入县级国土空间基础信息平台,叠加到国土空间总体规划"一张图"。

③对详细规划的传导约束。

城镇开发边界内:对不同详细规划编制单元的主导功能提出差异化引导要求,明确需要向各编制单元传导的功能定位、核心指标、管控边界和要求。其中建设用地规模、开发强度、道路网密度等应作为约束性指标向下传递,城市黄线、蓝线、绿线、紫线以及城市快速路和主次干路的走向、红线宽度应作为刚性要素层层落实。产业园区按照规划范围划定详细规划编制单元。在城镇开发边界内的建设,实行"详细规划+规划许可"的管制方式。

城镇开发边界外:在城镇开发边界外的建设,按照主导用途分区,实行"详细规划+规划许可"和"约束指标+分区准入"的管制方式。明确重要控制指标、要素配置等约束性准入条件。

(12)中心城镇规划。

①范围划定。

综合考虑地形地貌、自然生态、灾害风险、区域协同、重大设施廊道控制、行政区划调整、空间布局演进特征等因素,划定中心城镇范围。

中心城镇范围划定过程中,应考虑划定区域的后续管理;研究县级关注的城市边界和形态,防止贴边等无序蔓延;应考虑县级国土空间总体规划对该部分内容的承接和其他规划区域的深度不同。

结合实际,可以有多种划定情况,如城关镇全域划定、拓展开发边界涉及的镇村单元边界、按集中城镇开发边界划定等方式划定中心城镇的控制范围。

中心城镇未完全覆盖的镇(街道办事处)均应按照全域范围编制乡(镇)级国土空间总体规划。

②功能结构与用地布局。

遵循生态优先的理念,结合中心城镇地形地貌、自然环境和用地条件,合理规划城镇主要功能,妥善处理新区开发与旧区、生活区与生产区、建设空间与生态空间的关系。确定中心城镇的发展中心、功能组团与主要发展轴线。

明确中心城镇各类建设用地结构,统筹生活居住、产业发展、道路交通、基础设施与公共服务设施、历史文化资源、防灾减灾等用地功能,合理组织各类用地布局,充分运用指标预留、空间预留、功能预留等多种手段,为不可预见的重大项目用地需求做出战略预留。

③规划分区。

在县域国土空间总体规划基本分区的基础上,进一步细化国土空间总体规划分区至二级,确定国土空间的功能导向和主要用途方向,制定用途准入原则和管控要求。

④居住与住房保障。

协调重要产业园区与中心城镇的关系,鼓励产城融合,避免形成单一功能的大型居住区。根据人口规模和住房需求,科学确定住宅用地占比。构建多主体供给、多渠道保障、租购并举的住房供应和保障体系,提出保障性住房配置标准。合理安排城镇居住用地供应时序,明确城镇新建住房、城镇居住用地供应量等,优化居住用地布局。

⑤综合交通组织。

按照"小街区、密路网"的理念,优化中心城镇的道路网结构和布局,确定主要道路交通设施,提出交通发展策略。统筹对外交通、轨道交通、公共交通、客运枢纽、货运枢纽、物流系统等重大交通设施布局,确定主干路系统,合理确定中心城镇的道路网密度和人均道路用地面积,提出慢行交通、静态交通的规划原则和指引。

⑥公共服务设施与社区生活圈。

针对人口老龄化、少子化趋势,补齐公共服务设施短板,按照《社区生活圈规划技术指南》(TD/T 1062—2021)的相关要求,明确配置内容和标准,确定教育、文化、体育、医疗卫生、社会服务等重要公共服务设施的用地布局与规模,划定社区生活圈,推动社区基本公共服务设施均等化、服务范围全覆盖。

⑦市政基础设施布局。

按照提高城镇韧性和可持续发展能力的原则,统筹布局各类市政基础设施。确定各类市政基础设施的建设目标,科学预测城乡供水、排水、供电、燃气、供热、垃圾处理、通信需求总量,确定各类设施建设标准、规模和重大设施布局。基于水资源承载能力,控制用水规模,优化用水结构,制定节水措施。根据实际,提出城镇综合管廊、碳中和的布局要求。确定中心城镇智慧城市建设目标,对新型基础设施适度超前布局,以信息网络为基础,明确5G、新能源汽车的充电桩等新型基础设施的空间布局。

⑧公共绿地与开敞空间。

确定中心城镇绿地与广场用地的总量、人均面积和覆盖率指标,提出社区公园与开敞空间的网络化布局要求,划定结构性绿地及重要水体的控制范围与控制要求,明确各级绿地的服务半径。

⑨历史文化资源保护与利用。

明确中心城镇范围内历史文化街区、历史建筑、各级文物保护单位的保护范围,制定保护各类遗产及其依存的历史环境和人文景观的要求和措施,提出历史文化资源保护利用的目标要求和策略。

⑩地下空间开发与利用。

按照安全、高效、适度的原则,统筹地上地下空间利用,提出中心城镇地下空间利用的原则和目标,划定中心城镇地下空间开发的重点区域,明确地下空间总体规模和主导功能,兼顾公共交通、市政设施与人防等用途,因地制宜划定地下空间的管控范围。

⑪公共安全与综合防灾。

按照提升城镇安全和韧性的理念,确定设防标准,明确防灾设施用地布局和防灾减灾具体措施,划定涉及综合安全的重要设施范围、通道以及危险品生产和仓储用地的防护范围。结合绿地和开敞空间,布局网络化、分布式的应急设施和应急避难场所。

⑫"五线"管控。

划定黄、蓝、绿、紫、红"五条控制线",明确各控制线的管控要求。黄线指对城镇发展全局有影响的、规划中确定的、必须控制的城镇基础设施用地的控制界线。蓝线指规划确定的江、河、湖、库、渠和湿地等地表水体保护和控制的地域界线。绿线指城镇各类绿地范围的控制线。紫线指国家历史文化名城内的历史文化街区和省、自治区、直辖市人民政府公布的历史文化街区的保护范围界线,以及历史文化街区外经县级以上人民政府公布保护的历史建筑的保护范围界线。红线即城市道路控制线,是指依法规划建设的城市道路两侧边界控制线,包括规划和已建成的城镇主次干道、消防疏散通道等内容。

对不能进行空间落位的城市"五线",应因地制宜地提出定性、定量等方面的管控要求,在文本和图纸中进行标示。

⑬城市更新。

突出完善功能、提升品质和保护环境,优化中心城镇功能,划定规划期末城市更新区块,明确整治型、调整型和重构型等城市更新类型,提出与县级实际相符的城市更新原则、实施路径和相关机制,盘活存量低效用地,加快老工业区搬迁改造,稳步实施中心城镇老旧小区、危旧住房改造,有序实施城市修补和有机更新。

⑭城市设计。

在中心城镇层面运用城市设计方法,整体统筹、协调各类空间资源的布局与利用,合理组织开放空间体系与特色景观风貌系统,提升城镇空间的品质与活力,分区分级提出城镇形态的导控要求。城市设计的专项内容见表 4.32。

表 4.32　城市设计的专项内容

序号	专项名称	具体内容
1	确立城镇空间特色	细化落实宏观规划中关于城镇特色的相关要求,明确自然环境、历史人文等特色内容在城市空间中的落位。对城镇中心、空间轴带和功能布局等内容分别进行梳理,确定城镇特色空间结构并提出城镇功能布局优化建议,对城镇特色空间提出结构性导控要求
2	提出空间秩序的框架	明确重要视线廊道及其导控要求,对建筑高度、街区尺度、城市天际线、城市色彩等内容进行有序组织,并提出结构性导控要求
3	明确开放空间与设施品质提升的措施	组织多层级、多类型的开放空间体系及其联系脉络,提出拟采取的规划政策和管控措施,提升公共服务设施及市政基础设施的集约复合性与美观实用性
4	划定城市设计重点控制区	根据城镇空间结构、特色风貌等影响因素,划定城市设计一般控制区和重点控制区,有条件的可对重点控制区进一步进行精细化设计

⑮划分详细规划单元。

依据空间结构、规划分区、城市骨架路网、铁路及河流岸线等自然界线,结合规划用地布局和原控规单元划分,考虑功能完整性、边界稳定性和规模适宜度,合理划定中心城镇详细规划的编制单元。划分编制单元应覆盖中心城镇全部地域范围,相邻编制单元之间范围不得重叠和留有空隙。编制单元规模见表 4.33。

表4.33　编制单元规模

序号	用地	编制单元规模
1	旧城区、中心区	控规编制单元控制在1 km² 左右,新区可适当划大
2	居住混合用地	控规编制单元规模为1~2 km²
3	风景区、工业区	控规编制单元规模一般为2 km² 以上
4	特色风貌区、历史文化街区等特殊地区	应保持边界和功能完整性,结合实际确定编制单元规模,以利于保护和塑造城市特色

（13）生态修复与综合整治。

落实上位规划,按照自然恢复为主、人工修复为辅的原则,将生态单元作为修复和整治范围,按照保障安全、突出生态功能、兼顾景观功能的优先次序,统筹确定生态修复和国土综合整治的目标、任务、重点区域、重大工程。

①全域国土综合整治,见表4.34。

表4.34　全域国土综合整治

序列	专项名称	具体内容
1	农用地整治	统筹规划田水路林村综合整治,明确农用地整治项目的建设规模、新增耕地、建设时序、涉及区域等内容
2	建设用地增减挂钩	有序实施农村空心房、空心村整治以及其他低效闲置建设用地整理,明确腾退建设用地的规模和位置,节余建设用地指标优先用于农村新产业、新业态融合发展用地,或用作农村集体经营性建设用地安排
3	低效闲置建设用地使用	以节约集约用地为原则,实施城乡建设用地存量更新,明确重点区域、重点工程及项目,盘活城乡闲散土地、低效城镇工业用地、老旧小区和城中村等存量低效用地

②生态修复。

以各类自然保护地、重要生态功能区、生态敏感区、生态脆弱区等为目标单元,对破碎化严重、功能退化的生态系统进行修复和综合整治,并提出重点工程和措施。

③矿山生态修复。

划分矿山生态环境保护与修复治理分区,实现成区连片治理,将主要交通干线两侧和景区周边可视范围内的矿山作为修复重点,提出生态环境保护与修复治理的主要措施,加大对植物破坏严重、岩坑裸露矿山的修复力度。

4.规划强制性内容

县级国土空间总体规划中涉及的安全底线、空间结构等方面内容,应作为规划强制性内容,并在图纸上准确标明或在文本上明确、规范地表述,同时提出相应的管控措施。强制性内容包括:

（1）约束性指标落实及分解情况,如生态保护红线面积、用水总量、永久基本农田保护面积等。

（2）生态屏障、生态廊道和生态系统保护格局，自然保护地体系。

（3）生态保护红线、永久基本农田、城镇开发边界三条控制线的范围、规模。

（4）重大交通枢纽、重要线性工程网络、城市安全与综合防灾体系、地下空间、邻避设施等设施的布局。

（5）城乡公共服务设施的配置标准，城镇政策性住房和教育、卫生、养老、文化、体育等城乡公共服务设施的布局原则和标准。

（6）历史文化保护体系和各类历史文化遗产的保护范围、要求。

（7）中心城镇"五线"（绿线、蓝线、紫线、黄线、红线）的控制范围和布局要求。

5. 近期重点建设项目

根据国土空间规划分期实施要求，结合国民经济社会发展规划，提出分期实施目标和重点任务，明确约束性指标、管控边界和管控要求。

对近期规划做出统筹安排，明确近期内实施规划的重点和发展时序，确定城市近期发展方向、规模、空间布局，对重要基础设施和公共服务设施做出选址安排，提出自然和文化遗产保护、生态修复和国土综合整治措施。对国土保护、开发、整治项目及用地安排制订近期规划，优先安排生态、农业和重要民生项目。

6. 规划实施的保障措施

（1）强化组织领导。

在县级党委和政府领导下，各有关部门要依法实施规划。党委、政府履行国土空间总体规划实施主体责任，县级自然资源部门负责规划的具体实施。建立健全国土空间规划委员会制度，发挥其组织协调和咨询审查作用，完善规划实施的统筹决策机制。

（2）完善配套政策。

县级政府牵头制定相关激励、资金筹措、帮扶政策，保障民生工程及重点项目推进。对所有国土空间分区分类实施用途管制，因地制宜明确分区准入、用途转换等管制规则。严格耕地、自然保护地、生态保护红线等特殊区域的用途管制。县级自然资源主管部门应制定预留机动指标制度、建设用地交易制度、高质量发展奖励制度、责任规划师制度和规划编制单位终身负责制等相关制度。

（3）提升规划的信息化水平。

以第三次全国国土调查成果为基础，按现状地类基数转换规则，根据实际进行地类细分，形成一张底图，并以此为基础，建设县级总规数据库；不断完善国土空间基础信息平台，实现全县各部门共享共用，同步建设县级国土空间总体规划"一张图"实施监督信息系统，作为县级国土空间总体规划的成果组成部分同步上报。

①国土空间总体规划数据库建设。

按照统一标准和要求，开展县级国土空间总体规划数据库建设，并及时逐级向上级自然资源主管部门汇交和更新，形成可层层叠加打开、动态更新、权威统一的全县域国土空间总体规划"一张图"，为统一国土空间用途管制、实施建设项目规划许可、强化规划实施监督提供依据和支撑。

②规划"一张图"实施监督信息系统建设。

依托国土空间基础信息平台，以国土空间总体规划"一张图"数据为基础，结合实际管理需求，整合本级"多规合一"协同审批平台已有功能，建设国土空间总体规划"一张图"实施监督信息系统，主要功能模块包括数据应用、国土空间总体规划分析评价、国土空间总体规划成果审查与管理、资源环境承载能力监测预警、国土空间总体规划指标模型管理、国土空间总体规划大数据分析等。为建立健全国土空间总体规划动态监测评估预警和实施监管机制提供信息化支撑，为城市体检评估和规划全生命周期管理奠定基础。

（4）宣传与社会监督。

开展规划进社区等宣传活动，提高全社会规划的意识。完善公众参与规划实施的社会监督机制。利用国土空间总体规划"一张图"实施监督信息系统，实现对县级国土空间总体规划的实时监测、及时预警、定期评估。

（5）建设专业人才队伍。

加强专业融合创新，加快大数据、5G 等新技术的研发应用，补齐短板，培养知识结构丰富、能力复合的国土空间总体规划人才。加强培训学习，积极组织地方规划人员参加省内外国土空间总体规划学习研讨和相关理论知识、政策文件学习。

7. 成果要求

（1）成果形式。

规划成果分为技术成果和报批成果，在技术成果基础上，按"明晰事权、权责对等"原则进行梳理、提炼，形成报批成果。鼓励形成图文并茂、通俗易懂的公众读本。规划成果应以纸质文档和电子文件两种形式提交。电子文件采用通用的文件存储格式，文字报告成果统一采用＊.docx 格式，图片成果采用＊.jpg 格式，矢量数据采用＊.gdb 格式。

（2）成果构成。

技术成果和报批成果均由规划文本（含附表）、规划图件、规划说明、规划数据库、专题研究报告和附件构成，规划成果的表达应当清晰、规范。

①规划文本。

规划文本应表述准确规范，简明扼要。文本内容应涵盖本技术要点所涵盖的规划要求，并明确表述规划的强制性内容。

②规划图件。

县级总体规划图件包括规划成果图和基础分析图，图件内容应包括但不限于所列图件。制图方式参照《市级国土空间总体规划制图规范（试行）》执行。图件均采用北方定向，县（市）中心城镇范围的图件比例尺原则上为 1∶1 万～1∶5 万，与中心城镇规划合并编制的乡镇图件比例尺原则上为 1∶1 万～1∶5 万，县（市）域范围的图件比例尺原则上为 1∶5 万～1∶10 万，可根据行政辖区面积的实际情况，适当调整图件比例尺，确保制图区域内容全部表达在图幅内。县级国土空间总体规划图件见表 4.35。

表 4.35　县级国土空间总体规划图件

序号	图件名称	适用范围	约束条件
1	县域国土空间用地现状图	县域	必选
2	县域主体功能分区图	县域	必选
3	县域国土空间总体格局规划图	县域	必选
4	县域国土空间控制线规划图	县域	必选
5	县域生态系统保护规划图	县域	必选
6	县域农(牧)业空间规划图	县域	必选
7	县域城镇体系规划图	县域	必选
8	县域历史文化保护规划图	县域	条件必选
9	县域城乡生活圈和公共服务设施规划图	县域	必选
10	县域综合交通规划图	县域	必选
11	县域基础设施规划图	县域	必选
12	县域国土空间规划分区图	县域	必选
13	县域生态修复和综合整治规划图	县域	必选
14	县域矿产资源开采限制禁止规划图	县域	必选
15	县域自然保护地分布图	县域	条件必选
16	县域历史文化遗存分布图	县域	条件必选
17	县域自然灾害风险分布图	县域	条件必选
18	生态保护重要性评价结果图	县域	必选
19	农业生产适宜性评价结果图	县域	必选
20	城镇建设适宜性评价结果图	县域	必选
21	生态保护极重要区内开发利用地类分布图	县域	条件必选
22	种植业生产不适宜区内耕地分布图	县域	条件必选
23	城镇建设不适宜区内城镇建设用地分布图	县域	条件必选
24	耕地空间潜力分析图	县域	条件必选
25	城镇建设空间潜力分析图	县域	条件必选
26	生态系统服务功能重要性分布图	县域	条件必选
27	生态脆弱性分布图	县域	条件必选
28	多年平均降水量分布图	县域	条件必选
29	人均可用水资源总量分布图	县域	条件必选
30	地质灾害危险性分区图	县域	条件必选
31	地下水超采与地面沉降分布图	县域	条件必选
32	中心城镇国土空间规划分区图	中心城镇	必选

续表

序号	图件名称	适用范围	约束条件
33	中心城镇土地使用规划图	中心城镇	必选
34	中心城镇开发强度分区规划图	中心城镇	必选
35	中心城镇控制线规划图	中心城镇	必选
36	中心城镇历史文化保护规划图	中心城镇	条件必选
37	中心城镇城市更新规划图	中心城镇	条件必选
38	中心城镇绿地系统和开敞空间规划图	中心城镇	必选
39	中心城镇公共服务设施体系规划图	中心城镇	必选
40	中心城镇市政基础设施规划图	中心城镇	必选
41	中心城镇道路交通规划图	中心城镇	必选
42	中心城镇综合防灾减灾规划图	中心城镇	必选
43	中心城镇地下空间规划图	中心城镇	条件必选
44	中心城镇国土空间用地现状图	中心城镇	必选
45	中心城镇详细规划编制单元划分图	中心城镇	条件必选
46	中心城镇景观风貌规划图	中心城镇	条件必选

③规划说明。

规划说明是对规划文本的说明,包括规划背景与基础、规划编制的主要过程、规划主要内容、重大规划问题处理、规划成果。

④规划数据库。

数据库成果参照《黑龙江省县级国土空间总体规划数据库规范(试行)》执行,与规划编制工作同步建设、同步报批,并逐级报省自然资源厅备案,形成国土空间总体规划"一张图"。

⑤专题研究报告。

依据需要设置的重大专题,形成相应专题研究报告集。

⑥附件。

附件主要包括规划编制过程中搜集整合的现状资料和成果咨询审查形成的人大常委会审议意见、部门意见、专家论证意见、规划公示、公众参与记录及采纳情况等。

8. 成果审查

(1)成果审查内容,见表4.36。

表4.36 县级国土空间总体规划成果审查内容

序号	主要内容	具体要求
1	目标定位	国土空间开发保护目标;城市定位
2	重要指标	省级国土空间保护开发治理修复等有关量化指标的落实分解和城市发展指标体系

续表

序号	主要内容	具体要求
3	空间格局	城镇开发边界、生态保护红线、永久基本农田(海洋保护利用控制线)
4	城镇开发边界内	市域国土空间规划分区和用途管制规则;生态屏障、生态廊道和生态系统保护格局,自然保护地范围和保护要求;城乡公共服务设施的配置标准和布局要求;历史文化保护体系和保护框架
5	重要设施布局	重大交通枢纽、重要线性工程网络、重大基础设施网络;城市安全与综合防灾体系、地下空间、邻避设施等设施布局;城镇政策性住房布局要求,教育、卫生、养老、文化、体育等城乡公共服务设施的布局原则和标准
6	乡村振兴战略有关要求	县域镇村体系
7	保障措施和对下级规划、相关规划的指导和约束要求	对县级(乡镇级)规划的指导和约束要求,对相关专项规划的指导和约束要求

(2)咨询论证。

分类型、分层次召开公众代表规划咨询会议。鼓励采用电视、报纸、宣传栏、网站、公众号等征求意见的方式,广泛收集和听取社会各方意见和建议,提高规划的科学性,进一步论证、完善规划编制方案。

(3)审查审议。

县级自然资源主管部门将修改完善后的规划方案(含图件),以会议或文函形式,征求同级发改、教育、工信、民政、商务、生态环境、农业农村、住建、交通、水利、文旅、林草、应急管理等相关部门的意见,充分对接各部门、各行业的政策要求和发展规划,衔接发展空间和用地需求,切实增强规划的协同性和可操作性。

(4)规划公示。

规划成果由编制主体组织规划公示,可通过报刊、电视、网络等各种媒体公示规划成果,规划公示时间不少于30天。公示的规划图件应清晰、直观表达规划内容。

(5)成果审批。

规划成果应由县级政府报同级人大常委会审议通过后,报市级人民政府初审,市级人民政府初审包括程序性审查和技术性审查,其中程序性审查由自然资源主管部门审查,技术性审查可由自然资源主管部门委托第三方进行,审查通过后报省自然资源主管部门审查;通过审查后,由市(地)人民政府将规划成果正式上报省人民政府审批。

（6）规划公告。

县级国土空间总体规划经省人民政府批准后，县级人民政府应当在行政辖区内以适当形式向社会公告，具体包括规划目标、规划期限、规划范围、规划图件、规划批准机关和批准时间、违反规划的法律责任等内容。

9. 县级国土空间总体规划案例

以典型的北方大农业地区《××县国土空间总体规划（2021—2035 年）》作为县级国土空间总体规划的案例。《××县国土空间总体规划（2021—2035 年）》的提纲见表4.37。

表 4.37 《××县国土空间总体规划（2021—2035 年）》的提纲

文本		图纸	专题报告
1. 总则	1.1 规划期限		
	1.2 规划范围与层次		
	1.3 规划底数		
2. 规划基础与现状分析	2.1 ××县基本情况		
	2.2 经济社会发展现状		
	2.3 国土空间利用现状	县域国土空间用地现状图、中心城镇国土空间用地现状图	
	2.4 现状评估、风险评估和规划实施评估	2.4.1 现状和风险评估	
		2.4.2 规划实施评估	
	2.5 资源环境承载能力和国土空间开发适宜性评价	生态保护重要性评价结果图、农业生产适宜性评价结果图、城镇建设适宜性评价结果图	"双评价"专题
	2.6 现状问题分析		
3. 发展定位与目标	3.1 发展定位		
	3.2 城市性质		
	3.3 发展目标		
	3.4 指标体系		
	3.5 发展规模	3.5.1 人口规模	人口专题
		3.5.2 用地规模	
	3.6 发展战略		

续表

文本			图纸	专题报告
4. 县域国土空间格局	4.1 总体格局		县域主体功能分区图、县域国土空间总体格局规划图	
	4.2 "三线"划定		县域国土空间控制线规划图	
	4.3 "三类"空间划定	4.3.1 生态空间	县域生态系统保护规划图	
		4.3.2 农业空间	县域农（牧）业空间规划图	
		4.3.3 城镇空间	县域城镇体系规划图	
	4.4 彰显地方特色空间			
	4.5 国土规划分区与管控		县域国土空间规划分区图	
5. 资源保护与利用			县域矿产资源开采限制禁止规划图	
6. 城乡融合发展与乡村振兴	6.1 城镇体系规划	6.1.1 县域人口规模预测	县域城镇体系规划图	新型城镇化专题
		6.1.2 县域城镇空间结构		
		6.1.3 县域城镇等级规模结构规划		
		6.1.4 县域城镇职能结构规划		
	6.2 村庄分类与布局优化			
	6.3 产业布局及园区规划			产业专题
	6.4 乡村振兴			乡村振兴专题
	6.5 全域旅游发展规划			全域旅游专题

续表

文本			图纸	专题报告
7. 支撑保障体系	7.1 县域综合交通规划		县域综合交通规划图	交通运输体系专题
	7.2 公共服务设施规划		县域城乡生活圈和公共服务设施规划图	公共服务设施专题
	7.3 市政基础设施规划		县域基础设施规划图	市政基础设施专题
	7.4 安全韧性与综合防灾规划		县域自然灾害风险分布图	综合防灾减灾专题
8. 历史文化保护与利用			县域历史文化保护规划图	历史文化保护专题
9. 城乡风貌引导	9.1 全域风貌管控			城乡风貌专题
	9.2 乡村风貌整治			
10. 规划约束与传导	10.1 规划管控			
	10.2 规划传导			
11. 中心城镇规划	11.1 发展方向与范围规模			
	11.2 功能结构与用地布局	11.2.1 空间拓展策略		
		11.2.2 空间结构		
		11.2.3 用地布局	中心城镇土地使用规划图	
	11.3 规划分区		中心城镇国土空间规划分区图	
	11.4 居住与住房保障		中心城镇开发强度分区规划图	
	11.5 综合交通规划		中心城镇道路交通规划图	

续表

	文本	图纸	专题报告
	11.6 公共服务设施与生活圈规划	中心城镇公共服务设施体系规划图	
	11.7 市政基础设施规划	中心城镇市政基础设施规划图	
	11.8 公共绿地与开敞空间规划	中心城镇绿地系统和开敞空间规划图	公共绿地与开敞空间专题
	11.9 景观风貌规划	中心城镇景观风貌规划图	
	11.10 地下空间开发与利用	中心城镇地下空间规划图	地下空间专题
	11.11 公共安全与综合防灾	中心城镇综合防灾减灾规划图	公共安全与综合防灾专题
	11.12 "五线"管控	中心城镇控制线规划图	
	11.13 城市更新	中心城镇城市更新规划图	
	11.14 城市设计		
	11.15 详细规划单元划分	中心城镇详细规划编制单元划分图	
12. 生态修复与国土综合整治		县域生态修复和综合整治规划图	生态修复与土地整治专题
13. 近期重点建设项目			
14. 规划实施保障措施			

4.4.4 乡镇级国土空间规划编制的基本内容

乡镇级国土空间总体规划是对市(县)级国土空间总体规划要求的细化落实,是对乡镇域国土空间保护开发做出的具体安排,是乡镇进行空间治理的工具,是编制相关专项规划、详细规划以及实施国土空间用途管制的基本依据。乡镇级国土空间总体规划在县(区)级人民政府统一领导下,由乡镇人民政府组织编制。街道办事处以县(区)政府为编制主体,几个乡镇合并编制的以县(区)政府或主导乡镇为编制主体。县(区)级自然资源主管部门指导乡镇政府开展规划编制工作。乡镇级国土空间总体规划编制经费应纳入县(区)财政预算。承担乡镇级国土空间总体规划编制的设计单位应当符合国家有关国土空间总体规划编制机构资质认证的规定。参照《黑龙江省乡镇级国土空间总体规划编制指南(试行)》,乡镇级国土空间总体规划的主要内容包括以下方面。

1.规划总则

(1)编制原则。

坚持生态优先,绿色发展。落实上位规划划定的"三条控制线",严守生态环境底线,优化人居环境。

坚持以人为本,品质提升。以人民为中心,处理好人与自然的和谐关系,实现城乡高质量发展、高品质生活。

坚持全域管控,适度集约。强化自然资源统筹利用和用途管控,探索控制城乡建设用地增量、盘活存量的内涵式发展路径,提高土地利用效率。

坚持承上启下,体现特色。严格落实市县规划下达的传导内容,并将本级约束性、预期性指标分解至村庄,因地制宜体现黑土地保护、能源安全、矿业经济、守边固边等特色。

坚持侧重实施,突出近期。侧重对本行政区域的开发保护做出具体安排,突出与国民经济和社会发展规划的衔接,保障近期项目的实施。

坚持公众参与,开放共享。广泛征求公众意见,开门编规划,保障公众的知情权、参与权和监督权。

(2)规划范围。

规划范围为乡镇级行政辖区内全部国土空间,也可根据实际需要由几个乡镇合并编制规划。

(3)规划期限。

本轮规划目标年为2035年,近期至2025年,远景展望至2050年。

(4)规划层次。

乡镇级国土空间总体规划一般包括乡镇级行政辖区和乡镇政府驻地两个层次。乡镇域要统筹全域全要素规划管理,乡镇政府驻地要细化土地使用和空间布局。

2.基础调研与研究

(1)资料收集。

收集涉及自然资源、生态环境、经济产业、人口社会、历史文化、基础设施、城乡发展、灾害风险等方面资料,以及相关规划成果、审批数据。

（2）基数和底图。

以第三次全国国土调查成果为基础,结合市县级国土空间总体规划的现状基数和底图,充分考虑规划基期用地实际和空间规划管理需要,对用地进行细化调查,按照国家相关规定进行规划现状基数分类转换,形成基期现状用地的基数和底图。

（3）基础分析。

以全域全要素为基础,结合市(县)级"双评价"运算结果,明确评价结论,深化、细化乡镇人口、经济、各类自然资源、地理要素、城乡空间、基础设施等的现状特征。

分析乡镇国土空间资源开发保护的现状情况、变化趋势、结构布局、空间绩效,总结特点和问题,对现行乡镇国土空间总体规划实施评估,开展灾害和风险评估。明确市县级国土空间总体规划对乡镇级国土空间总体规划的编制要求,提出规划编制的重点内容。

3. 规划编制

（1）目标与战略。

①发展目标。

立足于地区整体发展情况,落实市县级国土空间总体规划对乡镇的总体定位要求、职能分工和管控要求,结合乡镇自身特色与发展条件,明确乡镇功能定位、发展目标和产业导向。

②发展战略。

根据乡镇定位与发展目标,结合本地自然资源禀赋和经济社会发展阶段,从国土空间资源保护、开发利用、城乡品质、整治修复等方面提出国土空间开发保护的战略。

（2）规划指标。

落位市县级国土空间总体规划对乡镇的规划指标传导要求,明确生态保护红线面积、耕地保有量、永久基本农田保护面积、城乡建设用地面积等约束性指标的分解落实情况,并向村庄传导。非约束性指标可根据乡镇实际情况缩减或补充。

（3）国土空间格局。

①总体空间格局。

依据市县级国土空间总体规划,以自然地理格局为基础,统筹协调生态、农业、城乡空间,因地制宜形成乡镇开放式、网络化、集约型、生态化的国土空间保护与开发利用总体格局,彰显地方特色。

②产业发展空间格局。

提出乡镇产业培育的目标、方向、类型和重点,科学实践"两山"转化,提出优质生态产品和生态资源的供给与转化方向。合理提出果蔬生产区、畜牧区、养殖区等特色农产品区的空间指引。明确工业主导发展方向,统筹工业用地的功能分区与布局,推动产业园区集聚化发展,落实县级相关部门制定的产业发展正负面清单。旅游资源丰富的乡镇可因地制宜提出旅游产品与旅游线路规划等内容。

③居民点体系。

依据市县级国土空间总体规划,采取多种手段分析乡镇人口的流动、结构、分布变化,合理预测乡镇域、乡镇政府驻地和各村庄常住人口规模。

可按照乡镇政府驻地、中心村、基层村三个等级,合理确定居民点体系等级结构与职能结构;结合人口变化与灾害分析等因素,按照集聚提升、搬迁撤并等五个类别,明确各村庄分类。

(4)规划分区与控制线落实。

①总体要求。

在市县级国土空间总体规划确定的空间格局、规划分区和调控目标基础上,结合本地实际与各行业主管部门的具体要求细化至二级分区,明确各规划分区的范围边界和面积,落实"三条控制线"的划定范围,落实生态、农业、历史文化等重要保护区域和廊道,安排重大交通基础设施网络,明确各级、各类分区与控制线的管制要求。

②生态保护空间(表4.38)。

表4.38 乡镇级国土空间总体规划生态保护空间的内容

序号	生态保护空间	具体内容
1	落实生态保护红线	严格落实市县级国土空间总体规划下达的生态保护红线传导指标和要求,结合第三次全国国土调查成果和乡镇现状,将生态保护红线落实到具体地块,并分解至村庄,确保生态保护红线面积不减少、落地准确、边界清晰
2	落实其他控制线	落实河湖管理范围划界和饮用水水源保护区、水源涵养地、水产种质资源保护区、蓄滞洪区等水生态、水功能保护区范围。落实生态公益林、基本草原和退耕还草等自然资源的保护范围
3	细化分区	遵从面积不减少、布局有优化的原则,落实市县级国土空间总体规划划定的生态保护区与生态控制区,结合乡镇实际情况,可细化至二级分区
4	管控要求	根据不同分区与控制线的管制规则,明确主要规划用途、禁止准入用途等管控要求

③农业发展空间(表4.39)。

表4.39 乡镇级国土空间总体规划农业发展空间的内容

序号	农业发展空间	具体内容
1	落实永久基本农田	将永久基本农田落实到具体地块,并分解至村庄,确保布局稳定、边界清晰
2	落实其他控制线	将永久基本农田储备区范围落实到地块,明确耕地后备资源储备、分布。落实稳定耕地、粮食生产功能区、重要农产品生产保护区、水产养殖区、畜牧禁养区等农业功能区域范围。提出种植设施、畜禽养殖设施、水产养殖设施等设施农业建设用地的布局引导
3	细化分区	落实市县级国土空间总体规划划定的农田保护区范围,应细化至二级分区。落实市县级国土空间总体规划划定的乡村发展区中一般农业区、林业发展区、牧业发展区范围
4	管控要求	根据不同分区与控制线的管制规则,明确主要规划用途、禁止准入用途等管控要求

146

④城乡发展空间(表4.40)。

表 4.40　乡镇级国土空间总体规划城乡发展空间的内容

序号	城乡发展空间	内容	备注
1	落实城镇开发边界	落实市县级国土空间总体规划划定的城镇集中建设区、弹性发展区和特别用途区,确保布局稳定、边界清晰	乡政府驻地的村庄应参照城镇开发边界划定要求,划定本村开发边界
2	落实其他控制线	按照市县国土空间总体规划下达的城乡建设用地规模指标,划定城镇开发边界以外的村庄集中建设区边界	落实市县级国土空间总体规划中交通、水利、能源、环保等基础设施项目的选线、走向等内容
3	细化分区	城镇集中建设区需细化到对应的二级分区,明确城镇集中建设区内用地功能分区与用地布局、规模。暂无条件编制村庄规划的村庄需明确村庄建设区的功能分区	明确其他建设用地的分布区域。细化落实矿产能源发展区
4	管控要求	根据不同分区与控制线的管制规则,明确主要规划用途、禁止准入用途等管控要求	

⑤地上地下空间(表4.41)。

表 4.41　乡镇级国土空间总体规划地上地下空间的内容

序号	地上地下空间	具体内容
1	落实要求	明确乡镇地下空间的开发目标、规模、重点区域、分层分区和协调连通的要求
2	细化分区	结合地方实际,明确以矿产资源开采加工为主导功能的区域,采矿、加工、尾矿、塌陷区以及为开采加工配套的办公、服务、后勤等区域应划入矿产能源发展区。依据相关规划明确落实合法矿业权范围,除生态保护红线区、永久基本农田保护区以及城市重要控制线外,已探明的未开采区域在相关技术论证、环境影响评价后,可从其他分区调整至矿产能源发展区
3	管控要求	明确主要规划用途、禁止准入用途等管控要求

(5)国土空间用地结构与布局优化。

①国土空间用地功能结构调整。

围绕规划管控目标、方向及上位规划下达的指标,优化用地布局,提出国土空间结构调整优化的重点、方向及时序安排,优化乡镇域国土资源配置。明确到规划目标年,乡镇域范围内耕地、林地、建设用地等各类用地的规模和比例,制定国土空间功能结构调整表。

②内涵集约发展路径。

以盘活存量、集约绿色发展为基本导向，提升用地保障能力，提高资源配置效率，明确城乡建设用地的利用目标和措施，优先保障基础设施、公益性设施等民生项目用地指标。落实城乡建设用地增减挂钩机制，提出盘活存量建设用地与建设用地增减挂钩的利用措施。

③用地布局优化（表4.42）。

表4.42 乡镇级国土空间总体规划用地布局优化的内容

序号	用地	优化内容
1	林草、水域、湿地资源	结合规划分区、资源保护利用规划、生态修复等内容优化林草资源各类用地的布局，统筹省级湿地、重点河湖岸线及周边土地保护利用
2	耕地资源	以保障和提高粮食生产为核心，稳定和优化农业生产空间。按照集中连片、避免碎片化的原则明确耕地、园地等各类农用地布局。提出农业产业园区、种植设施、畜禽养殖设施等用地的布局要求
3	城乡建设用地	落实市县级国土空间总体规划的城乡建设用地指标。综合新产业新业态、乡村振兴等要求，统筹确定城镇、村庄建设用地规模与布局。分析村庄空心化趋势，提出村庄搬迁撤并方案与时序安排，明确规划撤并村庄及安置用地布局
4	其他建设用地	深化落实区域基础设施用地布局，划定采矿用地、特殊用地等其他建设用地，明确各类用地规模。有旅游发展潜力的乡镇，可依据相关规划预留旅游服务设施、游步道等设施或空间范围
5	机动用地指标	可因地制宜预留少量（不超过5%）城乡规划建设用地指标，以满足农村公益、民生工程、农业生产等无法明确具体位置的用地需求，确保零星分散的农业生产服务、乡村旅游等农村产业融合发展用地建设。待建设项目规划审批时落地机动指标，明确规划用地性质，项目批准后更新数据库并备案

（6）乡镇政府驻地用地布局。

①用地结构和布局。

根据各乡镇经济社会发展需求和自身资源禀赋，结合规划二级分区，确定乡镇政府驻地用地结构与布局。重点明确集中建设区内居住用地、公共管理与公共服务用地等各类用地规模和布局。乡镇级国土空间总体规划如在乡镇政府驻地外规划乡镇集中建设区，应在规划中做具体说明，并统筹规划布局。

乡镇级国土空间总体规划的范围如涉及市县级国土空间总体规划中心城镇，应落实市县级国土空间总体规划对中心城镇的国土空间安排。

②住房建设和人居环境保障(表4.43)。

表4.43 住房建设和人居环境保障内容

序号	优化类别	具体内容
1	住宅保障优化	结合乡镇实际,优化居住用地结构和布局,确定集中建设区人均居住用地面积。制订低效用地改造、危房改造、人居环境整治等行动计划,并提出建设时序,严控高层高密度住宅
2	服务功能优化	完善乡镇中心商贸服务职能,合理布局、优化商业服务体系,引导乡镇商贸流通业发展。根据需求预测,合理预留休闲、旅游等服务设施空间。梳理分析乡镇现状公共服务设施情况,统筹确定文化、教育、体育、医疗、社会福利等公共服务设施的布局、数量和规模要求,构建层级性的公共服务设施体系

③绿地与开敞空间用地布局。

明确公园绿地、广场用地、城镇内河水系等开敞空间的控制范围和管控要求,确定公园绿地与广场用地的总量、人均面积和覆盖率指标。网络化布局社区公园等开敞空间,构建尺度宜人、富有活力的公共空间体系。鼓励各类公共空间与公共设施、基础设施的共用共享,提高公共空间的利用效率。

④"五线"管控与战略留白。

划定红线、黄线、绿线、蓝线、紫线等控制线,明确管控范围和要求。对不能进行空间落位的"五线",应因地制宜地提出定性、定量等方面的管控要求,在文本和图纸上进行标示。

乡镇可根据市县级国土空间总体规划要求落实战略留白用地。战略留白用地应在集中建设区内划定,计入城乡建设用地指标。乡镇集中建设区内现状低效利用待转型、待腾退区域及尚未明确建设意向的空间可进行留白,作为功能优化和承接市县功能的疏解空间。

(7)基础保障体系。

①总体要求。

严格按照国家标准,落实上位规划,加强公共服务设施、交通设施、公共安全设施、市政基础设施四大类设施的规划建设,在乡镇级国土空间总体规划中明确各项设施的规划布局、规模及建设要求。

②公共服务设施。

对接落实市县级国土空间总体规划确定的公共服务设施配套指标以及城乡基本公共服务均等化构建要求。明确规划公共服务设施总体布局和规模要求,建立城乡生活圈,明确各级公共服务设施配置标准,统筹乡村公共服务设施资源配置,构建公共服务设施体系。

③交通设施。

明确交通系统的发展方向与规划目标,提出交通设施规划实施策略。落实市县级国土空间总体规划确定的公路、铁路、机场、水运等重要交通设施。加强乡镇域道路系统的衔接协调,配置相应的公交站场(点)等交通设施。

集中建设区内应明确道路交通网结构和密度,划分道路等级,明确主次干路走向,确定红线宽度,合理布局公交站场(点)、客运站、停车场等交通设施。

④基础设施(表4.44)。

协调并深化落实市县级国土空间总体规划、相关专项规划中重要设施的建设目标、用地需求和空间布局。提出邻避设施控制要求,对重要的市政生命线廊道进行预留和管控。统筹安排供水、排水、供电、通信、供热、供燃气、环卫等设施,提出建设标准、规模和规划要求。集中建设区内应结合市县级国土空间总体规划的相关建设要求,确定各类基础设施建设规模和布局。

表4.44 乡镇级国土空间总体规划基础设施建设内容

序号	基础设施类别	具体内容
1	供水	预测需水总量,确定供水水源,选择供水模式,布置供水主干管网,确定供水设施的布局、规模
2	排水	确定排水体制,划分排水分区,布局污水主干管网及处理设施,布局雨水管道(沟渠)及调蓄设施
3	供电	落实市县级国土空间总体规划中确定的电厂、66 kV 及以上变电站、高压走廊的规模及用地管控要求。预测用电需求,布局中压电力线路和变电设施
4	通信	落实通信设施布局、用地规模及建设要求
5	供热	根据乡镇实际选择供热方式,预测供热需求总量,确定热源,明确供热站场规模、用地及建设标准,布局供热主干管网及热交换站
6	供燃气	预测燃气需求总量,确定供气方式,布局燃气主干管道,明确门站、供气储备站等燃气站场的供气规模、占地面积,明确对燃气管道及燃气站场的安全防护要求
7	环卫	落实市县级国土空间总体规划确定的垃圾处理设施,明确乡镇垃圾分类收集、运输、处置体系,确定垃圾转运站等主要环境卫生设施布局、建设标准及用地管控要求

⑤安全防灾设施。

依据市县级国土空间总体规划及相关法律、法规、规范要求,结合现状实际确定防灾减灾目标及防洪(潮)排涝、消防、人防、抗震、森林防火等主要灾害设防标准。落实各项安全设施用地,提出相应的安全防护要求。

乡镇集中建设区内应确定防洪堤、避难场所、应急指挥、消防站、救灾物资储备等设施布局,明确疫情防控、道路交通、消防通道、消防供水等基础设施防灾和应急防灾要求,对重大危险源防治、改造、搬迁提出管控要求。

(8)历史文化与地方特色风貌。

①历史文化保护。

依据市县级国土空间总体规划明确保护与传承的重点地区,严格落实各级文物保护单位、历史文化名城名镇名村、传统村落、历史建筑等历史文化遗存的保护范围,明确保护利用措施。

②地方特色风貌。

细化落实市县级国土空间总体规划提出的城乡总体风貌指引和管控要求,基于自然地理格局,构筑全域景观体系。结合乡镇民族特色、边境特色、寒地特色等划定重点管控区域与节点,提出具体的风貌控制安排,对村庄的整体风貌和建筑布局提出设计引导。对集中建设区内的公共空间、重要景观节点等标志性地段提出风貌指引,划定开发强度分区和高度分区,按照分区或用地类型提出管控要求。

(9)生态修复与国土综合整治。

①总体要求。

落实市县级国土空间总体规划关于生态保护修复和国土综合整治的管控要求以及准入、退出和转换规则。确定生态修复与国土整治的类型、规模和范围,统筹相关行业部门,安排整治、修复项目。

②生态修复。

落实市县级国土空间总体规划确定的生态修复和国土综合整治目标任务、主要内容、重点区域及整治对策和措施,并进行空间落位。提出乡镇生态空间整治与修复项目,明确各类生态修复工程的规模、布局、时序、建设内容。乡镇级国土空间总体规划生态修复内容见表4.45。

表4.45 乡镇级国土空间总体规划生态修复内容

序号	修复类型	具体内容
1	水环境生态	确定水环境综合治理目标,确定水土保护等级和要求,落实河流水系和流域治理重点工程,改善水体功能
2	森林草原	根据生态公益林地保护等级和措施,落实需要腾退还绿、退耕还绿的造林地块。落实风沙源治理、水土流失、防护造林等修复工程
3	矿山	以重要生态功能区及居民生活区历史遗留矿山治理为重点,明确矿山修复的地区范围,提出修复对策和措施,明确修复后的规划用途
4	其他土地	明确地质灾害隐患点的空间位置,落实需要搬迁的建设用地,确定修复利用的废弃地、荒地、盐碱地、沙地等地块,因地制宜确定其用途

③农用地综合整治（表4.46）。

表4.46 乡镇级国土空间总体规划农用地综合整治内容

序号	整治类型	具体内容
1	农用地整理	推进低效村庄建设用地的腾退与复垦，明确低效建设用地腾退后土地复垦计划，提出农村拆违方案与拆后土地综合利用的方向。推进低效林草地和园地整理、现有耕地提质改造、高标准农田建设等实施项目。以预防为主，提出土壤污染防治方案。提出各种污染源排放的控制要求，推进污染土壤农田基础设施建设项目
2	后备土地资源开发	在不破坏生态环境的前提下，慎重开发后备土地资源，因地制宜确定未利用地开发的用途和措施

④建设用地综合整治（表4.47）。

表4.47 乡镇级国土空间总体规划建设用地综合整治内容

序号	整治类型	具体内容
1	城镇建设用地	在集中建设区内对存量建设用地和低效能建设用地进行梳理，明确可更新改造区域的位置、规模、范围和功能指引
2	农村建设用地	有序开展农村宅基地优化整理，充分利用农村现状集体经营性建设用地。在村庄建设用地规划范围内，可优先将腾退的宅基地等闲散建设用地，集中用于乡村产业发展
3	增减挂钩用地	明确增减挂钩用地位置与规模，通过农村建设用地、工矿废弃地整理，解决新增城镇建设用地指标不足的问题，提高乡镇土地整体利用效率。增减挂钩项目的减量建设用地和整体搬迁村庄应纳入农用地整理复垦项目，且在实施搬迁改造之前，相应置换的城乡建设用地指标不得使用。待实施搬迁改造后，以增减挂钩、指标统筹为原则，进行布局

4. 规划强制性内容

（1）落实分解建设用地总规模、城乡建设用地规模、生态保护红线控制面积、耕地保有量及永久基本农田面积等规划指标体系中的约束性指标。

（2）生态屏障、生态廊道和生态系统保护格局，自然保护地体系的保护控制要求。

（3）生态保护红线、永久基本农田、城镇开发边界三条控制线。

（4）各类历史文化遗存的保护范围和控制要求。

（5）乡镇集中建设区范围内结构性绿地、水体等开敞空间的控制范围和均衡分布要求。

（6）城镇政策性住房和城乡文化、教育、养老、体育、卫生、社会福利等主要公共服务设施和殡葬等特殊用地的布局和建设标准。

（7）重大交通枢纽、重要线性工程网络、重要市政基础设施、地下空间、邻避设施等设施布局。

（8）防洪堤走向、城镇抗震与消防疏散通道、城镇人防设施等安全与综合防灾设施布局。

（9）红线、绿线、蓝线、紫线、黄线五条控制线的界线及管控要求。

5. 规划传导与管控

应明确规划编制传导与管控体系,划分详细规划编制单元,明确向下位规划传导的内容。确保详细规划与乡镇级国土空间总体规划有效衔接。

（1）划分详细规划的编制单元。

划分详细规划的编制单元,包括城镇单元和村庄单元。城镇单元应编制控制性详细规划,村庄单元应编制村庄规划。

乡镇集中建设区内为城镇单元,单元划分应以功能为导向,根据社区生活圈、公共服务半径以及干道、河流等自然地理界线,结合社区管理边界及近远期开发时序,研究单元划分的合理性并进行适当调整。

乡镇集中建设区外为村庄单元,以一个或若干个行政村为单位划分单元。

（2）城镇单元的传导与管控。

明确乡镇集中建设区详细规划编制单元的边界、面积、功能定位、建设用地规模,以及单元内涉及的重要公共服务设施、市政基础设施、公园绿地面积、防灾避难场所等配建标准或空间布局要求;落实"五线"等强制性内容。

（3）村庄单元的传导与管控。

乡镇级国土空间总体规划中应根据村庄等级、规模、功能等明确村庄规划编制数量和名单。村庄规划应做到应编尽编,暂时没有条件编制规划的村庄需在乡镇级国土空间总体规划中确定。按照是否单独编制村庄规划明确不同的规划管控指引要求。

①可编制村庄规划的,在乡镇级国土空间总体规划中应明确村庄规划边界、面积、功能定位、村庄人口、建设用地规模及重要设施配建标准或空间布局要求;落实生态保护红线和永久基本农田等强制性内容,划定村庄建设用地边界;梳理村庄开发建设的正负面清单,引导不同类型的村庄开发建设。

②暂时没有条件编制村庄规划的,在乡镇级国土空间总体规划的指导下,需明确村庄建设用地二级分区,明确各规划分区的范围边界与面积,提出规划分区的用途管制规则和建设管控要求,用于审批核发乡村建设规划许可。

村民生活区管控要求:明确村民建设住宅的建筑层数、建筑高度、建筑密度、建筑退让等控制要求,对建筑风格、色彩、朝向、选材等提出建设指引要求。对既有农房建设提出危房改造措施和改（扩）建农房的体量、风貌控制要求。

生产发展区管控要求:明确生产建设用地的容积率、建筑密度、建筑高度、绿地率、建筑退让等控制要求,对建筑风格、色彩、选材等提出建设指引,鼓励产业空间复合高效利用。

生活服务区管控要求:明确生活服务设施用地的建筑层数、建筑高度、建筑密度、建筑退让等控制要求,对建筑风格、色彩、朝向、选材等提出建设指引要求。

6. 规划实施

（1）分期建设。

衔接国民经济与社会发展五年规划,制订近期行动计划。同时根据不同发展时期,提出分期实施目标、重点任务和发展时序,编制重大项目清单。

需进行统筹安排的重大工程和项目,包括但不限于:水污染防治和水生态修复、重点流域水土流失治理、生物多样性保护、矿山生态修复、森林质量改善、土壤污染修复、自然保护地生态修复、地质灾害隐患点修复等生态修复重大工程;高标准农田建设工程、耕地垦造工程、建设用地复垦工程、耕地质量提升工程等农用地整治工程;城镇闲置浪费用地、老旧小区、旧工业区、城中村及城边村等低效利用空间有机更新重大工程;涉及基础设施、公共服务设施的工程和项目。

(2)实施保障。

为保障乡镇级国土空间总体规划有序实施,应明确实施的组织要求,强化政策保障,健全监督问责等配套机制,加强对规划实施的督导和考核。

7. 成果要求

成果构成:成果由法定文件和技术文件构成。

(1)法定文件。

法定文件包括规划文本、附表、图件、附件,一经审批则具有法定效力,是需要严格执行的公共政策(表4.48)。

表4.48 乡镇级国土空间总体规划法定文件内容

序号	文件类型	具体内容
1	规划文本、附表	应以法条化的格式表述规划结论,表述准确规范、简明扼要,突出强制性内容
2	图件	规划图件统一采用2000国家大地坐标系,高程基准面采用1985国家高程基准,投影系统采用高斯-克吕格投影,分带采用国家标准分带。比例尺原则要求一般乡镇域范围为1:10 000~1:50 000,乡镇集中建设区为1:1 000~1:2 000,满足上图入库要求。图件应符合相关制图规范要求,明确标示项目名称、图名、图号、比例尺、风玫瑰、图例、绘制时间、规划编制单位名称等
3	附件	包括人大审议意见、部门意见、专家论证意见、公众参与记录等

(2)技术文件。

技术文件包括规划说明、图件、数据库,有需要的乡镇还可以针对重点问题编制专题研究报告。技术文件是法定文件的基础性文件,是规划管理部门执行规划的参考文件,包括技术性内容和分析过程等(表4.49)。

表4.49 乡镇级国土空间总体规划技术文件内容

序号	文件类型	具体内容
1	规划说明	对规划文本具体说明与解释,主要阐述规划决策的编制基础、分析过程和分析结论,是配合规划文本和图件使用的重要参考
2	图件	包括管控型图件、调查型图件、示意型图件三类
3	数据库	上报审批成果要求参照《市级国土空间总体规划数据库规范》和《黑龙江省县级国土空间总体规划数据库规范》执行

154

8. 图表目录

（1）附表。

指标内容与《市级国土空间总体规划编制指南（试行）》衔接一致，为保障规划指标传导，指标体系应以自然资源部颁布的正式指南为准。各乡镇可因地制宜增加相应指标。按指标确定方式分为传导指标、审核指标。传导指标由上层规划确定，在乡镇级国土空间总体规划中严格落实；审核指标由乡镇级国土空间总体规划根据上层规划及规范要求结合乡镇实际合理提出，由审批部门审核确定。乡镇级国土空间总体规划指标体系表见表4.50。

表 4.50　乡镇级国土空间总体规划指标体系表

编号	指标项	基期年	2025 年	2035 年	指标层级	指标属性	备注
一、空间底线							
1	生态保护红线面积/万 m²				乡镇域	约束性	传导
2	用水总量/万 m³				乡镇域	约束性	传导
3	永久基本农田保护面积/万 m²				乡镇域	约束性	传导
4	耕地保有量/万 m²				乡镇域	约束性	传导
5	建设用地总面积/万 m²				乡镇域	约束性	传导
6	城乡建设用地面积/万 m²				乡镇域	约束性	传导
7	林地保有量/万 m²				乡镇域	约束性	传导
8	基本草原面积/万 m²				乡镇域	约束性	传导
9	湿地面积/万 m²				乡镇域	约束性	传导
二、空间结构与效率							
10	常住人口规模/人				乡镇域/乡镇政府驻地	预期性	传导
11	常住人口城镇化率/%				乡镇域	预期性	审核
12	人均城镇建设用地面积/m²				乡镇政府驻地	约束性	传导
13	人均应急避难场所面积/m²				乡镇政府驻地	预期性	审核
14	道路网密度/(km·km⁻²)				乡镇政府驻地	约束性	审核
三、空间品质							
15	公园绿地、广场步行5分钟覆盖率/%				乡镇政府驻地	约束性	审核
16	卫生、养老、教育、文化、体育等社区公共服务设施15分钟步行可达覆盖率/%				乡镇政府驻地	预期性	审核
17	人均住房面积/m²				乡镇域	预期性	审核
18	每千名老年人养老床位数/张				乡镇域	预期性	审核

编号	指标项	基期年	2025年	2035年	指标层级	指标属性	备注
19	每千人口医疗卫生机构床位数/张				乡镇域	预期性	审核
20	人均体育用地面积/m²				乡镇政府驻地	预期性	审核
21	人均公园绿地与开敞空间面积/m²				乡镇政府驻地	预期性	审核
22	城镇生活垃圾回收利用率/%				乡镇政府驻地	预期性	审核
23	农村生活垃圾处理率/%				乡镇域	预期性	审核

(2)图件。

编制乡镇级国土空间总体规划必选图件10张。各乡镇可根据实际需要和规划特色合并或取舍相关图纸,也可增设其他附图或将相关内容拆分表达。规划图件主要分为管控型图件、调查型图件、示意型图件。乡镇级国土空间总体规划图纸说明见表4.51。

表4.51 乡镇级国土空间总体规划图纸说明

序号	图纸名称	主要内容
		管控型图件
1	乡镇域国土空间规划分区图	图纸主要图面要素包括集中建设区、村庄建设区等。原则上,生态保护区、城镇发展区、农田保护区三部分空间互相不重叠
2	乡镇域国土空间控制线规划图	在上位规划划定的三条控制线基础上,进行深化和细化
3	乡镇域国土空间用途规划图	农用地、建设用地、其他用地等各类用地规划用途,生态、农业、建设空间布局等内容
4	乡镇域生态修复和综合整治规划图	标明山水林田湖草系统修复、国土综合整治、矿山生态修复等重点区域和重大项目等内容
4	乡镇域历史文化保护规划图	各类历史文化遗存的保护范围和要求;表达各类历史文化遗产的位置与类型,历史文化保护线
6	乡镇域综合交通规划图	标明乡镇域范围内高速铁路、铁路客运站、高速公路(含城市快速路)等重大交通设施廊道空间分布,交通廊道规划用地的管控范围及互通式立交位置。标明镇域范围内轨道线路走廊及场站设施布局。标明镇域的公路等级,标明各等级城镇道路。标明机场、客运枢纽、货运枢纽、公路附属设施等要素。标明全区公交枢纽、公交场站、公共停车场、换乘停车场、加油充电站的空间分布
7	乡镇域基础设施规划图	在图面明确镇域内现状和规划的各类设施。在镇域范围不能体现用地的设施,应通过设置图例表述,并与文本的配套建设要求相对应

续表

序号	图纸名称	主要内容
8	乡镇域村庄单元规划管控指引图	明确村庄规划编制范围,标示编制村庄规划和暂时没有条件编制规划的村庄单元
9	乡镇域村庄发展与布局规划图	表示乡镇域镇村发展布局结构和村庄居民点体系等级结构,标明乡镇政府驻地、乡镇其他组团和各级村庄,明确村庄类型,明确村庄的主体功能、建设用地规模、人口规模、各类设施配置内容、产业类型和布局等
10	乡镇政府驻地土地使用规划图	表达乡镇政府驻地规划建设范围、各类城乡建设用地规划布局
11	乡镇政府驻地绿地系统和开敞空间规划图	确定乡镇政府驻地绿地网络系统结构,标明重要的绿地节点和轴带,标明公园绿地、防护绿地、广场、附属绿地等
12	乡镇政府驻地道路交通规划图	确定乡镇政府驻地道路交通系统布局,标明乡镇政府驻地范围内主干路、干路、支路等的走向、断面、名称、主要交叉口形式,明确站场、码头、公交场站、公共停车场及其他交通附属设施的位置与范围
13	乡镇政府驻地公共服务设施体系规划图	公共服务设施可在用地三级分类基础上结合实际进行细化。教育设施包括基础教育设施、特殊教育设施、中等专业学校以及高等院校等;医疗卫生设施包括综合医院、中医医院、专科医院、康复医院、护理院,以及疾病预防控制中心、急救分中心等;文化设施包含区级、镇级设施;体育设施包括体育场馆以及训练场等;社会福利设施包括为老年人、残疾人、儿童提供福利的设施等。添加设施名称的属性字段,在图面用图例或文字分别标明现状与规划设施用地
14	乡镇政府驻地市政基础设施和综合防灾减灾规划图	基础设施规划的图面表达包括雨水设施、污水设施、供水设施、供电设施、供热设施、燃气设施、电信基础设施、有线电视基础设施、环卫设施等内容,并标明联通相应设施的主管网。综合防灾图纸表达包括防洪工程、消防工程、抗震工程,可以包括但不仅限于地质灾害、危险品储存和运输、气象灾害等
15	乡镇政府驻地历史文化保护规划图	各类历史文化遗存的保护范围和要求;表达各类历史文化遗产的位置与类型
16	乡镇政府驻地"五线"规划图	划定"五条控制线",明确各控制线管控范围
	调查型图件	

续表

序号	图纸名称	主要内容
17	乡镇域国土空间用地现状图	乡镇范围内农用地、建设用地、其他用地等各类用地现状；重要公共服务设施和基础设施的位置、线路、等级；铁路、公路、山体河流、自然保护地、自然资源分布等内容
18	乡镇域综合交通及区域基础设施现状图	表达乡镇域内现有的交通网络和设施，表明公交线路及公交站点；表明水利能源、给水排水、电力电信、供热燃气、殡葬、环卫等现状基础设施及主要干线走向；明确现有重大交通与基础设施廊道空间等内容
19	乡镇政府驻地国土空间用地现状图	表达乡镇政府驻地内各类城乡建设用地的现状；重要公共服务设施和基础设施的位置、线路、等级；铁路、公路、山体、河流等现状要素等内容
		示意型图件
20	区位图	表达乡镇所在位置、周边交通状况、与周边地区相互关系等内容
21	乡镇域国土空间总体格局图	表示乡镇空间发展格局，标绘村镇发展轴带、重要节点等要素
22	乡镇域城乡生活圈及公共服务设施	表达乡镇社区生活服务圈规划配置体系要求，落位大型公共服务设施布局
23	乡镇域景观风貌规划图	表达全域自然、农业、人文景观风貌分区及重要节点等内容
24	乡镇域产业发展与布局规划图	表示乡镇重点发展产业及产业集聚区等空间布局
25	乡镇域增减挂钩实施引导图	表达乡镇剩余资源和减量的城乡建设用地分布，增减挂钩的新增建设用地分布
26	近期实施项目规划图	表达近期实施年度计划及各项分期实施项目的空间布局

9. 成果审批

（1）审查、审议。

规划成果应先由组织编制机关采取论证会、听证会或者其他方式征求专家和公众的意见，并由县（区）人民政府组织初审，通过审查论证的规划成果由组织编制机关予以公示，公示的时间不得少于三十个自然日。规划成果公示后由乡镇人民代表大会审议通过，无本级人民代表大会及区人大街道工作委员会的街道可由上级人民代表大会常务委员会审议或由街道办事处召集本街道人大代表审议。

（2）规划报批。

规划成果由县（区）人民政府上报市人民政府批准。

（3）成果公告、备案。

规划自批准之日起三十个自然日内,在符合国家保密管理和地图管理等有关规定的基础上,由组织编制主体在乡镇进行公布,相应县(区)人民政府以网络媒体等方式向社会公告。同时,由组织编制主体将规划成果逐级报送至省自然资源厅备案。

（4）公众参与。

乡镇级国土空间总体规划编制公众应全程参与。基础分析阶段,应广泛听取公众意见;规划编制阶段,应及时征求公众意见;规划获批后,应及时公布并接受社会监督。

10. 乡镇级国土空间总体规划案例

以典型的北方城镇的《××镇国土空间总体规划(2021—2035 年)》作为乡镇级国土空间总体规划的案例。《××镇国土空间总体规划(2021—2035 年)》的提纲见表 4.52。

表 4.52　《××镇国土空间总体规划(2021—2035 年)》的提纲

	文本	图纸	专题报告
1. 规划基础与现状分析	1.1 城镇基本情况		
	1.2 基数和底图	乡镇域国土空间用地现状图、乡镇域综合交通及区域基础设施现状图、乡镇政府驻地国土空间用地现状图	
	1.3 现状评估、灾害和风险评估、规划实施评估		
	1.4 资源环境承载能力和国土空间开发适宜性评价		"双评价"专题
2. 目标与战略	2.1 发展定位		
	2.2 发展目标		
	2.3 发展战略		
	2.4 指标体系		
	2.5 发展规模		

续表

文本			图纸	专题报告
3. 国土空间格局	3.1 总体空间格局			
	3.2 产业发展格局			
	3.3 居民点体系	3.3.1 居民点体系空间结构规划		居民点体系专题
		3.3.2 居民点体系等级规模结构规划		
		3.3.3 居民点体系职能结构规划		
	3.4 村庄分类及发展指引		乡镇域村庄发展与布局规划图	
4. 规划分区与控制线落实			乡镇域国土空间规划分区图、乡镇域国土空间控制线规划图	
5. 国土空间用地结构与布局优化				
6. 基础保障体系	6.1 综合交通规划		乡镇域综合交通规划图	
	6.2 公共服务设施规划			
	6.3 基础设施规划		乡镇域基础设施规划图	
	6.4 安全防灾设施规划			
7. 历史文化与地方特色风貌	7.1 全域景观风貌体系		乡镇域历史文化保护规划图	历史文化与地方特色风貌专题
	7.2 乡村风貌管控			
	7.3 镇政府驻地风貌管控		乡镇政府驻地历史文化保护规划图	

续表

	文本		图纸	专题报告
8. 乡镇政府驻地用地布局	8.1 发展方向			
	8.2 镇政府驻地发展规模			
	8.3 用地结构和布局	8.3.1 空间结构		
		8.3.2 用地布局	乡镇政府驻地土地使用规划图	
	8.4 道路交通规划		乡镇政府驻地道路交通规划图	
	8.5 住房建设和人居环境保障	8.5.1 住房保障		
		8.5.2 服务功能优化		
	8.6 公共服务设施规划		乡镇政府驻地公共服务设施体系规划图	
	8.7 绿地与开敞空间用地布局		乡镇政府驻地绿地系统和开敞空间规划图	
	8.8 市政基础设施及安全防灾设施规划		乡镇政府驻地市政基础设施和综合防灾减灾规划图	
	8.9 "五线"管控与战略留白	8.9.1 "五线"管控	乡镇政府驻地"五线"规划图	
		8.9.2 战略留白		
9. 生态修复与国土综合整治	9.1 生态修复		乡镇域生态修复和综合整治规划图	生态修复专题
	9.2 农用地综合整治		乡镇域增减挂钩实施引导图	
	9.3 建设用地综合整治			
10. 规划传导与实施	10.1 落实县级国土空间总体规划要求			规划传导与实施专题
	10.2 划分详细规划编制单元			
	10.3 城镇单元的传导与管控			
	10.4 村庄单元的传导与管控		乡镇域村庄单元规划管控指引图	
	10.5 规划实施			

第5章　国土空间规划的技术工具与方法

技术工具与方法是国土空间规划的基础,调查勘测、系统评价、预测分析、空间分析和系统制图是开展国土空间规划的前提,在此基础上运用土地信息技术和遥感技术,实现空间决策支持及数据分析是国土空间规划达到准确、翔实目的的必要手段,将各阶段、各级工作成果以"一张图"和与之相关的管理信息平台建设相结合,是国土空间体系规范化和标准化的保障。

5.1　国土空间规划的基础方法

5.1.1　调查勘测方法

1. 调查勘测的主要类型

各级各类现状情况调查、分析研究是各类空间规划工作最基础的步骤。在国土空间规划战略及体系规划中,同样要对开发利用现状信息资料进行分析和研究。国土空间规划量大面广,涉及土地、城市、乡村、田野等各类空间及社会、政治、经济等多个领域,调查勘测主要包括以下类型,见表5.1。

表5.1　调查勘测类型表

序号	类型	内容
1	工程勘测	航片判读调绘、遥感图像识别、工程测绘
2	国土调查	分布数量、权属、利用结构、现状问题调查
3	资源调查	山水林田湖草沙等自然资源的调查
4	在野调查	生态环境、农业环境、水体现状等野外踏查与评测
5	人居环境调查	城镇、乡村各级各类人居空间人口、交通网络、生产力布局与经济环境等的调查

2. 国土资源信息调查

国土资源信息调查包括内容、来源和使用方式三个方面的工作。

（1）国土资源信息调查的内容见表5.2。

表5.2　国土资源信息调查的内容

序号	分类	内容
1	国土文字信息	调查与收集规划区内国土资源的种类、数量、质量、规模、分布、组合、结构数据与信息。收集规划区周边地区及评价区域的上一级行政区域的国土资源特征及开发利用保护现状数据和信息。收集与调查规划区国土资源开发利用保护历史与现状资料。收集规划区的经济社会发展状况资料。收集规划区国土资源及其开发利用保护的科学研究成果档案资料。收集国内外国土资源开发利用比较成功的国家和地区国土资源开发利用的研究成果及经验数据资料。收集与调查各类国土资源的开发利用保护规划、实施效果和各种国土资源调查评价报告等
2	国土图像信息	图像信息包括遥感图像,如航空相片、卫星图片以及各种地图。彩色航空相片,可用于国家和区域制订综合的国土资源开发利用保护规划,还可以用于各种专项的国土空间整治规划,同时还可以被利用于探测地壳变动,判断森林、水体等各种资源的数量消长,发现淹没迹地等,或是地形、地质、土壤、土地利用及其他有关国土空间基础调查研究的重要资料。地图可划分为综合地图和专题地图,其中专题地图是指对特定主题有突出表现的地图,有主要以自然条件为对象的,如水文地质、地形分类、植被、湖沼图等;有主要以人文条件为对象的,如地籍图、行政区划图、道路图、工业分布图等。自然与经济社会相关的图,如土地分级图、土地利用图等
3	国土数值信息	国土数值信息包括表示位置的坐标资料与具有特定网格属性的网格资料。它是将地形、地质、土壤、高程、土地利用现状、流域、铁路与道路、湖泊与海岸线、行政界线及重大工程、公共设施等有关信息,通过网格或坐标的形式,存储于纸、光盘、磁盘等相关媒介中形成的。网格信息作为表示位置数值化的方法,原则上采用经纬线将地区分为网格状的"标准区域网格"。标准网格是按大体等形、等积进行划分的。网格的大小是由区域的特点、研究工作的深度及精度所决定的。坐标信息包括重大工程、公共设施等点状信息,以及海岸线、行政界线、河川、道路等线状信息

（2）国土资源信息的来源。

国土资源信息的来源丰富,类型多样,具体内容见表5.3。

表5.3　国土资源信息的来源

序号	来源	类型
1	政府部门的数据档案	统计年鉴、经济发展年鉴、环境统计年鉴、城市统计年鉴、国土资源开发利用保护及经济社会发展计划、工作总结、研究报告等
2	各部门、各行业规划资料	土地利用规划、矿产开发利用规划、农业发展规划、农业区划、林业发展规划、水资源开发利用规划、旅游发展规划、环境整治规划等

续表

序号	来源	类型
3	典型调查勘测资料	城乡居民收入调查、人口普查、国土资源大调查、耕地普查等，也可以是各行业、科研部门和企事业单位组织的调查勘测资料
4	地图和遥感资料	地质图、地形图、矿产资源图、土壤图、水资源分布图、土地利用现状图、航空相片、卫星图像等
5	各类政策法规资料	各级权力机构的法令、法规、政策、政府工作报告等

（3）国土资源信息的使用方式。

国土空间规划阶段的国土资源信息获取，不应采取实地调查、实时监测、测绘勘探等一切从零开始的手段进行，而应主要采取收集、汇总、分析各有关部门、行业、单位和个人的调查研究成果的方式进行。但是，对于国土空间规划的底线控制指标，必须采取实地调查勘测的方法进行落地。例如，永久基本农田划定，就需要应用土地利用现状调查成果，建立已有基本农田划定成果与土地利用现状调查成果的对应关系，将基本农田保护专题信息落到土地利用现状调查成果上，由基本农田划定部门进行核实、认定；依据土地利用总体规划成果，确定拟调出、调入的地块，并到实地察看定界，应用农用地分等成果，核实拟调出、调入基本农田的空间位置、数量、质量等级、地类等现状信息。

5.1.2 系统评价方法

1. 概述

（1）国土空间规划的技术要求。

在原规划体系下，城乡、主体功能区和生态功能区等不同的规划由不同的部门负责编制，经常出现规划目标相抵触、内容相矛盾等问题。对于"多规"衔接复杂、部门协调困难、规划立法薄弱等难题，随着国家机构改革方案的颁布、自然资源部的成立，一系列新规的落实指引规划行业朝变更与发展的新方向迈进，规划学科正在经历前所未有的由传统工程学科向新型交叉学科、由单一主导向多规合一、由面状规划向空间规划转变的变革期。

在国家空间规划体系改革和规划管理机构调整的背景下，进行国土空间规划基础知识教育，有助于了解学科发展的动态和方向，且俨然已成为相关学科教育的刚性需求。

学科发展带来了知识体系上的一系列变更，传统的城市规划已经不能满足当下以生态文明建设为主导的空间规划需求，规划类教育体系需要顺应时代的发展进行相应的调整与革新；规划类学科应当以学科知识体系的更新为基础拓展学科边界，在课程中渗透学科交叉的范畴。接受多元化的背景知识教育，有助于拓宽学术眼界，丰富知识储备。行业的变革将不止于学术，还将逐步渗透到社会各个层面。

（2）技术评价体系的重要作用与意义。

从规划层级体系来说，以前主体功能区规划、城市规划、土地利用规划、乡村规划和各类专项规划等均涉及国土空间规划内容，而新的国土空间规划体系将其全部整合为统一的国土空间规划,分为全国、省、市、县、乡镇五级,真正建立了从全国到省、市、县、乡镇国土空间规划管控的完整规划体系。

《省级国土空间规划编制指南》(试行)和《市级国土空间总体规划编制指南(试行)》对国土空间规划评价体系不同层级适用的评价方法做出了详细的分类和说明,这些不同的评价方法共同完善了国土空间规划评价体系。评价体系是国土空间规划的重要环节,是优化国土空间开发格局、合理布局建设空间的依据,也是对国土空间规划成果的支撑和预判。

(3)国土空间规划评价体系的主要内容。

省级国土空间规划评价体系包括三个方面的评价分析:生态功能重要性评价、农业功能适宜性评价和城镇建设适宜性评价;市级国土空间规划评价体系包括三项,其中资源环境承载能力评价和国土开发适宜性评价属于国土空间规划"双评价"的范畴,另外还包括灾害风险评估。

国土空间规划评价流程内容解析如图 5.1 所示。

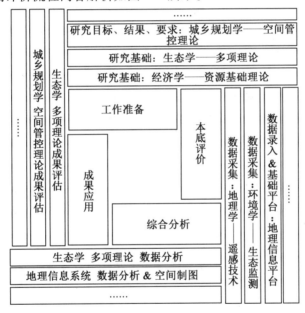

图 5.1　国土空间规划评价流程内容解析

2. 省级国土空间规划的评价方法

通过资源环境承载能力和国土空间开发适宜性评价,分析区域资源环境禀赋特点,识别省域重要生态系统,明确生态功能极重要和极脆弱区域,提出农业生产、城镇发展的承载规模和适宜空间。具体评价方法及评估流程详见市级国土空间规划评价技术。

(1)生态功能重要性评价。

①主要内容。

国土空间的生态功能指生态系统与生态过程形成的、维持人类生存的自然条件及其效用,包括气候调节、水调节、土壤保持等。生态功能重要性指生态系统在发挥这些功能时的重要程度。生态功能重要性评价为全域评价,从生态保护底线、生态系统服务重要性、生态敏感性和生态修复必要性四个方面评价生态功能重要性。其中,生态保护底线是生态功能重要性最高等级,而生态系统服务重要性、生态敏感性和生态修复必要性则根据其程度进行重要性的评价。

②作用与适用范围。

生态功能重要性评价是对自然生境做出评价、实施措施的重要依据,是国土空间规划对生态系统与生态过程演进所做出的重要回应,对于构建景观生态安全格局、维持用地平衡、协调公共发展与自然关系有着重要的意义和作用。

（2）农业功能适宜性评价。

①主要内容。

国土空间的农业功能是指以土地资源为生产对象,培育动植物产品,从而生产食品及工业原料的一种功能。农业功能适宜性指农业空间构建过程中不同土地用于农业生产功能的适合程度。农业功能适宜性评价是指农业生产适宜性,重点对耕地、园地、牧草地和其他适合农业种植业生产的土地利用类型,考虑其现状土地利用情况及对农业耕作的适宜程度,再结合土壤污染、土层厚度、障碍层、坡度等对农业耕作的限制程度进行评价。最终,将全域国土空间划分为农业功能适宜、较适宜、较不适宜、不适宜四个等级。

②作用与适用范围。

农业功能适宜性评价最重要的意义在于在农业生产中协调环境与经济二者的平衡,对于农业面源污染治理、发展模式探索、问题及对策、政策体系构建等具有支撑和预判作用,对于农业发展与城市建设之间关联性的探索也有着重要的意义。

（3）城镇建设适宜性评价。

①主要内容。

城镇建设适宜性指土地用于建设开发的适合程度。城镇建设适宜性为全域评价,主要从地形坡度、生态敏感性、岩土稳定性、矿山占用、地质灾害等方面考虑城镇开发建设的自然适宜性。

②作用与适用范围。

城镇建设适宜性评价最终目的是服务于城市发展中最关键一环的城镇化建设,区分城市范围内不同区域的城镇建设适宜性等级,打造五位一体战略布局,落实绿色、共享、创新、协调和开放的发展理念。

（4）案例:广东省实践。

以广东省为例介绍实践经验,结合广东省资源环境本底特征,落实国家重大战略,明确省域重点区域的引导方向和协调机制,综合考虑数据可获取性,精选指标,构建广东省指标体系。

在生态功能重要性评价方面,生态系统服务重要性评价采用水源涵养、水土保持、生物多样性维护和海岸防护等指标,不采用防风固沙指标;农业功能适宜性评价采用土地资源、水资源、土壤环境、光热资源和气象灾害等指标,不采用盐渍化指标,同时在土地资源和气象灾害指标评价中增加考虑石漠化地区土层厚度、沿海地区台风灾害危险性的影响;城镇建设适宜性评价采用土地资源、水资源、气候舒适度、环境、地质灾害危险性和区位优势度等指标,在环境指标中增加放射性偏高场所的影响。

3. 市级国土空间规划的评价方法

市级国土空间总体规划要体现综合性、战略性、协调性、基础性和约束性,落实和深化上位规划要求,为编制下位国土空间总体规划、详细规划、相关专项规划和开展各类开发保护建设活动、实施国土空间用途管制提供基本依据。

(1)资源环境承载能力评价。

①基本概念与意义。

资源环境承载能力探讨的是人类及其社会经济活动与资源环境协调发展的关系。资源环境承载能力源于早期生态学领域所提出的承载力概念,逐渐演变为反映资源环境本底和经济社会活动间交互程度的科学度量概念。资源环境承载能力泛指在自然环境和生态系统不受危害的前提下,一定地域空间的资源禀赋和环境容量所能承载的人口与经济规模;也可以将资源环境承载能力理解为基于一定发展阶段、经济技术水平和生产、生活方式,一定地域范围内资源环境要素能够支撑的农业生产、城镇建设等人类活动的最大规模。开展资源环境承载能力评价具有三个方面的重要意义(表5.4)。

表5.4　资源环境承载能力评价的重要意义

序号	重要意义	具体内容
1	优化国土空间开发格局和协调"三生空间"的现实需要	控制区域国土开发强度,调整空间功能布局结构,促进生产空间集约高效、生活空间宜居适度、生态空间山清水秀,亟须以资源环境承载能力评价为依据,对国土空间进行分区分类管理,并严格加强用途管制
2	主体功能区规划编制和空间用途管制的必要前提	主体功能区规划明确将国土空间划分为不同的分区,不同主体功能区资源环境承载能力的差异使得其国土空间用途、开发利用与保护方式各异;同时,划定生产、生活、生态空间开发管制界限,落实用途管制,明确资源环境承载能力与国土空间开发保护的关系,以承载能力相应指标的监测作为国土空间用途管制的基础与依据
3	建立国土空间规划体系的重要基础	国土空间规划体系是全域全要素的综合性空间规划,需要从空间层面上对地区产业、人口等要素的集聚特征,以及资源环境要素的整合效应进行综合把控,必须将资源环境承载能力评价作为规划编制的重要基础

②评价内容。

根据资源环境承载主体的涵盖范围划分,可将承载能力评价分为两类:一类是以某一具体的自然要素作为研究对象,即单要素承载能力评价,主要包括土地、水、环境、生态等;另一类则是从要素整合的角度出发进行的综合承载能力评价,如区域承载力等。资源环境承载能力具有地域性、限制性、外部性、非线性和不确定性等显著特征,且越来越强调综合性与系统性。

如今,资源环境承载能力评价已不再是仅仅关注某一单项资源或单一环境要素约束的可承载水平,而是强调人类发展对区域资源开发与利用、生态退化与破坏、环境损益与污染等多维度的综合影响,即对资源环境承载能力的综合评估与集成评估。

③评价原理。

资源环境承载能力评价旨在衡量区域资源环境本底条件对人类特定生产、生活的承载水平,其科学基础一方面在于资源可得性、最大持续产量与资源支持力;另一方面则是环境容量、环境吸收或同化能力,以及环境支撑力。资源环境承载能力评价将经济社会同人口、资源、生态环境予以集成,探索经济社会与资源环境要素间的相互作用机理,建立要素间的定量关系。

资源环境承载能力评价的核心内容之一在于评价指标体系构建。科学、合理的资源环境承载能力评价指标体系,不仅应涵盖特定区域经济社会、自然环境、资源生态系统中诸多要素的现状,还可以在时间和空间维度上进行比较,反映区域环境承载能力的变化状况,以辅助决策。国际学界和诸多机构都提出了具有代表性的评价体系,其中最具影响力的是联合国环境规划署所提出的集合驱动力(Driving)、压力(Pressure)、状态(State)、影响(Impact)和响应(Response)五大概念框架的 DPSIR 模型。同时,基于评价指标体系研发评价模型亦是资源环境承载能力评价的重要方面,当前较为常用的方法理论包括多要素叠置分析法、比较法、短板原理法(表5.5)等。

表5.5　资源环境承载能力评价方法

序号	方法	内容
1	多要素叠置分析法	基于一系列评价指标,通过数学模型处理和指标加权,展开叠置分析,最终得出一个表征资源环境承载能力水平的综合指数
2	比较法	首先选定一个资源环境承载状态合理的区域,然后将研究区域的各项指标与其对比,从而评价研究区的承载情况
3	短板原理法	依据短板效应,区域综合承载能力水平最终取决于对经济社会发展具有"瓶颈"作用的制约因素,在计算出各个单因素承载能力后,取各单因子最小值作为最终的综合承载能力水平

④评价流程与方法。

资源环境承载能力评价侧重于区域综合承载能力评价,即在多要素单项评价的基础上,运用空间叠加、线性加权等方法展开资源环境承载能力集成评价(表5.6)。

表5.6　资源环境承载能力评价流程与方法

序号	方法	内容
1	资源环境要素单项评价	按照评价对象和尺度差异遴选评价指标,对土地资源、水资源、环境、生态和灾害五类自然要素进行单项评价,并针对不同功能指向与评价层级分别构建相应的评价指标与方法。具体而言,土地资源评价涵盖坡度、高程、土壤质地等指标,以农业生产和城镇建设为功能指向;水资源评价涵盖降水量、水资源可利用量等水资源丰度指标,以农业生产和城镇建设为功能指向;环境评价涵盖土壤、大气和水环境容量等指标,以农业生产和城镇建设为功能指向;生态评价涵盖生态系统服务功能重要性、生态敏感性和盐渍化敏感性等指标,以生态保护和农业生产为功能指向;灾害评价涵盖气象灾害、地质灾害和风暴潮灾害危险性等指标,以农业生产和城镇建设为功能指向

续表

序号	方法	内容
2	资源环境承载能力集成评价	基于资源环境要素单项评价的分级结果,根据生态保护、农业生产、城镇建设三个方面的差异化要求,综合划分生态指向的生态保护等级以及农业、城镇指向的承载能力等级,表征国土空间的自然本底条件对人类生活生产活动的综合支撑能力;承载能力等级按取值由低到高划分为一级、二级、三级、四级、五级等若干不同的等级

（2）国土空间开发适宜性评价。

①基本概念与意义。

所谓国土空间开发适宜性,是指在资源环境承载能力评价的基础上,在维系生态系统健康可持续的前提下,综合考虑资源环境要素、区位条件及经济社会发展情况等,判定具体国土空间进行农业生产、城镇建设等人类活动的适宜程度。我们也可以将国土空间开发适宜性评价理解为依据国土空间的自然、生态和社会经济属性,评价国土空间对预定功能用途的适宜与否、适宜程度以及限制状况。

国土空间开发适宜性反映了人类对国土空间的开发和建设用地的占用,强调以土地空间承载的多宜性来满足人类对国土空间开发的多样化、多层次需求,主要包括三个方面的内涵（表 5.7）。

表 5.7　国土空间开发适宜性评价的内涵

序号	内涵	内容
1	人类发展	城镇建设空间的选址应在自然条件良好、避开灾害风险的稳定区域,以保障人类安全与发展需要
2	粮食保障与经济效率	在保障粮食供应等人类生活基本需要的同时,形成高效、有序的经济空间组织形态
3	生态安全	要求各类开发建设活动需与自然生态、资源环境本底条件相协调,维护生态系统服务功能并实现可持续发展。以国土空间开发适宜性评价为基础,实施国土空间用途管制并进行"三区三线"等区界的划定,这是国土空间规划编制的核心内容之一。国土空间开发适宜性评价是优化国土空间开发格局,合理布局农业、生态与建设空间的基础和依据

②评价方法。

国土空间开发适宜性评价是面向国土空间用途管制的综合评价,鉴于此,国土空间开发适宜性评价具有空间尺度大、评价目标多两大特点。首先,国土空间开发适宜性评价往往以行政区全域为评价范围,涉及国家、省域、市域等大尺度空间,侧重于宏观尺度的评价;其次,国土空间开发适宜性评价是一种多维度、多目标的技术手段,是集成建设用地适宜性评价、农业用地适宜性评价、生态适宜性评价等多功能用途的全域国土空间的综合性评价。开展国土空间开发适宜性评价需先进行土地资源、水资源、环境、生态以及灾害等自然要素单项评价,以确定农业、城镇和生态等不同适宜功能的承载等级,并划分各功能的备选区域,然后综合各修正因素以确定不同的适宜性等级。

国土空间开发适宜性评价旨在衡量国土空间对支撑人类生产、生活的适宜程度,同样基于指标选取和模型构建。一方面,国土空间开发适宜性指标体系具有综合性、多维度、系统性等特征;另一方面,随着地理信息系统(GIS)技术、人工智能算法等新兴模型方法的引入,国土空间开发适宜性评价方法呈现出多元化特征。国土空间开发适宜性评价内容见表5.8。

表5.8　国土空间开发适宜性评价内容

序号	评价方面	内容
1	生态保护重要性评价	开展生态系统服务功能重要性评价、生态敏感性评价,集成得到生态保护重要性,划分为极重要、重要、一般等不同等级。生物多样性维护、水源涵养、水土保持、防风固沙、海岸防护等生态系统服务功能越重要,或水土流失、石漠化、土地沙化、海岸侵蚀等生态敏感性越高,且生态系统完整性越好、生态廊道的连通性越好的区域,其生态保护的重要性等级越高
2	农业生产适宜性评价	开展农业生产的土地资源、水资源、气候、环境、生态、灾害等单项评价,集成得到农业生产适宜性,分为适宜、一般适宜、不适宜等不同等级。地势越平坦,水资源丰度越高,光热越充足,土壤环境容量越高,气象灾害风险越低,且地块规模和连片程度越高的区域,其农业生产适宜性的等级越高
3	城镇建设适宜性评价	开展城镇建设功能指向的土地资源、水资源、气候、环境、灾害、区位等单项评价,集成得到城镇建设适宜性,划分为适宜、一般适宜、不适宜等不同等级。地势越平缓,水资源越丰富,水气环境容量越高,人居环境条件越好,自然灾害风险越低,且地块规模和集中程度越高,地理及交通区位条件越好的区域,其城镇建设适宜性的等级越高

应该注意的是,资源环境承载能力评价、国土空间开发适宜性评价都不可能也不应该作为"精确科学",其更重要的价值是作为一种我们必须尊重自然环境、追求空间适宜可持续用途的规划理念,其评价结果可以作为国土空间布局的重要参考,而不是僵化、固化的最终结论。

(3)"双评价"之间的内在关联。

"双评价"之间密不可分,既有价值取向的双向性,又有逻辑间的关联性。"双评价"技术流程图如图5.2所示。

①"双评价"的差异性。

从发展定位、管理取向和评价结果等方面来看,"双评价"之间存在着较大的差异性(表5.9)。

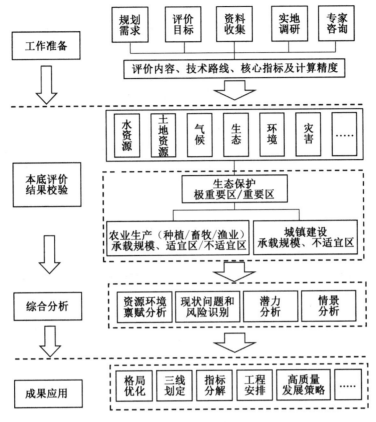

图 5.2 "双评价"技术流程图

表 5.9 "双评价"的差异性比较

评价类型	战略定位	管理导向	空间治理	出口指向
	约束性	严格调控	空间保护	数量规模
资源环境承载能力评价	优先关注的是"承载能力的超载""超限""高压力""红色预警"等	承载能力状态好坏是判断管理政策是否需要干预的晴雨表,评价结果侧重于为"政策调控"做依据	宏观上反推国土空间规划对部分"高承载"区域进行空间保护;微观上为管理部门提供线索,调整治理时序	以数量规模为评价出口,通过分析资源环境各因子的量化数据,筛查出短板要素,对国土空间开发利用格局形成规模约束

续表

评价类型	战略定位	管理导向	空间治理	出口指向
	发展性	积极引导	空间开发	空间布局
国土空间开发适宜性评价	优先关注的是适宜区,重在辨识某项开发活动最具潜力的区域	适宜性大小是判断空间综合功能效用是否可以发挥到最大的标准,评价结果可引导国土空间规划的合理布局	宏观上探索高效、有序的经济空间组织形态和空间结构;微观上考虑地区发展模式与管理成本收益,深入认知区域开发的综合效益	以空间布局为评价出口。通过应用评价结果,划定"三区三线",对国土空间开发利用格局形成空间约束

②"双评价"的关联性。

"双评价"在国土空间规划体系中被并列提及,说明"双评价"之间存在着密切的关联(表5.10)。

表5.10 "双评价"的关联性分析

国土空间规划的决策作用	国土空间规划的实践内容	国土空间规划的编制过程
先后关系	并列关系	辩证统一关系
资源环境承载能力评价为国土空间规划实施提供基础判断,可以说是国土空间规划开展的"决策基础";国土空间开发适宜性评价为国土空间规划实施奠定深层的引导,可以说是国土空间规划的"决策引领"	《中共中央 国务院关于加快推进生态文明建设的意见》提出了"树立底线思维,设定并严守资源消耗上限、环境质量底线、生态保护红线,将各类开发活动限制在资源环境承载能力之内",其中三大任务需要"双评价"分别实现,因此二者之间存在并列关系	矛盾关系表现在现状与理想潜能本身存在矛盾关系:承载能力评价侧重阐述开发的现存状态;适宜性评价侧重阐述开发的理想潜能。统一关系表现在两者缺一不可:国土空间规划本质在于区域空间要素的重构,离不开对现状的参考,也离不开对理想潜能的预测

(4)案例:长沙市国土空间规划"双评价"。

面对近年来经济快速发展带来的生态环境和资源问题,长沙市以摸清国土空间自然资源本底、为国土空间规划提供依据为目的,对"双评价"开展了探索。从查找问题和短板、确定空间开发保护格局、确定开发规模和空间、划定生态控制线及打造高品质生态空间等方面探索了"双评价"在国土空间规划中的应用。

首先,构建评价模型的基本框架,"双评价"技术路径如图5.3所示。其次,构建指标体系。根据地方适宜性、数据可获得性、典型代表性与科学性等原则进行调整,针对三个不同的功能指向选取具有代表性的指标。再次,分析评价结果。生态重要性区域占比较高,呈"两屏多点"的结构;农业开发适宜度较高,呈"一区多片"的结构;城镇开发适宜程度较高,呈"一区两翼"的空间形态。最后,充分发挥"双评价"结果在长沙市国土空间规划中的指导作用。

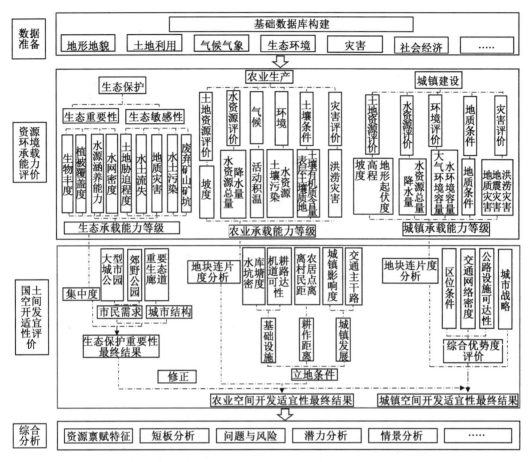

图 5.3　"双评价"技术路径

（5）灾害评价。

灾害评价主要表征区域灾害对农业生产和城镇建设的影响。灾害评价主要包括：选择气象灾害风险性作为农业生产影响评价指标，通过干旱、洪涝、寒潮等灾害影响的大小和可能性综合反映（图 5.4）；选择地质灾害危险性作为城镇建设影响评价指标，分别通过活动断层以及崩塌、滑坡、泥石流等地质灾害影响的大小和可能性综合反映（图 5.5）；沿海地区还需进一步评价海洋灾害风险，并针对海洋牧场功能影响和滨海城镇建设影响分别遴选评价指标，通过海浪和海冰灾害的危险性综合反映海洋灾害对海洋牧场功能的影响，通过风暴潮和海啸灾害危险性综合反映海洋灾害对滨海城镇建设功能的影响（图 5.6）。

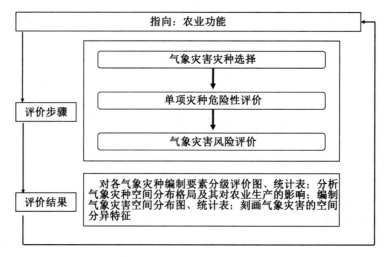

图 5.4　气象灾害评价步骤

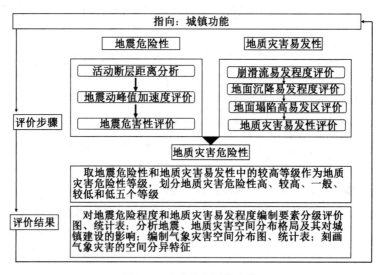

图 5.5　地质灾害评价步骤

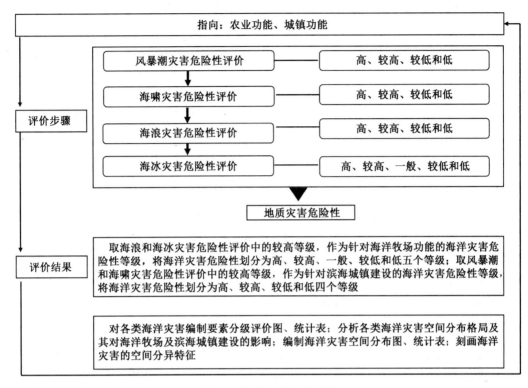

图 5.6　海洋灾害评价步骤

5.1.3　预测分析方法

1.预测分析的原理

广义地说,预测是人们对未来或不确定事件的行为和状态做出的主观判断,立足点是过去和现在,目标点是未来;狭义地说,预测的实质是预测者选择和使用一种逻辑结构使过去、现在与未来相通,以达到描述未来状态和特征的目的。国土空间预测分析方法的主要原理见表 5.11。

表 5.11　国土空间预测分析方法的主要原理

序号	原理	概要
1	惯性原理	事物的发展和系统的运行在没有受到外力强烈干扰的情景下,通常都会有一定的惯性,即过去和现在的情景将会持续到未来
2	类比原理	它是根据两个具有相同或相似特征的事物间的对比,从某一事物的某些已知特征去推测另一事物的相应特征,从而对预测对象的未来做出判断的预测方法。它不需要建立在对大量特殊事物进行分析研究并发现一般规律的基础上,因此,它可以在归纳与演绎无能为力的一些领域中发挥独特的作用,尤其是在那些被研究的事物个案太少或缺乏足够的研究、科学资料较少、不具备归纳和演绎条件的领域

续表

序号	原理	概要
3	关联原理	在社会经济系统中,许多社会经济变量之间常存在着关联关系或相关关系,如正相关、负相关等。通过这种关联关系分析,就可以对事物的未来变化进行预测。多元回归分析的预测技术就是利用这种关联原理,根据样本对整体进行估计、验证和模拟,从而对事物的未来进行预测
4	概率原理	它是指任何事物的发展都有一定的必然性和偶然性,社会经济的发展过程也不例外。通过对事物发展偶然性的分析,找出其发展规律,从而进行预测

在国土空间各类规划的预测过程中,每一项内容的预测、每一种方法的选择,都要看是否符合上述预测的基本原理。如果违背预测的基本原理,预测可能会变成"陷阱"。

2. 预测分析的程序

国土空间规划预测分为确定预测任务、确定预测因素、搜集和审核资料、选择模型进行预测、误差分析与模型实验等重要程序(图 5.7)。

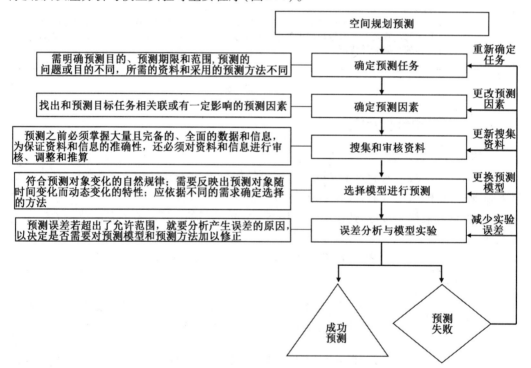

图 5.7　预测分析的程序

3. 预测分析的方法

国土空间规划预测的内容主要包括产业、就业、人口、住房、土地、基础设施、交通、绿色空间等。其中就业和人口预测是核心,知道了就业和人口,住房、土地、基础设施、交通等的预测就变得相对简单。人口分布与就业机会高度相关,因而就业预测成为关键的关键。就业机会与产业发展高度关联,因此在国土空间规划预测过程中,产业发展和就业机会的预测就变得更加重要。从产业和就业的角度看,预测方法可分为直观预测法、因果预测法和时间序列预测法等。其中,直观预测法一般用于定性预测,而因果预测法和时间序列预测法主要用于定量预测。在选择预测方法时,一般考虑六个基本要素:预测的应用范围、预测的资料性质、模型的类型、预测方法的精确度、适用性和使用预测费用。下面我们着重分析较为常用的直观预测法和时间序列预测法。

①直观预测法。

直观预测法一般用于定性预测,常用的有头脑风暴法、专家会议法、主观概率法、特尔菲法等,其中特尔菲法也称专家匿名调查征询法,是目前预测中使用最为广泛的定性预测法。特尔菲法的基本思路是由预测工作小组对每一轮意见进行整理汇总,并作为参考资料再发给每位专家,供他们分析判断,作为提出新一轮意见的参考依据,如此多次反复,专家的意见渐趋一致,使结论的可靠性增大,从而取得满意的预测结果。

使用特尔菲法必须坚持如下三条原则:

第一条是匿名性。要求被选中的专家保密,不让他们彼此互通信息,使他们不受权威、资历等方面的影响。

第二条是反馈性。在预测过程中,征询专家意见要进行几轮(一般为3~5轮)。由于每一轮预测之间的反馈和信息沟通可进行比较分析,因而能相互启发,达到提高预测准确度的目的。这样,征询过程通常都会呈现逐步收敛的趋势,容易集中各种正确的意见。

第三条是统计特性。特尔菲法的每次信息反馈,都要用数理统计方法进行整理分析。运用特尔菲法进行预测的流程如图5.8所示。

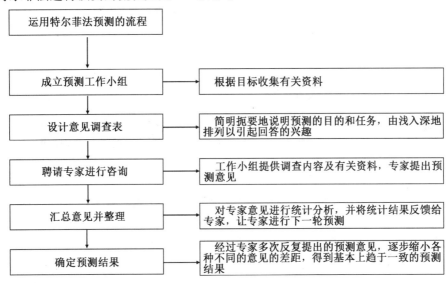

图5.8　运用特尔菲法进行预测的流程

②时间序列预测法。

时间序列预测法是以某一指标的时间序列反映的区域社会经济现象的发展形态为依据,进行趋势外推,从而预测其未来发展趋势和水平的常用方法。时间序列预测法的模型有很多,较常用的有曲线(直线、抛物线、指数、对数)外推模型、指数平滑模型、移动平均模型、灰色预测模型等,其中曲线外推模型本质上就是回归预测法(即观测样本为时间序列数据)。

5.1.4　空间分区方法

1.国土空间分区的基本方法

国土空间分区是国土空间规划的重要基础,是国土空间优化配置的核心内容,是制定差别化国土资源管理政策的主要依据。国土空间分区一般以地域分异规律为理论基础,确定不同的理论和方法准则作为指导思想,并指导选取分区指标,建立分级系统和方法体系。针对国土空间分区的多主题集成和多尺度融合,采用自上而下的国土空间现状要素分析与自下而上的国土空间功能表达相结合,形成一个有机整体,评价单元原则上不打破行政界线或产权界线的完整性,而分区实施过程中对于评价单元的界线与数据单元的尺度不一致的情况可运用地理信息系统空间分区方法予以解决。常见的国土空间分区方法见表5.12。

表5.12　常见的国土空间分区方法

序号	方法	内容
1	聚类分析法	利用统计手段进行聚类分析,可以影响自然、经济和社会等的指标对区域内各地区进行分析,找出地区间的差异和地区经济发展特征,这是国土空间规划分区的重要参考基础
2	空间叠置法	适用于规划图和区划图齐全的情况,将有关图件上的规划界线重叠在一起,以确定共同的区界;对于不重叠的地方要具体分析其将来主导的国土空间用途并据以取舍
3	综合分析法	它是一种带有定性分析的分区方法,主要适用于区域差异显著、分区明显易定的情况,要求操作人员非常熟悉当地的实际情况,一般为专家个人或集体
4	主导因素法	在微观的规划单元划分的基础上,适当地加以归并,逐步扩大国土空间利用区,再将地域相连的类型区合并成为区域,以主导的国土空间用途作为国土空间区域名称

在采用空间叠置法时,因不同地区情况有很大差异,在叠置各类图件时,不可能把多种图件同时叠置在一起,所以有一个前后顺序问题,叠置顺序可根据先重点后一般的顺序进行。通常是将土地利用现状图作为叠置的底图,将同比例尺的永久基本农田保护图、生态保护红线图、城市开发边界图等以经纬网和明显地物为标志进行叠置套合,然后再叠置交通、水利、城市、乡村、旅游等专项规划图件。如果叠置后分区界线一致,就直接将其作为分区界线;对于不重叠界线,需结合国土空间开发适宜性评价和资源环境承载能力评价结果以及规划要求和行业特点进行判别处理。

在采用空间叠置法进行用途分区划定的过程中,应注意以下三点:一是界线明确无争议的可直接采用,并同时在底图上标注分区名称;二是界线不太明确或与实际有争议的,要与有关部门协商,并通过科学的研究和论证后确定;三是对于一些重叠图,如风景旅游区内的自然保护区,针对其双重作用,根据主要用途和资源保护优先的原则确定。对于某些部门为了自身利益而扩大的界线,如林业与果园之间的界线等,应本着生态环境优先、资源保护优先的原则,采用特尔菲法进行辅助判别。

除了上述分区方法以外,还要结合公众参与、创新理念分析和空间模型应用等综合分区思想,最终实现多主题集成和多尺度融合的国土空间分区。

2. 国土空间地域分区类型

国土空间地域分区通常是指在地市级以上大尺度的国土空间规划中,按照自然、生态、社会、经济及国土空间开发保护的一致性和管理方针的一致性所划分的区域。地域分区方法是依据地域共轭性原理,以自然区划方法为基础,按照国土空间开发保护一致性和差异性的大小进行的区域划分。这样划分的区域内部以某一类国土空间开发利用保护为主,但同时存在其他非主导的开发利用保护类型,实际上是一种不同开发利用保护类型的组合分区。地域分区中的同一区域不能在空间上断续分布,一般主要以地理差异为根据来命名区域。这种分区方法对认识区域内部不同地方的国土资源特点和确定不同地方国土资源开发保护的方向无疑是非常有帮助的。

国土空间地域分区除了按以上综合方法进行以外,还可以采纳自然分区、经济分区、行政分区等方法,获得不同的分区类型,见表5.13。

表5.13　国土空间地域分区类型

序号	分区	具体内容
1	自然分区	根据国土空间地质、地貌、气候、水文、土壤和生物等因素及其发生、发展和演替方向的相对一致性所划分的自然地理综合体
2	经济分区	根据经济发展的资源条件、经济发展水平、经济发展的内在联系、经济发展目标和方向的相对一致性所划分的地域生产综合体
3	行政分区	根据地方政权存在的区域和管辖范围所划分的行政管理地域单元

究竟应该采用何种地域分区类型,应当视国土空间规划的类型和主体任务而定。如果主要是整治自然环境,如流域治理,可以按照自然分区;如果主要是重大产业基地布局,可以采用经济分区;如果是为了更好地发挥政府在国土空间规划中的作用,可以按照行政分区。如果需要综合考虑自然生态和社会经济等的作用,可采用综合方法。

3. 国土空间用途分区类型

国土空间规划是全域全类型覆盖的,其用途分区类型必然不同于土地利用总体规划的用途分区类型,不同于城市总体规划的功能分区类型,也应该区别于传统的海洋功能分区。从空间覆盖范围和传统各类空间规划用途分区的广度来看,国土空间用途分区类型应该是土地、城市、海洋等各类空间规划用途分区类型的系统整合和创新。在具体操作层面,可以土地利用总体规划的用途分区为基础,充分吸收城市总体规划功能分区和海洋功能分区的成果,相互之间优势互补,形成全新的国土空间用途分区类型。按照这种思路,国土空间用途分区类型从城市到乡村再到海洋,在一级层面至少应当包括以下基本的用途分区类型:城镇区、村落区、采矿区、农地区、林地区、自然环境保护区、水资源保护区、历史遗产保护区、观光休养区、海洋农渔业区、海洋非农利用区、海洋保护区等。在一级分类之下,可根据空间尺度和用途管制的需要,续分二级甚至三级。例如,城镇区可以续分居住区、工业区、仓库区、对外交通区等,还可以有行政区、商业区、文教区、休养疗养区等;农地区可以续分基本农田保护区、基本草场保护区、一般农地区;林地区可以续分生态林区、生产林区等。

5.1.5 系统制图方法

1.制图数学基础

平面坐标系统采用 CGCS 2000 坐标系;高程基准采用 1985 国家高程基准;地图投影采用高斯-克吕格投影。1:2 000、1:1 000 和 1:500 等比例尺成果按3°分带,图件比例尺小于1:10 万,采用6°分带,平面坐标单位采用米。

2.图件比例尺

国土空间规划的制图比例尺从乡镇到全国依次为 1:5 000、1:1 万、1:2.5 万、1:5 万、1:10 万、1:25 万、1:50 万、1:100 万共八种,具体视各级规划区域的空间范围大小而定。通常情况下,国家规划图件比例尺为 1:100 万,省级规划图件比例尺为 1:50 万,市级规划图件比例尺为 1:10 万,县级规划图件比例尺为 1:5 万,乡镇级规划图件比例尺为 1:1 万,中心城区规划图件比例尺 1:1 万。

3.图件内容

国土空间规划图主要反映规划期内国土空间开发保护引导和调控,重点是国土空间用途分区和工程设施建设,将国土空间用途管制落实到每一个地块图斑,实现国土空间开发格局控制和引导。

4.图件种类

国土空间规划图件包括必备图件和可选择图件。必备图件作为国土空间规划必须编制的图件,可选择图件根据需要进行编制。

必备图件包括:国土空间利用现状图;国土空间规划图及永久基本农田、生态保护红线、城镇开发边界、重大工程设施建设等专题规划图件。

可选择图件包括:规划区位图、国土空间开发适宜性评价图、资源环境承载能力评价图、国土空间整治图、国土空间生态修复图、遥感影像图和数字高程模型图等。

5.制图的地理要素和注记

地理要素主要包括行政界线、政府驻地、高程特征点和等高线等;注记主要包括各级政府驻地、公路、铁路、机场、港口、水利设施和河流湖泊等,在制图过程中应正确和合理标注,一般同一图像内注记字体种类以不超过四种为宜,界线和等高线分级显示。

6.图幅配置

国土空间规划图的图幅配置内容应包括图名、图廓、地理位置示意图、指北针与风向玫瑰图、比例尺、图例、署名和制图日期等要素。制图应注意图幅的平衡和饱满。

5.2 国土空间规划空间分析技术

国土空间属于复杂空间系统,编制国土空间规划的过程是规模巨大的系统工程,涉及大量的空间数据,如物理层和生物层包括从基础岩层到大气环境、从景观生态到植被野生生物、从自然灾害到景观资源等;经济层和文化层包括从土地利用、交通运输到街区模式,从人文历史到人口分布,从基础设施到发展潜力等数据。为提高国土空间规划决策的科学性,实现规划实施后的有效管理,将全球定位系统(Global Positioning System,GPS)、地理信息系统(Geographic Information System,GIS)、遥感(Remote Sensing,RS)应用在国土规划中成为必然趋势。

GPS 主要服务于国土资源调查的定位需求,同时支撑规划实施过程中的定位需求;GIS 是国土空间规划中最重要的技术支撑,空间数据的存储、统计、分析、规划、推演等都需要 GIS 平台的国土空间规划数据库的支撑,特别是国土空间规划"一张图"就是以 GIS 数据库形式呈现的;RS 是支撑国土资源调查的最基本技术,同时也是国土空间规划的实施监测管理的必要技术手段之一。下面着重讲述后两种。

5.2.1 地理信息系统(GIS)空间分析

地理信息系统出现于 20 世纪 60 年代,得益于 20 世纪 80 年代和 90 年代 UNIX 工作站和个人计算机等技术的飞速发展,到 20 世纪末得到普遍应用。它是采集、存储、管理、描述、分析地球表面和地理分布有关的数据的信息系统,具有数据录入、编辑、修改、信息查询和统计、测量、空间分析、模拟、专题地图制作等功能。空间分析是 GIS 区别于其他信息管理系统的标志,在国土空间规划工作中,除了运用 GIS 进行输入、统计、绘图外,更主要的是运用 GIS 进行空间分析,进行规划决策。空间分析主要包括叠加分析、缓冲区分析、网络分析、空间统计分析、三维空间分析等。

1. 叠加分析

叠加分析(Overlay Analysis)是 GIS 中一项非常重要的空间分析功能,指在统一的坐标系下将同一区域、同一比例尺的两组或两组以上的多边形要素的数据文件进行叠置。叠加不仅产生新的空间关系,还将输入数据层的属性联系起来,产生新的属性关系,能够发现多层数据间的相互差异、联系和变化等特征,并提取具有多重指定属性特征的区域,或者根据区域的多重属性进行分级、分类。叠加分析的目标是分析在空间位置上有一定关联的空间对象的空间特征和专属属性之间的相互关系。

GIS 叠加分析分为基于矢量数据的叠加分析和基于栅格数据的叠加分析两大类。矢量数据的叠加分析包括视觉信息叠加,点、线、多边形与多边形叠加等。栅格数据属于数学运算的叠加运算,在 GIS 中称为地图代数。地图代数有三种不同的类型:基于常数对数据层面进行的代数运算;基于数学变换对数据层面进行的数学变换(指数、对数、三角变换等);多个数据层面的代数运算(加、减、乘、除、乘方等)和逻辑运算(与、或、非、异或等)。在国土空间规划编制过程中主要运用叠加分析进行建设适宜性分析和方案比较、优化等,便于提高规划的科学性。

2. 缓冲区分析

缓冲区分析（Buffer Analysis）是为了识别某一地理实体或空间物体对其周围地物的影响度而在其周围建立具有一定宽度的带状区域，空间物体可以是点、线、面等，是用来解决邻近度问题的空间分析工具之一。邻近度描述了地理空间中两个地物距离相近的程度。缓冲区分为均质缓冲区和非均质缓冲区两种，均质缓冲区是空间物体与邻近对象只呈现单一的距离关系，缓冲区内各点影响度相等，如服务范围的划定。非均质缓冲区是指空间物体对邻近对象的影响度随距离变化而呈现不同强度的扩散或衰减，如道路噪声影响随距离增大而减弱程度等。

3. 网络分析

网络分析（Network Analysis）是矢量数据特有的空间分析方法。网络模型是现实世界中网络系统（如生态网络、游憩网络、交通网、市政基础设施网络等）的抽象表示，目的是研究网络的结构和功能，模拟分析资源在网络上的流动和分配情况，实现对网络结构及其功能等的优化。国土空间规划对它的应用主要包括路径分析、资源分配、连通分析、地址配置等。

4. 空间统计分析

地理信息要素的属性（面积、长度、朝向、近邻关系等）及位置是 GIS 数据的固有信息，可用于创建视觉上可分析的地图，空间统计分析（Spatial Statistical Analysis）就是在此固有信息的基础上，研究与空间位置相关的事物和现象的空间关联和空间关系，有助于从 GIS 数据中提取只靠查看地图无法直接获得的额外信息，例如，各属性值如何分配，以及数据中是否存在空间趋势或者要素是否能够形成空间模式。与提供单个要素信息的查询功能不同（如识别或选择），统计分析可整体显示一组要素的特征。在国土空间规划中主要应用于景观生态学、土地利用空间自相关分析以及土地资源的适宜性研究等，是科学分析、利用土地资源的重要技术手段。

5. 三维空间分析

三维空间分析（Three-dimensional Analysis）是指国土空间规划中的地形分析及三维空间的可视化分析，包括坡度、坡向计算，剖面分析，阴影分析，水文分析，谷脊特征分析，可视域分析等，为国土空间规划中进行区域、流域空间分析，城市的天际线、视线、体量、高度、通视、淹没等规划分析，以及各尺度国土空间规划提供依据。

5.2.2 遥感（RS）技术

对于国土空间规划中所面临的基础资料、人口、资源和环境等问题，都可以借助于遥感技术进行调查、监测和评价。遥感技术作为一种空间信息技术，主要用于资源的调查与评价、生态环境的监测与评价、规划的实施监测。资源的调查与评价包括生态资源、土地利用资源、水资源、矿产资源的调查和评价；生态环境的监测与评价包括大气环境监测、水环境监测、土壤环境监测、城乡污染监测的遥感信息获取、定量分析、灾情预报与监测等方面；规划的实施监测包括监测土地利用变化、检查规划批准项目的落实情况和监测未经批准进行建设占地的案件，以及监测违反土地利用总体规划的违法用地情况。

遥感技术的应用，使得规划中的外业工作周期缩短、成本降低，极大地提高了工作效率。遥感技术能够提供及时、详细、准确、宏观视野、多层面的地表信息,弥补了以往规划技术方法的不足,同时为国土空间信息系统提供了强大的可供查询、分析、统计的基础数据,是国土空间规划不可或缺的基础资料。

1. 遥感技术的概念

遥感技术指从远处探测、感知物体或事物的技术,即不直接接触物体本身,从远处通过各种传感器探测和接收来自目标物体的信息,经过信息的传输及其处理分析,识别物体的属性及其分布等特征的综合技术。遥感按照工作平台可以分为地面遥感、航空遥感、航天遥感;按照探测电磁波的工作波段可以分为可见光遥感、红外遥感、微波、激光遥感等;按照遥感应用的目的可以分为大气遥感和环境遥感(农业遥感、林业遥感、地质遥感等);按照资料的记录方式可以分为成像方式、非成像方式;按照传感器的工作方式可以分为主动遥感、被动遥感。

遥感技术具有全局视野、可进行重复观测、一般不会干扰对象、数据采集可避免人工采样偏差等优点,特别是还可以观测一些由于自然等因素无法访问的区域。但是遥感只提供一些空间、光谱和时间信息,以及物理、生物或社会科学研究所需要的信息,遥感信息处理过程的图像处理、解译等人为参与过程可能会引起一定的误差。

2. 遥感图像处理技术

遥感图像处理技术包括彩色合成技术、遥感图像校正技术、图像变换和增强、多平台数据融合技术等,为遥感信息提取做准备。

(1)彩色合成技术。

为了充分利用色彩在遥感图像判读和信息提取中的优势,常常利用彩色合成的方法对多光谱图像进行处理,以得到彩色图像。单波段图像显示为黑白图像,根据色彩合成原理对多光谱图像进行合成,波段决定色调,可以将不同波段的图像合成为彩色图像。设定的波段影像的色调与实际地物色调是否一致,决定图像是真彩色图像还是假彩色(伪彩色)图像;也可以通过密度分割方法将原始图像的灰度值分成等间隔的离散的灰度级(层),然后对每一灰度级赋新灰度值或颜色,从而得到一幅密度分割图像,形成的彩色图像为伪彩色图像。

(2)遥感图像校正技术。

为减少遥感图像由传感器本身性能、地形及光照条件变化、大气散射和吸收等引起的辐射误差影响,进行的校正为辐射校正。为避免卫星在运行过程中,姿态、地球曲率、地形起伏、地球旋转、大气折射、传感器自身性能所引起的几何位置偏差,以及图像上像元的坐标与地图坐标系统中相应坐标之间的差异引起的误差进行的矫正技术称为几何校正。为将同一地区的不同特性的相关影像(如不同日期、不同波段或传感器在不同位置获取的同一地区地物)在几何上互相匹配,即实现影像与影像间地理坐标及像元空间分辨率上的统一而进行的校正称为图像配准。将两幅或多幅影像拼在一起,构成一幅整体影像的技术过程称为影像镶嵌技术。

(3)图像变换和增强技术。

图像变换是图像空间的图像以某种形式转换到另外一些空间(如频率域,图像能量集中分布在低频率成分上,边缘、线状信息反映在高频率成分上),或称为变换域,包括傅立叶变换、统计变换、彩色变换等,目的在于使图像处理问题简化,有利于图像特征提取,有助于从概念上加强对图像信息的理解,利用变换域中特有的性质方便进行一定的加工,再转换回图像空间得到所需的结果。遥感图像增强是为特定目的,突出遥感图像中的某些信息,削弱或除去感兴趣目标和周围背景图像间的反差。增强技术不能增加原始图像的新的信息,但会使图像更易判读,属于计算机自动分类的一种预处理方法。

(4)多平台数据融合技术。

遥感数据具有多波段、多时相、多平台的特点,多波段图像对应像元进行代数运算,将不同类型传感器获得的同一地区的数据进行空间配准后,将各数据中的优势或互补性有机结合起来进行融合,目的是保留光谱信息,提高几何特征。

3. 遥感信息提取技术

遥感信息提取是将空间规划数据识别为空间信息的过程,包括目视解译、自动分类、定量化提取等方法,通过专题制图过程完成空间信息的存储和表达。解译是根据遥感图像的影像特征,结合地物光谱特性、专业知识进行比较、推理、判断和综合分析,最后提取出关注的信息,并进行专题图绘制的过程。

(1)目视解译。

目视解译是使用眼睛目视观察,借助一些光学仪器或在计算机显示屏幕上,凭借丰富的解译经验、扎实的专业知识和手头的相关资料,通过人脑的分析、推理和判断,提取有用的信息的过程。

(2)自动分类。

自动分类就是利用计算机对遥感图像中各类地物的光谱信息和空间信息进行分析、选择特征,并用一定的方法将特征空间划分为互不重叠的子空间,然后将图像的各个像元划归到各个子空间中去,或者说对图像所有像元进行分类。自动分类又可分为非监督分类和监督分类。非监督分类是指在没有先验类别知识的情况下,根据图像本身的统计特征对图像所有像元进行分类。分类的结果只是对不同类别进行了区分,但并不能确定类别的属性,其类别的属性是通过分类结束后实地调查或其他资料确定的。监督分类是在遥感图像上地物的类别已知的前提下,在已知类别的训练场地上提取各类别的训练样本,通过选择特征变量、确定判别函数或判别规则把图像中各个像元划归到相应的类别中去的分类方法。

(3)定量化提取。

目视解译、自动分类等都属于定性信息提取,用来确定某个地物是什么、空间属于什么类型。相对于定性信息提取,定量化提取是从地物反射或发射的电磁辐射里推演得到空间、地物某些特征进行定量化描述的方法,即在遥感获取的各项电磁辐射信号的基础上,通过数学的或者物理的模型,将遥感信息与观测地表目标联系起来,定量地反演或推算目标的各种自然属性信息的方法。定量遥感是遥感技术的重要发展方向之一。

5.3　国土空间规划决策方法

5.3.1　空间规划决策博弈

地理设计(Geodesign)框架指出决策过程直接或间接地影响了国土空间的结构、布局与质量。从决策理论来看,国土空间规划方案涉及目标是否合理、方案是否可行、代价是否最小、副作用是否最小等问题,因此,空间决策问题的研究对于自然资源优化配置,推动国土空间利用方式由粗放型向集约型转变,实现社会效益、经济效益和生态效益协调发展具有十分重要的意义。

国土空间是复杂的空间系统,处理复杂系统的方法是将复杂空间划分为若干个子系统,并在完善子系统的基础上,对子系统之间的冲突进行博弈,形成最终的空间规划方案。国土空间规划涉及诸多国土空间利用的利益相关者,其对空间系统的目标、实施策略都有着不同的需求和目的,所以地理设计框架提供的动态协同方法非常适用于解决国土空间决策博弈问题:地理设计框架将国土空间利用的利益相关者分为居民、开发建设者与规划人员、研究人员和信息技术人员等,其将国土空间规划过程分为分析、设计、实施三个迭代过程,以及表达、过程、评估、改变、影响、决策六个过程模型,并在过程中对利益相关者等分别设定了角色和方法,决策过程中设定了在流程之间和在迭代过程中博弈的方法,为高效决策提供了框架和流程。

5.3.2　空间规划决策支持系统

国土空间规划设计涉及现状的、规划的、推演的海量空间数据,涉及大量的利益相关者,决策过程极其复杂,因此需要开发基于信息技术的空间规划决策支持系统。决策支持系统(Decision Support System, DSS)是在管理信息系统(Management Information System, MIS)的基础上增加了模型库及管理系统,借助计算机技术,运用数学方法、信息技术和人工智能为管理者提供分析问题、构建模型、模拟决策过程及评价最终效果的决策支持环境,由人机界面、数据库及其管理系统、模型库及其管理系统三单元结构组成。

随着信息科学理论的不断发展与进步,决策支持系统集合了专家系统、遗传算法、神经网络等技术,将原有的三单元结构加以完善,逐渐添加方法库、知识库及其各自的管理系统,使决策支持更加智能。为增加 DSS 的空间数据巨册功能,可以将 GIS 和 DSS 结合,形成空间决策支持系统,为国土空间规划提供技术保障。为在地理设计框架下进行空间系统博弈,可以开发基于地理设计框架的空间规划决策支持系统。

1.国土空间规划决策支持系统的实现方式

国土空间规划的计算机辅助决策支持一般有三种方式,见表5.14。

表 5.14　计算机辅助决策支持方式

序号	决策支持方式	具体内容
1	基于空间数据形式的决策支持	数据是事物的特征和状态的数量化表现。在国土空间规划中涉及大量的空间数据、属性数据和统计数据,利用这些数据快速、高效提取规划信息,这是智能决策支持,同时开放的 GIS 空间数据库为数据支持提供了数据平台
2	基于模型和方法形式的决策支持	研究人员为了描述国土空间的变化规律建立了大量的模型和方法,均可在 GIS 平台上实现,特别是利用 GIS 平台的空间分析功能等,为辅助决策提供支持
3	基于知识主导形式的决策支持	在建立模型库和方法的基础上,建立知识库推理机制,结合模拟仿真技术、演进技术、人机交互系统,基于 Web 技术的异构终端,使利益相关者高效地参与决策过程,最终形成决策方案

基于空间数据形式的决策支持是传统的辅助决策支持方式;基于模型和方法形式的决策支持是目前空间决策的常用手段;基于知识主导形式的决策支持是最为先进的辅助决策支持方式,由于引入了利益相关者参与决策,将大幅度地提高国土空间规划效率。

2. 国土空间规划决策支持系统的开发

(1)系统分析。

系统分析需采用系统工程的方法,进行需求分析和可行性分析。针对空间规划决策过程的复杂性进行综合分析,制订可行方案,为系统设计提供依据。其中需求分析的问题见表 5.15。

表 5.15　需求分析的问题

序号	问题
1	要明确国土空间规划的三个迭代过程及六个过程模型
2	要明确系统开发的时间要求
3	要明确对系统开发费用的要求

据此进行可行性分析并提出方案。空间规划决策支持系统要求将云技术与基于 Web 的 GIS、DSS 相结合,根据功能、时间和经费等进行一体化、模块化设计开发,可通过 GIS 的组件结合 DSS 工具进行开发。

(2)系统设计原则。

系统设计主要遵循科学性、实用性、规范性、可扩展性原则,见表 5.16。

表 5.16　空间规划决策支持系统的设计原则

序号	特性	内容
1	科学性	系统需采用新思想、新技术。在空间数据库设计、系统功能设计方面应具有科学、清晰的结构与组织,以满足决策分析的需求、确保系统运行的稳定
2	实用性	系统应结构简洁、操作方便、界面友好

序号	特性	内容
3	规范性	系统与国内主流空间数据库能很好地接轨,应遵循统一、规范的信息编码和坐标系统,以及规范的数据精度和符号系统
4	可扩展性	系统应具有一定兼容性,方便系统将来的升级与移植

(3)系统实现。

决策支持系统旨在支持协作和博弈,以达成协同。应尽可能简单,易于学习、设置、使用,特别是应易于理解。决策支持系统的实现包括数据准备、各协作子系统的建立和系统的整体集成,系统应该是基于云的、免费开放访问的平台,可以通过操作系统留给应用程序的调用接口(API),与其他工具和模型进行链接。数据库管理系统现有主流 GIS 数据库系统;模型库系统一般利用程序设计语言自行进行设计与开发;地理数据分析系统可利用 GIS 软件所提供的接口进行调用;人机交互系统要通过 API 实现与其他系统的调用接口设计良好的界面,并嵌入集成式的 DSS 语言支持。实现的系统应经过系统测试与评价,形成最终可靠灵活的决策支持系统。

5.3.3　空间模拟与仿真技术

对国土空间规划方案进行决策时,需要先对其进行演进评估。由于方案的实施目标和策略不同,会对国土空间产生不同结果,特别是参与规划方案决策的利益相关者的目标差异会导致决策过程高度复杂,实施结果的不确定性大大增加,降低了决策的科学性并可能产生偏差。为解决此问题,需要通过空间模拟与仿真对国土空间规划方案进行推演、模拟、仿真,便于直观、科学地决策。

当前主流的空间推演模型主要包含系统动力学模型、元胞自动机模型、多智能体系统等。

1. 系统动力学模型

系统动力学(System Dynamics)模型,简称 SD 模型,可以反映系统(或子系统)的信息、物质、能量的流动结构与反馈关系。SD 模型始于 20 世纪 50 年代,是 Forrester 基于工业企业管理过程中系统库存控制、生产调节、劳动力雇佣等复杂关系提出的。在构建流程上,SD 模型需要将复杂系统的变量进行抽象和符号化,在分析变量之间的信息反馈关系的基础上搭建变量之间的因果关系方程,以此研究和分析复杂系统中要素的行为变化。SD 模型擅长处理具有长期性和周期性的问题,并且可以充分考虑变量之间可能存在的高阶、非线性和时变性等反馈机制。因此在分析社会经济变化对国土空间需求的影响以及政策情景预测方面具有一定的优势。目前 SD 模型已经广泛应用到国土空间规划的土地利用需求的预测中,分析过程主要由下述步骤组成。

(1)定义系统。

定义系统就是确定国土空间规划发展的目标和要解决的问题。通过对规划方案的分析,预测规划的概念方案可能出现的期望状态,然后分析规划的空间系统的有关特征,最后确定空间方案的问题,并描述与问题有关的状态,估计问题产生的边界与范围,选择适当的变量等。

(2)分析因果关系。

对于国土空间规划的演进模拟,SD模型是把研究的对象作为空间系统来处理的,依据反馈动力学原理,将反馈环定义为空间系统的基本组件,多个反馈环的组合构成了空间复杂系统。空间系统与外界的相互作用以及内部各要素之间的作用,使得空间系统总是处于不断变化之中。SD模型通过因果关系图分析空间系统各子空间要素之间作用的因果关系。因果关系的分析将空间系统的要素用箭头表示,然后根据空间系统的边界,各个子空间要素之间的因果关系形成反馈环。

(3)建立流图。

SD模型流图包括流位(空间系统内部的定量指标)、流率(描述系统实体在单位时间内的变化率)、流线(表示对系统的控制方式)和决策机构(由流位传来的信息所确定的决策函数)等。

(4)构造方程与运行模型。

根据空间系统的对应关系构造符合时空变化的方程,然后利用计算机仿真语言,将SD模型转化成系统的仿真模型。

(5)结果分析。

借助计算机软件,输入对应参数以及相关控制语句运行建立的空间仿真模型,根据得到的结果,再对结果进行分析迭代,若存在问题可对模型进行修正,直到得到满意的空间推演结果。

2. 元胞自动机模型

元胞自动机(Cellular Automata)模型,简称CA模型,在国土空间模拟中的应用始于20世纪60—70年代,主要应用于城市空间扩散模型的研究。20世纪80—90年代以来,CA模型应用于土地利用/土地覆被变化(LUCC)模拟的理论框架基本形成,自20世纪90年代以来,CA模型被广泛应用于LUCC模拟,并取得丰硕的研究成果。CA模型的框架相对简单和开放,加之具备强大的复杂计算能力,能够从微观尺度上构建决策规则并模拟空间复杂的时空动态变化过程。

CA模型由四个部分组成:元胞(Cells)、状态(States)、邻域(Neighbors)和规则(Rules)。CA模型的基本运行法则:判断元胞自身与领域的状态,并依据所制定的局部规则确定下一时刻状态。CA模型中的转换规则是影响国土空间演进模拟精度的重要部分。目前,诸多学者采用不同的方法挖掘国土空间转换规则,主要包括:从驱动土地利用类型转移的影响因素出发,通过引入如人工神经网络、支持向量机和随机森林等算法提高规则制定的准确性;从土地利用变化类型及其空间关系出发,在挖掘地类之间相互作用关系的基础上,增加局部土地利用的竞争关系,以提高模型预测的精度。

CA模型在模拟土地利用变化时具有一定的优势:第一,作为一种空间动力学模型,其基于自下而上的建模思路,能够从微观尺度上构建决策规则并模拟空间复杂的时空动态变化过程;第二,具备复杂且强大的计算能力,可以模拟国土空间变化中的复杂行为;第三,CA模型的离散性、同步性和局部性等特征,在处理大尺度的国土空间数据时具备并行计算的能力。所以,国土空间变化是一种复杂的时空动态变化过程,CA模型与GIS技术的结合增强了模型对土地利用在空间上的模拟和分析能力。

3. 多智能体系统

多智能体系统(Multi-Agent System),简称 MAS,其理论和技术是在复杂适应系统(Complex Adaptive System,CAS)理论及分布式人工智能(Distributed Artificial Intelligence,DAI)技术的基础之上发展起来的,目前已经成为一种进行复杂系统分析与模拟的思想方法与工具。

基于空间的多智能体一般都借助于 CA 的思想,智能体分布在规则的二维网格上,二维网格相当于 CA 的元胞空间。利用智能体的局部连接规则、函数及局部细节模型,建立国土空间复杂系统的整体模型。空间智能体可以根据一定的移动规则在二维网格中自由移动。多个智能体可以占据同一个网格点,不同的网格点上可以拥有不同数量的智能体。空间智能体表现出一定的智能性,具有空间决策能力和学习能力,能够对环境的变化做出适应性的反应。基于以上特点,MAS 非常适合进行国土空间系统的模拟、仿真、演进分析。国土空间系统是一个典型的复杂系统,空间的动态发展基于微观空间个体相互作用的结果。MAS 的核心思想是微观个体的相互作用能够产生宏观的整体格局。通过观察微观智能体与系统,以及智能体之间的交互作用,来研究系统层面整个区域的国土空间的演化过程,在国土空间规划的复杂模拟中,可以建立通过社会、经济、政策等因子反映不同类型智能体的决策偏好,为不同类型的智能体定义行为,以实现智能体之间、智能体与环境之间的交互。

5.4　国土空间规划"一张图"系统

2019 年 7 月 18 日,自然资源部办公厅为贯彻《中共中央 国务院关于建立国土空间规划体系并监督实施的若干意见》的精神,落实《自然资源部关于全面开展国土空间规划工作的通知》要求,依托国土空间基础信息平台,发布了《自然资源部办公厅关于开展国土空间规划"一张图"建设和现状评估工作的通知》(自然资办发〔2019〕38 号),其中提出,要求依托国土空间规划基础信息平台,全面开展国土空间规划"一张图"建设和市县国土空间开发保护现状评估工作。

5.4.1　国土空间规划"一张图"建设步骤

国土空间规划"一张图"是指"一张现状底图+ 一张规划蓝图+一张管理用图"。一张现状底图是指以第三次全国国土调查成果为基础,融合规划编制所需的自然资源、社会经济、城乡建设、基础设施以及其他相关数据与信息,形成采用 2000 国家大地坐标系(CGCS 2000)和 1985 国家高程基准等坐标统一、边界一致的全国范围内的一张底图,并进行一定时间间隔的时空数据更新。一张现状底图的建设能够有效支撑规划编制、实施及监测等规划全周期。一张规划蓝图是指在一张现状底图的国土空间规划数据系统基础上,将规划成果通过标准转换、数据匹配、底图一致等工作,将规划成果向本级平台入库,通过在数据库中多重叠加各类国土空间规划成果的图层数据,形成国土空间规划的"一张图",并定期通过更新规划修改、审批等信息,实现国土空间规划"一张图"的动态更新。一张管理用图是指以一张规划蓝图为指导,将各类国土空间开发与保护活动纳入一张管理用图,管理好国土空间规划,实施全部业务活动,实现国土空间治理的全面监管,促进国土空间规划的实时监测与动态管理。

1. 统一的底图

以第三次全国国土调查成果为基础,整合空间规划所需的相关数据和信息,包括基础测绘、资源调查、资源感知、城乡建设、资源管理、社会数据、经济数据、人口活动、城乡建设等多元数据,通过数据融合、集成、汇总、叠加等过程形成坐标一致、边界统一的一张现状底图。

第三次全国国土调查成果数据中符合入库要求的直接入库,不能直接入库的各类数据需按照国土空间用途分类进行数据转换,空间关联数据需通过细化与补充调查后才能入库。其他入库数据主要分为四大类,现状类数据:土地利用现状、遥感影像、基础地理信息数据等;管控类数据:土地利用规划、功能区划、专项规划等;管理类数据:自然资源确权登记、生态修复、测绘管理等;社会经济类数据:社会、经济、人口、产业、行政机构等。现状数据通过图斑处理、图层构建、字段建立、属性赋值、冲突分析、图数核对、优化完善、整合成库等过程,构建数据格式、坐标标准、属性表达等统一的现状底图。

2. 国土空间规划"一张图"的构建

各地自然资源主管部门在推进省级国土空间规划和市县国土空间总体规划的编制中,将批准的规划成果向本级平台入库,作为详细规划和相关专项规划编制和审批的基础和依据。经核对和审批的详细规划和相关专项规划成果由自然资源主管部门整合叠加后,形成以一张底图为基础,可层层叠加打开的国土空间规划"一张图",为统一国土空间用途管制、实施建设项目规划许可、强化规划实施监督提供支撑。

以现状底图为基础,进行"双评价"工作。通过评价区域资源环境承载能力,根据生态环境保护、农业生产、城镇建设发展的功能导向,划定区域资源环境承载能力等级,总结其环境优势与生态环境发展禀赋条件。通过评价区域国土空间开发适宜性,划定生态保护重要性分区以及农业生产和城镇建设适宜性分区,探测国土空间开发的风险区域,综合分析区域国土空间开发的潜力。"双评价"的成果主要用以指导"三区三线"的划定。基于此,叠加国土空间规划的"五级三类"规划图层,总体规划层面包括国土空间格局、城乡统筹结构、重大基础设施廊道、城镇建设区、地下空间布局、产业发展分区、国土空间综合整治等;详细规划层面包括用地布局、公共服务设施、道路交通规划等要素;相关专项规划包括资源利用类、要素配置类、安全保护类、城市特色类规划等。叠合的要素通过数据集成、处理、融合、校正等步骤,形成统一用地分类标准、统一数据标准和统一事权的规划蓝图。

3. 建设国土空间信息平台

自然资源部门建设国土空间基础信息平台,并与国家级平台对接,实现纵向联通,同时推进与其他相关部门信息平台的横向联通和数据共享。基于平台,建设从国家到市县级的国土空间规划"一张图"实施监督信息系统,开展国土空间规划动态监测评估预警。管理用图一般是基于国土空间基础信息平台建设的"一张图"规划实施监测系统,具有规划实施监测与评估的作用,并涵盖规划从编制、审批到实施等全过程。它可有效应用于自然资源管理与开发、空间用途管制、生态修复、耕地保护、确权登记、执法管理等方面,以期达到规划编制更智能、规划实施更精准、规划管控更科学的总体目标。

5.4.2　国土空间规划"一张图"实施路径

1. 支撑规划编制的底图

2019 年,《自然资源部办公厅关于开展国土空间规划"一张图"建设和现状评估工作的通知》,要求全国国土空间规划的开展以第三次全国国土调查成果为基础,整合规划编制所需的空间关联现状数据和信息,形成坐标一致、边界吻合、上下贯通的一张底图,用于支撑国土空间规划编制;并强调,国土空间规划编制及其中三条控制线、自然保护地和历史文化保护范围的划定等内容必须与"一张图"的底图相对应。为了保障数据的时效性,要求底图随年度土地变更调查、补充调研等工作及时更新。一张底图的形成是工作开展的第一步,需要根据国土空间规划编制和现状评估的具体要求梳理并形成数据资源目录。

2. 开展评估"一张图"的流程

以一张底图为基础,借助信息化手段,依据《市县国土空间开发保护现状评估技术指南(试行)》的工作要求,建立国土空间开发保护现状评估指标体系和指标计算模型,开展国土空间开发保护现状评估,形成指标库和模型库,实现指标的计算与存储管理,辅助规划管理者就开发保护的底线管控、结构效率和生活品质等方面,摸清现状、找准问题、识别风险、研判趋势、提出对策,为科学编制国土空间规划提供决策依据。国土空间规划"一张图"工作流程如图 5.9 所示。

3. 支持下位规划的"一张图"

将各级各类的规划编制成果汇集为规划"一张图",需要通过三个阶段:预备工作阶段、质检审查阶段、入库汇交阶段。各级总体规划编制成果依此工作实施路径,及时在本级平台入库并向国家级平台汇交,作为详细规划和相关专项规划编制和审批的基础和依据;详细规划和相关专项规划成果在本级整合叠加后,逐级向国家级平台汇交,为空间用途管制和建设项目规划许可提供依据。

4. "一张图"的重要责任

为国土空间用途管制、实施建设项目规划许可等国土开发利用、耕地保护和生态修复等规划实施相关业务提供规划空间管控的工作支撑。根据国土空间规划空间控制体系确定的管控要点和管控规则,将生态、永久基本农田、城镇开发边界以及主体功能区、规划分区和用途分类等统一纳入空间管控体系,对规划实施行为开展合规性审查,生成合规性审查"体检表",保障管控底线不突破。

5. "一张图"的风险识别

明确规划实施监督的对象与目标,以指标体系为核心,支撑落实监测评估预警的数据体系需求。基于平台与系统,采集与接入多源数据,通过构建实施监督指标库与模型库,实现指标的计算与存储管理,动态监测约束性指标、管控边界现状和各类国土空间开发保护行为,定期评估规划目标执行情况,国土空间开发保护现状及其结构、效率,宜居水平,及时预警规划实施过程和实施成效中出现的有底线突破风险、指标执行不力和疑似违法行为等情况,为领导干部绩效考核、实施相关用途管制政策,以及规划动态调整、完善提供参考。

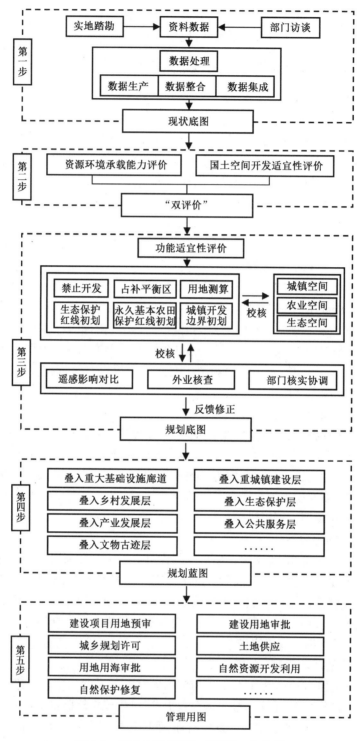

图 5.9 国土空间规划"一张图"工作流程

5.4.3　国土空间规划"一张图"实施意义

建立坐标一致、边界吻合、上下贯通的国土空间规划"一张图",是贯彻落实习近平总书记"统一底图、统一标准、统一规划、统一平台"重要指示和《中共中央 国务院关于建立国土空间规划体系并监督实施的若干意见》(以下简称《若干意见》)的基础性制度。为指导全国加快形成国土空间规划"一张图",推进"智慧规划"建设,2018 年 10 月,自然资源部会同有关方面,启动相关国家标准研制工作。2021 年 3 月,经国家市场监督管理总局批准,《国土空间规划"一张图"实施监督信息系统技术规范》(GB/T 39972—2021)(以下简称《规范》)正式发布,成为"多规合一"改革后国土空间规划领域首个国家标准,明确了依托全国统一的国土空间基础信息平台,以第三次全国国土调查成果数据形成底图,叠合各级各类国土空间规划,形成全国国土空间规划"一张图",作为规划编制审批、实施监督全周期管理及专项规划"一张图"衔接核对的权威依据。

1. 顶层设计支撑规划管理

坚持国土空间的新发展理念,对照社会经济和人民群众高质量发展需求,深入贯彻落实数字中国的战略部署,始终把数字化、智能化、智慧化监管平台建设作为国土空间规划体系建设的重要内容,并摆在优先位置深入谋划。根据"科学、简明、可操作"的原则,以整合空间类规划、落实"多规合一"、形成"一本规划""一本蓝图"为目标,着眼于强化规划全周期管理,推动解决过去各类规划内容重叠冲突、重规划编制轻规划实施、规划调整修改随意等突出问题,在总结提炼各地实践、广泛听取多领域专家意见的基础上,高标准、高质量地建设国土空间规划"一张图"系统。

以目标为导向,强化标准引领。国土空间规划"一张图"实施监督信息系统(以下简称规划"一张图"系统)是构建五级三类国土空间规划体系的统一数字化技术支撑。《规范》明确了"四个层次、两个体系"的总体框架,即设施层、数据层、支撑层、应用层和标准规范体系、安全运维体系;阐明了与其他业务系统的关系;明确了国、省、市、县一体建设,部门间共享协同的运转机制;规定了数据类型和要求以及主要功能应用等;确立了规划"一张图"系统建设的目标。

以问题为导向,提升规划全周期管理能力。规划"一张图"系统是实现国土空间规划全周期管理的有力手段。为防止出现违规编制、擅自调整、违规许可、未批先建、监管薄弱等现象,《自然资源部办公厅关于加强国土空间规划监督管理的通知》(自然资办发〔2020〕27 号)明确提出"实行规划全周期管理",要求将国土空间规划"一张图"作为统一国土空间用途管制、实施建设项目规划许可、强化规划实施监督的依据和支撑。《规范》紧紧围绕规划编制、审批、修改和实施监督全流程,明确了国土空间规划的"一张图应用""国土空间分析评价""成果审查与管理""实施监督""指标模型管理"和"社会公众服务"六大类二十三项功能。其中,重点强化了规划的智能化编制、智能化审查、智能化监管功能;保持分析评价指标模型、算法的开放性,为适应不断发展的国土空间规划编制管理实践预留了接口。

以服务为导向,注重共建共享共治。规划"一张图"系统是保障各级政府、各相关部门单位、社会公众共同参与国土空间治理的数字化基础设施。国土空间数据是数字空间的基础数据底盘。《规范》要求规划"一张图"系统以数据为"细胞"，加强多源数据归集，赋能国土空间智慧治理；以共建共享为原则，分类有序推进上下级、部门间数据共享，鼓励跨部门、跨层级多场景应用开发；设置社会公众服务模块，在满足公开公示、意见征询、公众监督等基本功能的基础上，着力对接民众急需的高频应用场景，切实加强规划的公众参与，提高人民群众的获得感、幸福感和安全感；旨在依托规划"一张图"系统推动国土空间治理机制流程的重塑、治理方式效能的提升，把数据优势切实转化为治理优势，促进国土空间治理体系和治理能力的质量变革、效率变革、动力变革。

2. 完善系统功能

《规范》要求，各地推进规划"一张图"系统建设应本着节约和从实际需求出发的原则，统筹协调相关已建成的国土空间、土地调查、环境保护、农田、林业、水利、草原、水系等方面的基础地理信息化工作，整合既有地理信息要素资源和数据资源。

加强相关国土空间规划数据的标准规范、数据统一。《规范》要求基于国土空间基础信息平台强化标准的规范性建设和数据格式、基础信息的统一平台建设。依据统一的测绘基准以及统一的用地用海分类标准，集成基础地理信息和自然资源调查监测成果数据，形成覆盖全域、三维立体、权威统一的国土空间数字化"底板"。在此基础上，逐级汇交纳入国土空间总体规划、详细规划成果，叠加相关专项规划成果数据，形成国土空间规划"一张图"。同时，着力营造安全、开放、充满活力的数字化治理生态，充分运用物联网、5G、大数据、云计算、区块链、人工智能等先进技术，促进国土空间数据与经济社会综合数据的融合应用，推动建设全要素、多类型、全覆盖、实时更新的权威国土空间数据库，将海量数据转化为"数据红利"，夯实"可感知、能学习、善治理、自适应"的智慧规划的建设基础。

推动多元化国土空间规划"一张图"数据的共建共享。《规范》要求开发相关专项规划与"一张图"的核对衔接功能，对相关专项规划开展符合性审查，并将经衔接一致的相关专项规划成果纳入规划"一张图"系统，统一各类开发保护建设活动的国土空间用途管制依据。同时，强调要为其他部门提供规划成果数据共享。共建与共享是一个硬币的两面，相辅相成、互为促进，共建是为了更高水准的共享，共享有助于推动更广范围的共建。《若干意见》提出："整合各类空间关联数据，建立全国统一的国土空间基础信息平台。"国土空间基础信息平台积累了丰富的调查监测、地理国情、遥感影像等数据，是支撑包括规划"一张图"系统在内的各部门涉空间治理信息系统和应用的统一数据基底。为不折不扣落实党中央"多规合一"改革的重大决策部署，各地在推进有关信息系统和应用建设的过程中，应严格按照中央文件要求，将各类空间的关联数据统一整合到国土空间基础信息平台上来，为智慧城市、城市信息模型等各类应用提供统一的空间数据支撑。

强化国土空间规划"一张图"的数据贯通传导。《规范》以因地制宜、统分结合为原则，要求国、省、市、县分级完成规划"一张图"系统建设，实现上下贯通，确保规划目标要求逐级传导落地。同时，鼓励各地扩展开发符合当地需要、更加精细化的应用场景和功能模块，增强动态感知城乡发展态势、智能分析城乡空间治理短板的能力，促进政府决策科学化、社会治理精细化、公共服务高效化。

增进国土空间规划"一张图"的开放共享。《规范》鼓励以方便企业和群众为出发点和落脚点,在应用层开发、完善服务社会公众、企事业单位、科研院所的相关功能模块,鼓励相关机构与个人接入"一张图"数据基础平台,构建国土空间规划"一张图"领域的大众创新、万众创业。增进"一张图"基础新平台与外部数据接口的畅通沟通,支持科学研究、创新创业、便民服务以及公众展示等各类型数据平台开发服务,打造基于国土空间规划"一张图"的宜居、宜业、宜游的数字开放城市。

3. 系统协同以构建"一张图"系统

各级自然资源主管部门要进一步深入贯彻落实党中央、国务院的"多规合一"改革的重大决策部署,深刻认识规划"一张图"系统在推进国土空间治理体系和治理能力现代化、提升城乡治理水平、服务民生改善等方面的重要作用和重大意义,按照各级国土空间规划的统一工作部署和《规范》要求,充分发挥主观能动性和创造性,加快推进系统建设,完善配套制度、规则,拓展、丰富应用服务。

积极推动国土空间规划"一张图"系统构建工作。《自然资源部办公厅关于开展国土空间规划"一张图"建设和现状评估工作的通知》明确要求,未完成系统建设的市县不得先行报批国土空间总体规划。各地应对照《规范》抓紧完成规划"一张图"系统建设,确保不影响各级规划报批,为国土空间规划实施管理提供及时的技术支撑。

构建国土空间规划"一张图"的意义在于解决规划的矛盾与冲突,实现主体功能区战略格局精准落地,优化国土空间格局等,具体体现如目标对接、技术标准对接、用地分类对接等多方面的矛盾;在统一的基础上,完成数字工作底图的绘制,为区域空间布局及成果编制奠定基础;开展"双评价"工作,科学划定"三区三线",统筹全域空间,确保主体功能区的精准落地;"一张图"是统领区域各规划的总图,基于区域的本底条件与基础,构建科学、合理的城乡用地,以及农业发展、生态安全格局,引导国土空间格局良性发展,从而有效提升管控效率。

国土空间规划"一张图"的构建,能够打通数据采集、融合、共享和应用全链条,让数据"跑"起来。数据的生命在于应用,要进一步强化主动服务意识,以用促建,在数据汇集、系统集成、上下联动、有序共享上下更大功夫,不断提高数据汇集的能力、效率和质量,持续提升数据分析、应用的水平。

加大探索创新力度,延伸拓展国土空间规划"一张图"系统的多场景应用。结合国家创新创业的发展战略机遇和科研机构、小微企业、便民服务等多类型用户的需求视角,积极延伸互联网+国土空间规划"一张图"的应用场景,会同有关部门,在城乡治理、民生需求的重点领域,聚焦社会经济发展重大需求和国计民生的重点问题,有针对性地开发应用场景,助力智慧城市与数字乡村建设,努力提供更多普惠便捷、优质高效的数字服务,让人们更好共享信息化发展成果。国土空间规划"一张图"的应用与指标模型管理功能如图5.10 所示。

完善配套体系标准,建立健全国土空间规划"一张图"制度建设。加快制定公开公正的国土空间规划"一张图"制度建设,增强规则层面的"一张图"建设,完善制度层面"一张图"与技术层面"一张图"的统筹协调。健全完善有利于"多规合一"、有利于共建共享的规划"一张图"系统建设的应用规则和标准,推进业务标准化、工作流程化、管理规范化。同时,统筹发展与安全,严格落实安全发展的要求,建立健全管理制度,保证数据安全。

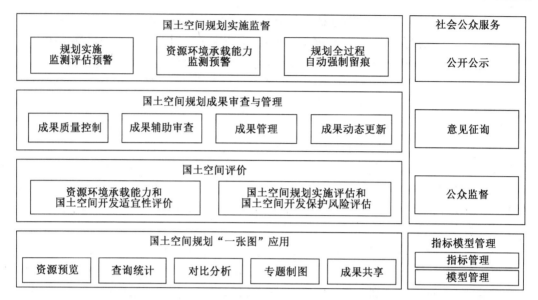

图 5.10　国土空间规划"一张图"应用与指标模型管理功能

5.5　国土空间规划管理信息平台

　　《自然资源部办公厅关于开展国土空间规划"一张图"建设和现状评估工作的通知》明确指出,国土空间基础信息平台(以下简称"平台")是形成国土空间规划"一张图"的基础载体,省、市、县各级所建平台既要能够与国家级平台对接,全面实现纵向联通,亦要能够与其他相关部门的信息平台横向联通、数据共享(图 5.11)。

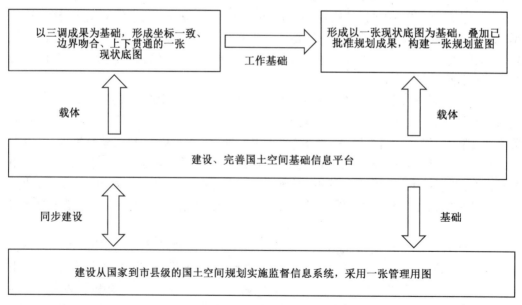

图 5.11　国土空间基础信息平台

196

平台建设首先需要完成数据资源体系建设,建立资源中心,保证各类数据能够"进得来""管得住""出得去"。其次平台需要提供服务的统一管理,建立服务中心,促进政府部门的现有数字基础设施的建设成果向资产化、服务化方向发展,提升政务服务水平。

基于国土空间基础信息平台,构建国土空间规划"一张图"实施监督信息系统,有效支撑国土空间规划分析评价和现状评估,识别风险并发现问题;支撑国土空间规划成果审查,落实规划逐级传导与管控;有效支撑用途管制,保障空间管控要求落地;有效支撑监测评估预警,对约束性指标和管控边界实现动态监测,对目标执行情况、开发保护现状等方面开展评估,对有底线突破风险、目标执行不力以及疑似违法等行为及时进行预警,从而实现规划、实施、监测、评估和预警全过程的信息化支撑,全面提升空间治理体系和治理能力的现代化水平。

5.5.1　满足国土空间规划需求

国土空间规划"一张图"管理信息平台要满足全流程、多层级的国土空间规划建设和管理的业务需求。相关国土空间规划的管理业务应对的是各级国土空间规划主管部门的国土空间规划管理事权,支撑分级分类、全域全要素和全程全方位的国土空间规划体系的建立并监督实施。整个业务过程和相关工作主要包括各级各类国土空间规划的编制(修编)、各级各类国土空间规划的审批、实施、监督和评估,要将业务需求形成闭环管理模式。

5.5.2　构建标准的数据体系

国土空间规划"一张图"管理信息平台系统要服务规划全业务过程闭环,实际上就是形成多套图,包括服务规划编制的"一张图"、规划实施的"一张图"、规划监督的"一张图"和监测预警评估的"一张图",并依工作要求对应层层打开或关闭。上述要求绝不是机械地、简单地完成数据的罗列堆砌和叠加展示,必须构建一套基于业务需求、管理机制、应用要求的数据资源体系。在"一张图"系统构建初期就要从数据工程的角度,构建数据管理规范,解决整个系统的数据构成、数据关系、数据标准及质量管控、动态更新的问题。

按照这个要求,"一张图"系统的具体建设需要考虑以下四个重点。

(1)梳理出"一张图"数据资源目录体系。理清每一项数据的业务来源、生产和管理单位、业务使用场景。

(2)建立统一、可以执行的数据规范体系,包括数据生产和采集规范、存储和管理规范、应用和共享规范等。

(3)建立可执行的数据动态更新机制。"一张图"系统的建设不是一次性工程,需要让数据动起来、用起来,能够为将来国土空间规划的编制、管理、实施、监督提供决策依据,使管控要素精确落地。所以,明确主体责任、设立专门的保障部门,将数据的动态更新机制落到可执行层面非常关键。

(4)提供标准化的配套工具保障。从数据资源可用性角度出发,必须建立完善的数据管理制度,但制度的最终落地执行则需要依赖一套工具支撑。

5.5.3　国土空间规划信息平台的建设

为了响应国土空间规划的治理目标,支持国土空间规划全环节业务管理,"一张图"系统在应用层面,需要形成一套覆盖国土空间规划编制、审批、实施、监测、评估、预警全过程的功能体系。通过开放、共享以及多类型、多权限管理等方式,增进国土空间规划"一张图"管理信息平台的应用场景建设和应用服务领域建设。系统应用体系的搭建,服务于国土空间规划的改革和管理。所以,在搭建应用体系的时候,既要考虑功能背后的管理诉求,也要考虑功能之间的横向联动和纵向对接,还要考虑功能的随需扩展。

5.5.4　构建稳健的中台保障体系

"一张图"管理信息平台系统建设,跟过去"规划一张图""国土一张图""多规合一一张图"最大的不同就是业务上的贯穿,不是为了解决单一业务问题,而是注重纵向的垂直管理、横向的空间治理、环向业务过程不同维度的系统性支撑。随着整个国土空间规划工作的逐渐递进和深化,未来还涉及更多的功能拓展和延伸。

如果在建设之时仅仅局限或关注解决某个点状问题,建立一个或几个业务应用,那么显然会造成业务和信息孤岛,导致系统不可持续应用。为此,跟国土空间规划的"四梁八柱"的框架支持一样,建设系统也应当从整体性、系统性、协同性、可扩展性等技术层面考虑进行技术体系的搭建,从技术层面解决信息孤岛和无法支撑全业务环节的数据流动问题,解决全过程数字化决策在数据库管理、指标管理、模型管理方面的衔接问题,解决业务随需应变、持续深化的拓展问题,保障上层应用系统不至于成为"一次性工程"。

要坚持稳健、完善的中台系统建设,丰富标准化的中台架构,促进配套运营体系的深入理解和落地,要通过将技术和业务能力进行沉淀,为前台业务变化及快速响应提供高价值、低成本、可复用的专业能力。按照中台架构进行能力的解耦合增强,形成数据中台、技术中台、业务中台三大中台,为国土空间规划提供涉及一定领域和有行业深度的产品和能力,有效支撑系统的建设实施。

5.5.5　建设平台服务体系

国土空间规划"一张图"管理信息平台是针对国土空间全域全要素的规划,涉及多领域、多学科,要落实建立国土空间规划体系并监督实施的目标,就需要按照软件工程化角度,面向用户提供全环节的服务支持。要将国土空间规划"一张图"管理信息平台作为我国社会经济高质量发展和创新驱动国土空间高质量发展的重要保障设施,加强国土空间规划"一张图"管理信息平台对接社会经济发展的重大需求,满足科研机构、企事业单位、人民群众等多元化的地理信息数据服务需求。基于标准、流程和经验的融合,精细把控业务、标准、数据、应用、技术等各环节,为建设能用、管用、实用的系统提供坚实的服务支撑(图5.12)。

1."一张图"系统支撑能力的增强

国土空间规划"一张图"管理信息平台建设涉及标准、数据、指标模型、功能、运维一系列的工程建设;横向需要与政务服务系统、多规合一系统、国土空间基础信息平台对接;纵向需要与不同层级的系统对接。通过数据标准模板、数据资源规划与数据工程纲要、指

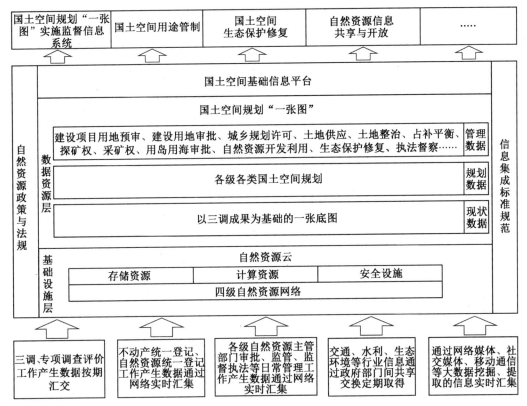

图 5.12　国土空间"一张图"系统

标模型基础算法、成熟的产品体系、接口规范实践对每一项工作进行有力的工程支撑。

2."一张图"建设内容的完善

国土空间规划"一张图"管理信息平台建设由于其业务的复杂性、综合性,具有干系人复杂,涉及多部门、多团队的特点。为了使工作有序开展、按时完成,需要科学运用项目管理的相关理论知识和方法,各业务管理部门、信息中心、规划编制单位、软件开发单位、数据处理单位等应明确分工与时序。在承建单位内部,要形成合理的项目组织结构,划分标准规范、数据资源、指标模型、应用系统、硬件保障等不同的职能小组,明确各小组的职责,指定小组成员和负责人。各部门、多团队衔接协同,才能保障国土空间规划"一张图"管理信息平台建设的各项工作有序落实。

3."一张图"技术体系的创新

国土空间规划"一张图"管理信息平台建设要增强创新技术体系的建设。打造能用、管用、实用的系统,在有效的团队协作之上,还要建立有序的工程方法,不能仅仅关注于系统功能的开发实现,还需要实现从需求调研、业务分析、系统设计、编码实现、集成部署、系统测试、试用反馈到上线运行、项目交付的全过程贯穿。针对系统建设的业务需求具有不确定性和多样性的特点,鼓励"一张图"管理信息平台建设过程中各类创新技术、创新管理以及创新模式等面对系统建设涉及的业务逻辑和系统逻辑,创新驱动国土空间规划编制、审批(查)、实施、监督各环节的业务流程和管理规范,在保证用户需求被准确传递的同时，让业务应用系统开发人员能够实行高效、准确的沟通交流，使架构师、业务分析员和项目经理等人员能够有效介入项目进度和质量的全程管控。

4. 稳定的"一张图"运维体系的打造

国土空间规划"一张图"管理信息平台上线运行之后，仍然需要与业务部门的日常工作持续进行数据更新与运维系统的不断升级。同时，在"全网通办""数字政务服务"等营商环境完善的要求下，全国不少省、市都明确了业务系统向"互联网+政务服务"的转变，强调便捷性与营商环境改善的重要性，对"一张图"管理信息平台的运维工作提出了新的挑战，需要日常进行专业的运维服务。打造持续、稳定的"一张图"更新与运维服务体系，通过建立包括自动化监控、系统安全加固、政务云迁移、容灾建设等内容的运维服务体系，保障系统的稳定运行、数据的持续更新、功能的升级完善，降低运维管理的压力和成本。

国土空间规划"一张图"实施监督信息系统集中承载了国土空间规划的治理逻辑，要让系统在各级自然资源部门中发挥实际作用，就必须摆脱"建系统"和"拼功能"的思维，转向系统性、整体性、协同性思维，在理解国土空间规划的治理逻辑、用户业务特性和现实需求的前提下，从系统性、工程化、持续化的角度，综合考虑业务、数据、应用和技术平台等内容，给用户提供一个实用、好用、管用的系统。

参 考 文 献

[1]中共中央宣传部,中华人民共和国生态环境部.习近平生态文明思想学习纲要[M].北京:学习出版社,人民出版社,2021.

[2]国务院发展研究中心资源与环境政策研究所.中国能源革命进展报告(2020)[M].北京:石油工业出版社,2020.

[3]鄂竟平.提升生态系统质量和稳定性[M]//本书编写组.《中共中央关于制定国民经济和社会发展第十四个五年规划和二〇三五年远景目标的建议》辅导读本.北京:人民出版社,2020.

[4]陆昊.全面提高资源利用效率[M]//本书编写组.《中共中央关于制定国民经济和社会发展第十四个五年规划和二〇三五年远景目标的建议》辅导读本.北京:人民出版社,2020.

[5]韩文秀.以高质量发展为主题推动"十四五"经济社会发展[M]//本书编写组.《中共中央关于制定国民经济和社会发展第十四个五年规划和二〇三五年远景目标的建议》辅导读本.北京:人民出版社,2020.

[6]吴良镛.中国人居史[M].北京:中国建筑工业出版社,2014.

[7]吴良镛.人居环境科学导论[M].北京:中国建筑工业出版社,2001.

[8]董鉴泓.人居环境科学导论[M].北京:中国建筑工业出版社,2020.

[9]自然资源部国土空间规划局.新时代国土空间规划:写给领导干部[M].北京:中国地图出版社,2021.

[10]张京祥,黄贤金.国土空间规划原理[M].南京:东南大学出版社,2021.

[11]黄焕春,王世臻.国土空间规划原理[M].南京:东南大学出版社,2021.

[12]樊森.空间规划(多规合一)综合解决方案[M].西安:陕西科学技术出版社,2019.

[13]张晓瑞,杨西宁,刘复友,等.国土空间规划:理论、方法与案例[M].合肥:合肥工业大学出版社,2019.

[14]古杰,曾志伟.国土空间规划简明教程[M].北京:中国社会出版社,2022.

[15]赵映红,齐艳红,姜博.国土空间规划导论(试行版)[M].北京:气象出版社,2021.

[16]吴次芳.国土空间规划[M].北京:地质出版社,2019.

[17]董珂,谭静,王亮,等.低冲击 低消耗 低影响 低风险的城乡绿色发展路径[M].北京:中国建筑工业出版社,2022.

[18]樊森.图解多规合一[M].西安:陕西科学技术出版社,2019.

[19]樊森.国土空间规划研究[M].西安:陕西科学技术出版社,2020.

[20]樊森.空间规划(多规合一)百问百答[M].西安:陕西科学技术出版社,2018.

[21]Akademie Für Raumforschung Und Landesplanung. Handwörterbuch der raumordnung[M]. Stuttgart:Verlage der ARL,1995.

[22]Akademie Für Raumforschung Und Landesplanung. Methoden und instrumente reumlicher

planung handbuch[M]. Stuttgart:Verlage der ARL,1998.

[23]ALLMENDINGER P,CHAPMAN M. Planning beyond 2000[M]. New York:John Wiley & Sons,1999.

[24]ALLMENDINGER P, ALAN P, JEREMY R. Introduction to planning practice [M]. Chichester:John Wiley & Sons Ltd,2000.

[25]ALTERMAN R. Nation-level planning in democratic countries[M]. Liverpool:Liverpool University Press,2000.

[26]BARNETT J. Planning for a New Century:the regional agenda[M]. Washington:Island Press,2001.

[27]BRIDGE G, WATSON S. A companion to the city [M]. New Jersey:Blackwell Publishing,2001.

[28]CALTHORPE P,FULTON W. The regional city[M]. Washington:Island Press,2001.

[29]CAMPBELL S,FAINSTEIN S S. Readings in planning theory[M]. 2nd ed. New Jersey:Blackwell Publishing,2003.

[30]EBENEZER H. Garden cities of tomorrow[M]. London:Nabu Press,2010.

[31]霍华德. 明日的田园城市[M]. 金经元,译. 北京:商务印书馆,2000.

[32]HALLP P, WARD C. Cities:the legacy of Ebenezer Howard [M]. New York:John Wiley & Sons,1998.

[33]霍尔,沃德. 社会城市——埃比尼泽·霍华德的遗产[M]. 北京:中国建筑工业出版社,2009.

[34]HOHN U. Stadtplanung in Japan [M]. Dortmund:Dortmunder Vertrieb für Bau-und Planungsliteratur,2000.

[35]KNOX P L,TAYLOR P J. World cities in a world system[M]. Cambridge:Cambridge University Press,1995.

[36]JACOBS J. The death and life of great American cities [M]. New York:Random House,1961.

[37]雅各布斯. 美国大城市的死与生[M]. 金衡山,译. 南京:译林出版社,2005.

[38]ORUM A M, CHEN X M. The world of cities places in comparative and historical perspective [M]. New Jersey:Blackwell Publishing,2003.

[39]PETERSON J A. The birth of city planning in the United States, 1840—1917[M]. Baltimore:The Johns Hopkins University Press,2003.

[40]习近平生态文明思想研究中心. 深入学习贯彻习近平生态文明思想[N]. 人民日报,2022-08-18(10).

[41]中共生态环境部党组. 深入学习贯彻习近平生态文明思想 努力开创新时代美丽中国建设新局面[J]. 中国生态文明,2022(4):6-9.

[42]杨伟民. 建设生态文明 打造美丽中国[N]. 人民日报,2016-10-14(7).

[43]习近平. 推动我国生态文明建设迈上新台阶[J]. 求是,2019(3):4-19.

[44]毛其智. 中国人居环境科学的理论与实践[J]. 国际城市规划,2019,34(4):54-63.

[45]张继刚,陈若天,周波.千年机遇助推我国新时代人居环境研究——兼谈《中国人居史》的意义和启发[C]∥中国城市规划学会.活力城乡 美好人居——2019中国城市规划年会论文集.北京:中国建筑工业出版社,2019.

[46]赵晴,孙中伟,陆璐,等.基于国土空间规划的土地资源课程内容重构与实现[J].教育教学论坛,2022(1):140-143.

[47]李文谦.落实国土空间规划制度 促进土地资源可持续利用——新《土地管理法实施条例》系列解读之一[J].资源与人居环境,2021(16):40-41.

[48]陈伟莲,李升发,张虹鸥,等.面向国土空间规划的"双评价"体系构建及广东省实践[J].规划师,2020,36(5):21-29.

[49]李彦波,邓方荣,罗道."双评价"结果在长沙市国土空间规划中的应用探索[J].规划师,2020,36(7):33-39.

[50]吴彬,徐祥峰.内江市雷电灾害风险评估与区划[J].高原山地气象研究,2021,41(3):115-120.

[51]中华人民共和国自然资源部.省级国土空间规划编制指南(试行):自然资办发[2020]5号[Z].2020-01-17.

[52]中共中央办公厅.中共中央 国务院关于建立国土空间规划体系并监督实施的若干意见:中发[2019]18号[Z].2019-05-10.

[53]中华人民共和国自然资源部.国土空间调查、规划、用途管制用地用海分类指南(试行):自然资办发[2020]51号[Z].2020-11-17.

[54]中国国土勘测规划院.省级国土空间规划编制技术规程(征求意见稿)[Z].2021-04-14.

[55]中华人民共和国自然资源部.市级国土空间总体规划编制指南(试行):自然资办发[2020]46号[Z].2020-09-22.

[56]中华人民共和国自然资源部.市级国土空间总体规划制图规范(试行):自然资办发[2021]31号[Z].2021-03-29.

[57]中华人民共和国自然资源部.市级国土空间总体规划数据库规范(试行):自然资办发[2021]31号[Z].2021-03-29.

[58]中华人民共和国自然资源部.资源环境承载能力和国土空间开发适宜性评价指南(试行):自然资办函[2020]127号[Z].2020-01-19.

[59]黑龙江省自然资源厅.黑龙江省县级国土空间总体规划编制指南(试行):黑自然资办发[2021]18号[Z].2021-08-20.

[60]黑龙江省自然资源厅.黑龙江省乡镇级国土空间总体规划编制指南(试行):黑自然资办发[2021]12号[Z].2022-01-07.

[61]国家市场监督管理总局,国家标准化管理委员会.国土空间规划"一张图"实施监督信息系统技术规范:GB/T 39972—2021[S].2021-03-09.

[62]中华人民共和国自然资源部.国土空间规划"一张图"建设指南:自然资办发[2019]38号[Z].2019-07-18.

[63]中华人民共和国自然资源部.资源环境承载能力和国土空间开发适应评价指南:自然资办函[2020]127号[Z].2020-01-19.